ちくま学芸文庫

数とは何かそして何であるべきか

リヒャルト・デデキント
渕野 昌 訳・解説

筑摩書房

本書をコピー、スキャニング等の方法により無許諾で複製することは、法令に規定された場合を除いて禁止されています。請負業者等の第三者によるデジタル化は一切認められていませんので、ご注意ください。

訳者まえがき

本書は，デデキント[1]による，数学，特に数の理論の基礎付けに関する二冊のモノグラフ
 [4]　連続性と無理数[2]
 [5]　数とは何かそして何であるべきか？[3]
の翻訳である．訳出には，二冊とも，エミー・ネーター，ロバート・フリッケ，ウスタイン・オーレの編集による，デデキントの数学著作全集（本書巻末（322ページ〜）の文献表での［8］）を原本として用いた．

［4］と［5］は，「現代にまで読みつがれるべき名著」であり，実際，この二つの小冊子の組は，オリジナルのドイツ語版のみならず，1961（昭和36）年に第1刷の出ている日本語訳（322ページ〜の文献表の河野［7］）や，初版が1901（明治33）年で，現代ではDover版でも読むことのできる英訳（巻末の文献表のベーマン［6］）などにより，世

---

1)　Richard Dedekind (1831（天保2）-1916（大正5）).
2)　Stetigkeit und irrationale Zahlen（初版：1872（明治5）年，第5版：1927（昭和2）年．本書第I部．
3)　Was sind und was sollen die Zahlen?（初版：1888（明治21）年，第6版：1930（昭和5）年．本書第II部．

界中で読みつがれてきている．しかも，[4] と [5] は，現代においても，我々が読んでみる価値を失っていないように思える（このことについては，本書の最後に書いた「訳者による解説とあとがき」でさらに詳しく検証する）．これらの本が（2013 年から見て）140 年から 130 年くらい前に書かれたことを考えると，これはまさに驚くべきことである．

とは言っても，読者が，本書の第 I 部と第 II 部に訳出された [4] と [5] だけを読んで現代数学の基礎や基礎付けを学ぼうとしているのだとしたら[4]，これはいささか無謀な試みであると言わざるを得ない．

基礎数学の入門書としては，[4] と [5] は驚くほど時代を先取りしていて，用語や議論での慣例の若干の違いを除

---

[4] 「基礎（数学）」と「数学の基礎付け」は，まったく違う事柄を指していることに注意されたい．前者は，順序関係，同値関係，同値類など，数学のすべての分野に現れる基礎概念の学習，というような意味であるのに対し，後者は，数学の土台になっている部分を明示的に定式化し，その定式化を用いてこの土台の上に全数学を構築することが実際にできることを検証し，しかも，そこに矛盾が生じていないことを証明する，ということを目的とする研究を意味する．「数学の基礎」という表現は，場合によってこの二つのまったく違った意味のどちらかを表しうるので，ここでは明示的に，前者を「基礎数学」あるいは「数学の基礎理論」などとよび，後者を「数学の基礎付け」と言いわけることにする．本書で訳出しているデデキントの著書では，現代でも用いられている基礎数学の概念の多くがそこで初めて導入されていて，それらを用いての数学の基礎付けが論じられているので，これを読むことは，基礎数学と数学の基礎付けの両方についての，デデキントの思索をたどることになる．

けば，今日でも，十分に入門書としての用をなすし，現代の入門書では，あたりまえのこと，として触れられることのない点に関して細かな議論がなされている箇所も少なくないため，一読してみることの価値は十分にあると言えるだろう．

しかし，一方で，数学の基礎付けの研究は，20 世紀初頭から現在にかけて目覚しい進歩をとげている．この間に，デデキントの時代にはその記述に必要な概念さえまだ用意されていなかったような様々な問題に関する新しい知見がたくさん得られており，過去の考え方の修正や訂正が二重三重になされたりもしている．

したがって，この目覚しい進歩が起こる前の時代に書かれたデデキントの [4] と [5] を読んだだけで，数学の基礎付けを理解した，と考えてしまうことは，たとえば，漱石の小説に出てくる，市電網も山の手線もまだほとんど存在していなかった時代の東京の描写を読んで現代の東京を理解した，と思ってしまっているのと同じような時代錯誤を犯していることになる．もちろん，古い時代の東京を理解することは，現在の東京を深く理解する上での鍵になることであろうし，数学の場合で言えば，読者が十分に天才的な数学力を持っているなら，古い理論を学んで熟考することで，その後の数学の発展を全部自分自身で再発見，再構成してしまうことだって不可能とは言えないだろう[5]．

---

5) たとえば，グロタンディエクがまだプロの数学者たちとコンタクトのないまま独学で数学を研究していたごく若い頃に，そのよ

とは言え，ドイツ語の言いまわしにあるような「車輪を再発見する」ことを奨励することになるような「啓蒙活動」はさけるべきだろうし，この再発見された車輪も，場合によっては，ゆがんだものになっていない保証もまたないような気がする．また，数学の基礎付けの現代までになされた研究をよく知らずに数学の基礎付けについて論じようとする人たちが，日本にはすでにたくさんいるように思えることも非常に気がかりである．

一方，数学史の興味から本書を手にとる方も少なくないかもしれない．

デデキントの［4］と［5］を含む仕事の，古典的な数学から近代，現代の数学への移行に対して果した役割は，近年あらためて注目を浴びるようになっている[6]．そのような興味からの読書にも堪えるようなものを供するには，デデキントの文章を現代の用語で無闇に置き換えて，数学の内容だけに重点を置いた意訳や翻案をしてしまうわけにもいかないだろう．

以上のようなことを考慮して，本書の翻訳では次のような方針をとることにした[7]．まず，本書の第Ⅰ部と第Ⅱ部での［4］と［5］の訳文は，日本語とドイツ語の構造的な

うな理論がすでにあることを知らずにルベーグ積分論の実質的な部分を再発見した，というのは有名な話である．
6) たとえば，巻末の文献表にあげた［41］を参照されたい．
7) 翻訳の方針については，本書巻末の「訳者による解説とあとがき」の「本書での翻訳の方針」（293 ページ）でももう少し詳しく述べる．

異差のために必要になる処置を除くと，できるだけ原書の表現を保存するようなものになるように試みた[8]．ただし，現代の数学の標準的な用語と異なる点や，デデキント以降の数学の観点から述べておくべきことがある場所では，[訳注] として脚注を入れて，そのことについての説明を十分に行なうよう心掛けた．

翻訳は基本的に現代語訳であるが，厭味にならない程度には古めの語彙や表現を用いて文体の時代感覚をデデキントの時代へ引きもどす工夫も多少はしている．旧仮名使を用いカタカナ書きにするなどして，高木貞治の若いころの文体などを真似た日本語に翻訳するというアイデアも頭をよぎったが，今回は見送ることにした[9]．

この『連続性と無理数』と『数とは何かそして何であるべきか？』のすぐ後の時代に継承されたものを見るために，付録として，デデキントの数学著作全集（322 ページ〜の文献表での [8]）での [5] に付記されたネーターによる解題の翻訳（付録 A）と，[5] を踏襲する形で書かれたツェルメロの集合論の公理化に関する最初の論文（322 ページ〜の文献表での [57]）の翻訳（付録 B）を付した[10]．こ

---

8) 例外として，索引に掲げた見出し語については，原典で強調されているかいなかに関わらず，太文字で表している．
9) 実際にはデデキントは高木貞治よりさらに数世代前であるが．
10) ここで訳出したデデキントの著作の，現代にまでいたる後世への影響をもっと本格的に論じようとすると，ヒルベルトやネーターやブルバキなどの仕事についての翻訳や分析をさらに行なう必要が出てくるが，これは本訳書の枠には入りきらないため断

れらの翻訳も本文の翻訳と同じ方針で行なっている.

また，数学の基礎付けのその後の発展については，付録Cとして，訳者による概説を付記した.

最後に，訳者による [4] と [5] に対する解説を付し，数学のその後の発展に対するデデキントの書物の貢献を明らかにし，現代の数学の視点から見たときのデデキントのこれらの書物の意義を読者が考察するときの助けとなるような予備知識を供することを，試みている.

訳者によるこれらの補足をいささか煩わしく感じる読者もあるかもしれないが，ここで行なった補足が，「数(学)とは何かそして何であるべきか」をさぐる 19 世紀末へのタイムトラベルから，21 世紀における「数(学)とは何かそして何であるべきか」をめぐる思索へと戻ってくるときの，読者の手掛かりとなってくれることを望むものである.

なお本書の翻訳や付録の執筆は，諸事情から当初の予定よりずっと時間がかかってしまった. 遅々として進まない翻訳執筆の作業に気長に付きあっていただいた，筑摩書房の海老原勇氏にはおわびと感謝の意を表したい.

本書の原稿は，カリフォルニア大学バークレイ校研究員池上大祐氏，東京工業大学研究員の横山啓太氏，神戸大学での私の同僚の菊池誠氏をはじめ，何人かの方に目を通していただき，多くの有益な指摘をいただいた. ここに改めて感謝の意を表す.

念せざるを得なかった.

目　次

訳者まえがき …………………………………………………… 3

第Ⅰ部　連続性と無理数 ……………………………………… 13

§1　有理数の全体の性質 ……………………………………… 17
§2　有理数の全体と直線上の点の比較 ……………………… 21
§3　直線の連続性 ……………………………………………… 22
§4　無理数の創造 ……………………………………………… 26
§5　実数の領域の連続性 ……………………………………… 33
§6　実数の計算 ………………………………………………… 35
§7　無限小解析 ………………………………………………… 39

第Ⅱ部　数とは何かそして何であるべきか？ ……………… 43

初版への前書き ………………………………………………… 44
第2版への前書き ……………………………………………… 55
第3版への前書き ……………………………………………… 58
§1　要素から成るシステム …………………………………… 59
§2　システムの写像 …………………………………………… 66
§3　写像の相似性．互いに相似なシステム ………………… 70
§4　システムのそれ自身への写像 …………………………… 73
§5　有限と無限 ………………………………………………… 81
§6　一重無限なシステム．自然数の列 ……………………… 86
§7　数の大小 …………………………………………………… 89
§8　数の列の有限部分と無限部分 …………………………… 100
§9　数の列の写像の帰納法による定義 ……………………… 103
§10　一重無限なシステムのクラス …………………………… 112
§11　数の加算 …………………………………………………… 116

§12	数の乗算	121
§13	数の冪乗	124
§14	有限なシステムの要素の個数	126

付録A　前掲のモノグラフに対する説明（E. ネーター） 137

付録B　集合論の基礎に関する研究Ⅰ（E. ツェルメロ） 139

§1	基本的な定義と公理	142
§2	同等性の理論	155

付録C　現代の視点からの数学の基礎付け（訳者） 181

§1	数学の基礎付けとしての論理	181
§2	述語論理の論理式	183
§3	L-構造	192
§4	命題論理のトートロジー	199
§5	述語論理の証明体系，その健全性と完全性	204
§6	ペアノの公理系と不完全性定理	215
§7	数学の無矛盾性の証明	241
§8	公理的集合論と数学	251
§9	独立性と相対的無矛盾性	265
§10	選択公理とデデキント無限	282

訳者による解説とあとがき …… 287
参考文献 …… 322
事項索引 …… 327
人名索引 …… 332

数とは何かそして何であるべきか

第 I 部

連続性と無理数

[初版 1872 年[1]，第 5 版 1927 年[2]]

著者の敬愛する父
枢密宮廷顧問 法学博士
ユリウス・レヴィン・ウルリッヒ・デデキント教授に
1872 年 4 月 26 日[3] ブラウンシュヴァイクでの
彼の在職 50 周年記念会の折に
捧げる

---

1) ［訳注］明治 5 年.
2) ［訳注］昭和 2 年.
3) ［訳注］明治 5 年 3 月 19 日（旧暦）.

この小冊子の内容を成す考察は，1858年[4]の秋に由来するものである．当時，私はチューリッヒ連邦工科大学の教授として微分法の基礎を初めて講義しなくてはならなくなっていたが，その際，算術[5]の科学的な確固たる基礎付けが為されていない事を，それ以前に増して痛切に感じたのであった．変化量の固定された境界値への収束の概念，特に，「変化量が，ある限界を越えずに常に増加する時には，必ずある境界値に収束する」，という定理の証明では，幾何学的な直観に逃げるしかなかった．今でも，微分法の最初の授業で，このような幾何学的直観にたよる事は，教育法の視点からは非常に有用であり，時間を多くかける事の出来ない場合には不可避でさえあると思っている．しかし，微分法のこのような導入が，科学的である事の基準を全く満たしていない事は，何人も否めないだろう．当時，私は

---

4) ［訳注］安政5年．
5) ［訳注］現在の用語では，通常「算術」は自然数上の基本演算の理論を指すが，以下の文脈からも分るように，デデキントは，「算術」（Arithmetik）という表現で，現代の言葉では「実数の理論」と呼ばれるべき内容を指している．

このような不備をたいへん不満に感じたので，純粋に算術的で，完全に厳密な無限小解析の原理の基礎付けが確立出来たと言えるまで，考えぬいてみようと決心したのだった．微分計算は連続量を扱うものである，とよく言われるが，この連続性についての説明はどこにも述べられていない．微分計算の最も厳密な記述においても，そこでの証明は，連続性に基づいてはおらず，むしろ，意識的であるかそうでないかは別として，幾何学的に与えられているか，幾何学に由来する直観によっているか，あるいはまた，純粋に算術的には証明出来ないような定理に基づいているかのいずれかである．そのようなものの例として，上で述べた定理があるが，より詳しく調べてみると，この定理や，これと同値な定理が，無限小解析の，ある意味で十分な基礎と看做す事が出来る，という事を確信するに至ったのである．したがって，この定理の算術の基礎における本来の由来を明らかにし，それによって同時に連続性の本質の真の定義に至る事が出来ればよい事に成る．私は，1858年11月24日[6]にこれを成し遂げる事が出来た．その数日後に，私の熟考の結果を僚友デュレージュ[7]に伝えた事から，この事に関して彼との長い活発な議論が行なわれる事に成った．後に，私の学生の幾人かとも算術の科学的基礎付けに関するこのアイデアについて討論したし，ここブラ

---

6) ［訳注］安政5年10月19日．
7) ［訳注］Karl Heinrich Durège, 1821（文政4)-1893（明治26).
チューリッヒ工科大学でのデデキントの同僚である．

ウンシュヴァイクの教授連の学術協会で，このテーマに関する講演を行なった事もある．しかし，これに関する，本格的な書物を出版する事については決心しかねていた．なぜなら，第一に，そのような記述は非常に困難であるし，しかも，この事はあまり生産的でもないからである．そうこうして，この記念論文に，このようなテーマについて書こうかどうしようかと考えあぐねていたが，何日か前，つまり3月14日に，E. ハイネによる論文「関数論の基礎」（クレレ誌74巻）を，この敬愛なる著者の好意により手に入れる事が出来，この事が，私の決心を後押しする事に成った．勿論，本質的には，この論文の内容に全面的に賛同するし，そうする以外あり得ないのだが，率直に言えば，私には，私の記述の形式の方が，もっと簡明で，問題の核心をより正確に浮き彫りにしているように思えたのである．また，この前書きを執筆している間（1872年3月20日[8]）に，G. カントルによる，「三角級数の理論での一定理の拡張について」という興味深い論文（クレプシュ−ノイマン数学年報5巻）を入手したが，その事に対して，鋭い洞察力を持つ，この著者に心から感謝したいと思う．論文をざっと読んでみたところ，この論文の§2での公理は，見かけ上の違いを除くと，以下の§3で私が連続性の本質として説明しているものと全く一致する．しかし，それ自身の中で完全であるところの実数の領域に対する私の理解

---

8) ［訳注］明治5年2月12日．

からは,より高次の概念での相違にすぎないものが何らか
の影響を及ぼすとは思えないのである.

§1.
有理数の全体の性質.

　有理数の算術の展開はここでは前提として話を進める
が,その幾つかの主要点について,細部には立ち入らずに
強調しておく事は,以下で私が取る事に成る立場をまず明
らかにしておくためには良い事だと思う.整数の算術は,
最も単純な算術的演算,つまり数え上げの,必然的な,あ
るいは少なくとも自然な,帰結と考えられる.そしてこの
数え上げは,そこで生成される一つ一つがすぐ前のものか
ら定義されてゆくという,正の整数の無限列の逐次的な創
造に他ならない.この最も単純な演算は,すでに創造され
たものからそれに続く次に創造されるべきものへの移行で
ある.

　これらの数の列は,既に人類の知性に対する非常に有用
な補助手段を成している.それらは,驚くべき無尽蔵の原
理の宝庫を提供するが,これは四つの基礎演算の導入によ
り得られるものである.加算は,上記の最も単純な演算の
任意の繰り返しを一つの演算に纏めるものであり,そし
て,それからは,同様にして,乗算が生み出される.これ
らの二つの演算操作が常に可能なのに対して,これらの逆
演算操作であるところの減算と除算の適用範囲には制限が
ある.

このうちのどちらが，次のステップへのきっかけに成ったか，また，どのような比較検討が，または，どのような経験へのアナロジーが直観を与える事に成ったかについては措いておく事にして，まさに，この間接的な演算の実行可能性に対する制約が，そのたびごとの新しい創造行為の直接の要因と成ったのであった．そこで，負の数と分数が人類の知性によって創造され，全ての有理数の体系，という，このとてつもなくより大きな完璧性を持った尺度が得られたのであった．

　この体系を R で表そうと思うが[9]，R は，特に完全性と閉性を備えている．これは私が別の場所[10]で数体の特徴として挙げたものであり，0 による除算という唯一の場合を除くと，四則演算が R の任意の二つの個体[11]に対して常に実行可能である事，つまりこの演算の結果が再び R の個体に成る事をいう．

　しかし，我々の次のステップのためには，体系 R のもう一つ別の性質の方が重要である．それは，体系 R が，二方

---

9) ［訳注］ここでの記号 R は有理数（rationale Zahlen）という言葉の頭文字に由来していると思われるが，現在の記法では，有理数の全体は $\mathbb{Q}$ で表され，R（あるいは $\mathbb{R}$）は後出の実数の全体を表すのに用いられるのが普通である．ちなみに，$\mathbb{Q}$ の記号の由来は Quotienten（分数：英語では quotients）の頭文字であろう．

10) ディリクレ『数論講義』(Vorlesungen über Zahlentheorie, P. G. Lejeune Dirichlet)，第 2 版 §159.

11) ［訳注］デデキントは，現在では「集合の要素」(Element einer Menge) と表現されるものを「システムに属す個体」(Individuum in einem System) と表現している．

向に無限に延びる，順序がうまく定義された一次元の領域を成している，という事である．この幾何学的な直観を借りた表現の意味すべき事は十分に明らかであろう．しかし，まさに算術がそのような算術の外からの直観を必要としている，というような印象を少しでも与えたりしないために，これに対応する純粋に算術的な特性を強調しておく事が是非とも必要である．

記号 a と b が同一の有理数を表現している事を表すために，$a=b$ または $b=a$ と書く．二つの有理数 a, b が異なるというのは，これらの差 $a-b$ が，正，または負の値を持つ時である．前者の場合には a は b より**大きい**，または，b は a より**小さい**と言い，これを $a>b$，$b<a$ という記号で表す[12]．後者の場合には，$b-a$ が正の値を持つので，$b>a$，$a<b$ である．異なり方の，このような二様の可能性に関して，次のような法則が成り立つ．

Ⅰ．$a>b$ で $b>c$ なら $a>c$ である．a と c が二つの異なる（あるいは等しくない）数で，b がこの片方より大きく，もう片方よりは小さい時，言い回しの幾何学的な響きをあえて避けずに，この事を，「b は数 a, c の両方の間にある」と表現する事にする．

Ⅱ．a, c が二つの異なる数である時，a, c の間にある数 b が無限個存在する．

Ⅲ．a をある与えられた数とする時，体系 R の数は，そ

---

12) 以下では，「絶対的」という言葉が添えられていないかぎり，ここでのような「代数的」な大小関係を指す．

れぞれ無限の個体を含む二つのクラス[13] A_1, A_2 に分割される：一番目のクラス A_1 は $a_1<a$ と成るような数 a_1 を全て含み，二番目のクラス A_2 は $a_2>a$ と成るような数 a_2 を全て含む[14]．a 自身は A_1 に入れられても A_2 に入れられてもどちらでもよく，どちらに入れられるかに従って，一番目のものの最大の数に成るか，二番目のものの最小の数と成る．いずれにしても，体系 R の A_1 と A_2 への分割は，A_1 の全ての数は A_2 の全ての数より小さい，という性質を持つものと成る．

---

13) ［訳注］ここでは，デデキントに従って „Klasse" をそのまま「クラス」と読み下して「二つのクラス」と訳しているが（「訳者による解説とあとがき」の「本書での翻訳方針」の項（293ページ～）を参照），現代的には，ここではむしろ「二つの集合」と言うべきである．現代の用語では，数学的対象の集まりが，集合として扱えない（つまり，それ自身が他の集合の要素となりえる対象として扱えない）時――あるいは集合であるかどうかについて保留する時――これをクラスと呼ぶが，ここでは，A_1 と A_2 は，集合 R の部分集合として導入されているので，分離公理（あるいは分出公理――付録B, §1, 146ページ，および，付録C, §8, 255ページを参照）により集合である．

14) ［訳注］以下 A_1, A_2, a_1, a_2 と書かれている時には，変数 a_1 は A_1 の要素を動き，変数 a_2 は A_2 の要素を動くものと暗黙のうちに仮定されている．現代ではこのような記号の用い方をする事は稀であるが，原著の書き方に従った（「訳者による解説とあとがき」の『『連続性と無理数』と『数とは何かそして何であるべきか？』の文体や数学的な言いまわし」（296ページ～）の項を参照）．

§2.
有理数の全体と直線上の点の比較.

ここで強調した有理数の全体の性質は,直線 L 上の点の間の相互位置関係を想起させる. L に内在する互いに逆な方向をそれぞれ「右」と「左」と区別する事にして, p と q を二つの異なる点とする時, p は q の右にあり, 同時に q は p の左にあるか, あるいは逆に, q は p の右にあり, 同時に p は q の左にあるかのどちらかである. p と q が本当に異なる点なら, それ以外の場合は不可能である. この位置の相違に関して, 次の法則が成り立つ.

Ⅰ. p が q の右にあり, 更に q は r の右にある時, p は r の右にもある. この時, q は p と r の間にある, と言う.

Ⅱ. p と r が異なる点の時, p と r の間の点 q が無限個存在する.

Ⅲ. p を L 上の与えられた点とする時, L 上の全ての点は, ともに無限の点を含む次のような二つのクラス P_1, P_2 に分割される:一番目のクラス P_1 は p の左にあるような点 p_1 を全て含み, 二番目のクラス P_2 は p の右にあるような点 p_2 を全て含む. p 自身は, 一番目か二番目のクラスのどちらかに任意に割り当ててよい. いずれの場合にも, 直線の両方のクラス P_1, P_2 への分割は, 一番目のクラス P_1 のどの点も, 二番目のクラス P_2 に属すどの点よりも左にあるように成っている.

よく知られているように, この有理数と直線上の点の間

の類推は，直線上に，始点，あるいはゼロ点 o と，線分を測るための長さの単位を選ぶと，本物の対応に成る．これらを用いて，それぞれの有理数 a に対して対応する長さを構成する事が出来て，この長さを，a が正の数であるか，または，負の数かによって，o から右，または，左へ置く事により，その終点 p が一意に得られるが，これを a に対応する点とする事が出来る：有理数ゼロは，o に対応する．このようにして，それぞれの有理数，つまり R の個体 a に，一意に点，つまり L の個体 q が対応付けられる．二つの数 a, b にそれぞれ点 p, q が対応する時，$a>b$ なら，p は q の右にある．前のパラグラフでの法則 I, II, III は，このパラグラフの I, II, III に完全に対応する．

§3.
直線の連続性．

ここで一番重要な事は，直線 L には，どの有理数にも対応しない点が無限にある，という事実である．なぜなら，点 p が有理数 a に対応する時には，よく知られているように，長さ op は，ここでの構成で固定された長さの単位と通約可能である，つまり，公約量と呼ばれる三つ目の長さが取れて，両方の長さとも，これの整数倍に成る．しかし，古代ギリシャ人はすでに，与えられた長さの単位と通約不可能な長さが存在し，例えば，一辺が単位長の正方形の対角線がそのようなものに成る事を知っていたし，その証明も得ていた．このような長さを点 o から直線の上に移す

と，どの有理数とも対応しないような終点が得られる．長さの単位と通約不可能な長さが無限個ある事も容易に示せるので，L は，有理数の領域 R の数の個体よりも，無限に多くの点の個体をより豊富に含んでいる，と主張出来る．

　直線上の全ての現象を算術的にも追究したいのなら，そして実際それがやりたい事なのであるが，有理数の全体だけでは十分ではなく，新しい数たちを更に創造する事で，直線と同様な完全性を得るよう，あるいはすぐに導入する事に成る用語を使えば，それと同様な連続性を得るよう，有理数の創造で得られた尺度であるところの R を，本質的に更に精密化する事が，是非とも必要である．

　ここまでの考察は，誰でもよく知っている事なので，これを繰り返したのは，余計な事だと感じる人も多いかもしれない．しかし私は，この復習が，ここでの中心問題への適切な導入のために必要であったと思う．なぜなら，これまで通常に行なわれていた無理数の導入は，長さの概念に結びつけて為される事が多かったが，この概念自身はどこにも厳密に定義される事はなく，数は，そのような長さの，もう一つのそれと同様なものによる測定の結果として説明されていた[15]．私は，そうではなくて，算術は，それ自身の中から展開されるべきである，と主張したい．このよう

---

15) この定義は一見十分に一般的に見えるが，複素数について考えてみると，全くそうでない事が分る．私の考えでは，逆に，二つの同種の量の間の関係の把握は，無理数の導入が行なわれた後で始めて明快に展開出来るものである．

に算術的でない直観に頼る事が，数の概念の次の拡張の契機と成っただろう，という点については，一般には認めてもよいであろう（ただし，この事は複素数の導入に対しては全くあてはまらない），しかし，その事は，算術，つまり，数に関する理論にまで異質な考察を持ち込んでしまってよい，という事の論拠に成るわけでは決してない．負の数や分数としての有理数が自由な創造によって作り出され，これらの数での計算法則が正の整数上の計算法則に帰着されなくてはならず，また実際その事が可能であったように，無理数の全体についても，有理数の全体のみから出発して，完全に定義する事を目指すべきである．ではこれをどう行なえばよいのか？　という問題がここで残る．

　上の有理数の領域の直線との比較では，我々は直線は完全で隙間がないと看做す一方，有理数の領域は隙間だらけである事，不完全，あるいは不連続である事を認識する事に成った．それでは，直線の連続性は何に由来するのであろうか？　この問の答の中に全てが含まれているはずで，まさにこれによって，全ての連続な領域に関する研究の科学的な基礎が得られるはずである．不断な微細の繋がりについて曖昧な議論をしていても勿論何も得られるところはなく，実際の演繹での基礎となり得る連続性の正確な特徴付けを与えなくてはならないのだ．これについて，私は長いあいだ結果を得られずに熟考を続けたが，ついに探していたものを見出す事が出来た．この発見は，異なる人々によって異なった評価を受ける事に成るかもしれないが，し

かし，大半の人は，この発見の内容を非常に自明なものだと感じるのではないかと思う．つまり，こういう事である．前の幾つかの段落で，直線上の各点 p は直線を，その片方の部分の点が全てもう片方の部分の左にあるような，二つの部分に分割する，という事を注意した．ここで，私は，この事の逆，つまり，次のような原理に連続性の本質がある，という事を発見したのである：

「直線上の全ての点が二つのクラスに分割され，一番目のクラスの全ての点が二番目のクラスの各点の左に成る時，この直線の二つのクラスへの分割を惹き起こしている点が，ちょうど一つ存在する．」

既に述べたように，万人がこの主張の正しさを直ちに認めると考えても間違いないと思うし，読者の多くは，このような当り前な事によって連続性の神秘が解き明かされると聞いて落胆さえするかもしれない．これに対しては次の事を言っておきたい．万人が上の原理を納得のゆくもので，直線に関する直観に一致する，と感じるのなら非常に好都合である．なぜなら，私は，そして私以外の何人も，その正しさを証明する事は出来ないからである．この直線の性質の仮定は，それによって初めて我々が直線の連続性を認識する事が出来るところの，そして，それによって我々が直線の連続性について考察出来るように成るところの，公理以外の何物でもないからである．空間が，そもそも実存するものだとしても，それが連続である必要はないであろう．空間の性質のうちの数えきれないほど多くは，

それが連続でない，としても変わらないだろう．また，空間が非連続である事が我々にとって明らかに成ったとしても，もし我々が望むなら，思考上で空間の間隙たちを埋めて連続なものにする事を拒むものは何もないであろう．しかしその時には，これらの間隙を埋める行為は，新しい点の個体たちの創造の過程として為されるものであり，それは，上の原理に対応する形で実行されるものでなくてはならないであろう．

§4.
無理数の創造.

上で述べた事で，有理数の不連続な領域 R がどのようにして連続なものに補完されるべきかは，十分に示唆されている．§1で，全ての有理数 a に対し，体系 R の二つのクラス A_1, A_2 への分割で，一番目のクラス A_1 の全ての数 a_1 が二番目のクラス A_2 の全ての数 a_2 より小さく，a は，A_1 の最大元であるか，A_2 の最小元であるかであるようなものが対応する（Ⅲ）事を強調した．R の二つのクラス A_1, A_2 への分割で，上の特徴のうち，A_1 の全ての数 a_1 が A_2 の全ての数 a_2 より小さい，という性質のみを満たす時，このような分割を**切断**とよび，これを (A_1, A_2) と表す事にする．全ての有理数 a は一つの切断を惹き起こすと言える．実際には a は二つの切断を惹き起こすわけだが[16]，こ

---

16) ［訳注］a が A_1 の最大元になっているものと，A_2 の最小元になっているものの二つである．

れらの二つは本質的には同じものと看做す事にしたい．この切断は，更に，一番目のクラスの数の中に最大のものが存在するか，二番目のクラスの数の中に最小のものが存在するかのどちらかを満たす，という性質を持つ．逆に，ある切断がこの性質を持てば，それは，この最大または最小の有理数によって惹き起こされたものと成っている．

しかし，有理数から惹き起こされたものではないような切断も無限に存在する事が容易に確かめられる．手近な例としては次のようなものがある．

D を正の整数で，整数の二乗ではないようなものとする．この時，正の整数 λ で，
$$\lambda^2 < D < (\lambda+1)^2$$
と成るものが取れる．

二番目のクラス A_2 を，正の有理数 a_2 でその二乗が $>D$ と成るもの全体として，A_1 はそれ以外の全ての有理数 a_1 とすると，この分割は切断 (A_1, A_2) を与える．つまり，全ての a_1 は全ての a_2 より小さく成る．なぜなら，$a_1=0$ か，負の時には，a_2 は定義により正の数だから，この事から自動的に，a_1 は全ての数 a_2 より小さく成る．一方 a_1 が正の数なら，その二乗は $\leq D$ だから，二乗が $>D$ と成るどの正の数 a_2 よりも小さく成る．

この切断は，しかしながら，どの有理数によっても惹き起こされてはいない．この証明には，特に，二乗が D に成るような有理数が存在しない事を示さなくてはならない．これは，数論の初歩でよく知られている事ではあるが，次

のような間接証明をここで与えておく事にする．もし二乗が D に成るような有理数が存在したとすると，二つの整数 t, u で，方程式
$$t^2 - Du^2 = 0$$
を満たすものが存在しなければならない．ここで，u は，その二乗に D を掛ける事によってある整数 t の二乗にする事が出来る，という性質を持つ正の整数のうち最小のものと成っていると仮定してよい．明らかに
$$\lambda u < t < (\lambda+1)u$$
と成るから，
$$u' = t - \lambda u$$
は正の整数で，u より小さい．更に
$$t' = Du - \lambda t$$
と置くと，t' も正の整数で，
$$t'^2 - Du'^2 = (\lambda^2 - D)(t^2 - Du^2) = 0$$
が成り立つが，これは u に関する仮定に矛盾である．

したがって，全ての有理数 x の二乗は，$<D$ であるか $>D$ であるかのどちらかである．この事から，クラス A_1 には最大の数は存在せず，A_2 にも最小の数が存在しない事が容易に導ける．なぜなら，
$$y = \frac{x(x^2+3D)}{3x^2+D}$$
と置くと，
$$y - x = \frac{2x(D-x^2)}{3x^2+D}$$

かつ
$$y^2 - D = \frac{(x^2 - D)^3}{(3x^2 + D)^2}$$
と成る[17].

ここで，x として，クラス A_1 の正の数を取ると，$x^2 < D$ と成るから，$y > x$ と成り，$y^2 < D$ である．つまり，y も A_1 に属す．一方 x をクラス A_2 から取った数とすると，$x^2 > D$ だから，$y < x$, $y > 0$ かつ $y^2 > D$ と成り，y もクラス A_2 に属す[18]．したがって，この切断はどの有理数によっても惹き起こされていない．

全ての切断が有理数によって惹き起こされているわけではない，というこの性質に，全ての有理数の領域 R の不完全性，あるいは不連続性が体現されている．

有理数によって惹き起こされていない切断 (A_1, A_2) が与えられるたびに，新しい無理数 α を創り出し，それがこの切断 (A_1, A_2) によって完全に定義されているものと看做す．この時，数 α はこの切断に対応する，または，α はこの切断を惹き起こす，と言う事にする．そこで，以降，それぞれの確定した切断に対し，ちょうど一つに確定した有理数または無理数が対応する事にし，二つの数が本質的

---

17) ［訳注］一番目の式から x が有理数なら，y も有理数となることに注意する．

18) ［訳注］この議論で，任意の有理数 x が A_1 の要素なら，x は A_1 の最大の要素でなく，x が A_2 の要素なら，x は A_2 の最小の要素でないことが示せたことになる．

に異なる二つの切断に対応するちょうどその時，それらは異なる，あるいは等しくないと看做す事にする．

ここで，全ての実数，つまり全ての有理数または無理数の順序に関する基礎を得るために，まず，任意の二つの数 α, β によって惹き起こされた二つの切断 (A_1, A_2)，(B_1, B_2) の間の関係を調べなければならない．明らかに，一つの切断 (A_1, A_2) は，二つのクラスのうちの片方，例えば，最初のもの A_1 が知れると一つに確定する．なぜなら，二番目のもの A_2 は，A_1 に含まれない有理数の全体と成るからである．また，このような一番目のクラス A_1 を特徴付けるのは，それが数 a_1 を含む時には，a_1 より小さい全ての数を含む，という性質である．ここで，二つの一番目のクラス A_1, B_1 を互いに比べてみると，最初の場合として，それらが完全に等しい事があり得る．つまり，A_1 に含まれる各々の数は B_1 にも含まれ，B_1 に含まれる各々の数は A_1 にも含まれる．この場合には，A_2 は B_2 に等しくなくてはならず，両方の切断は完全に一致する．これを $\alpha = \beta$ あるいは $\beta = \alpha$ で表す事にする．

両方のクラス A_1, B_1 が等しくない時には，それらのうちの一つ，例えば，A_1 の中に，他の B_1 の中に含まれていない，したがって B_2 に含まれるような数 $a_1' = b_2'$ が存在する．したがって，B_1 に含まれる全ての数 b_1 は，この数 $a_1' = b_2'$ より小さく成り，この事から，全ての b_1 は A_1 に含まれている事が分る．

ここで，二番目の場合として，この数 a_1' が，B_1 には含

まれない，唯一の A_1 に属す数とすると，全ての他の数 a_1 は B_1 に含まれているから，a_1' より小さく成る．つまり，a_1' は，数 a_1 のなかで最大のものに成っている．よって，切断 (A_1, A_2) は有理数 $\alpha = a_1' = b_2'$ によって惹き起こされている．もう一方の切断 (B_1, B_2) については，B_1 に属す全ての数 b_1 は A_1 にも含まれ，数 $a_1' = b_2'$ より小さいものに成っているという事を既にみた．しかし，b_2' 以外の B_2 に含まれる数 b_2 は b_2' より大きくなくてはならない．そうでなければ，a_1' より小さく成って，A_1 に，したがって B_1 に含まれてしまう事に成るからである．よって，b_2' は，B_2 に含まれている全ての数のうち最小のものである．この事から，切断 (B_2, B_2) も同じ有理数 $\beta = a_1' = b_2' = \alpha$ から惹き起こされている事が分る．この事から二つの切断は本質的には同じものである．

これに対して，三番目の場合として，A_1 に少なくとも二つ異なる数 $a_1' = b_2'$, $a_1'' = b_2''$ で B_1 に含まれていないものが存在する時，そのようなものは実は無限に多く存在する．a_1' と a_1'' の間に無限に存在する数（§1. Ⅱ）は，明らかに A_1 に属すが，B_1 には属さないからである．この場合，これらの本質的に異なる二つの切断 (A_1, A_2), (B_1, B_2) に対応する数 α, β もやはり異なるとし，更に，この場合，α は β より大きい，または β は α より小さいと言い，これを記号 $\alpha > \beta$ また $\beta < \alpha$ で表す事にする．ここで強調しておきたいのは，数 α, β が両方とも有理数の場合には，この定義は，既にある大小関係の定義と完全に一致

するという事である．

　ここでまだ残っている可能な場合は次のものである．四番目の場合として，B_1 の中に A_1 には含まれていない数 $b_1'=a_2'$ がちょうど一つ存在するなら，両方の切断 (A_1, A_2), (B_1, B_2) は本質的には同じもので，これらは，同じ有理数 $\alpha=a_2'=b_1'=\beta$ によって惹き起こされている．一方，五番目の場合として，B_1 の中に A_1 には含まれていないような数が少なくとも二つは存在する時には，$\beta>\alpha$, $\alpha<\beta$ である．

　これで全ての場合が尽されたので，二つの異なる数のうち必ず片方はより大きい方と成り，もう片方がより小さい方と成る，という二つの場合がある事が分る．それ以外の場合はあり得ない．この事は，既に（より大きい，より小さいという）比較級を使った表現を α と β の関係を表すために選んだ事に示唆されているが，この選択の正当付けが，ここで初めて事後承諾的に行なわれたわけである．まさにこのような研究においては，既に他で得られている直観からの借りものとして用語を選んでしまった時に，これに惑わされて，ある研究領域から他の領域への不法な転嫁をしたりしない，という実直を貫く事に[19]細心の注意を払

---

19)　[訳注] ここでの「実直」という訳語は原文の ehrlich（正直な）に対応しているが，日本語の「正直」が他人との関係を記述する言葉なのに対し，ehrlich は例えば，「他人が不快に思う真実もあえて言う」というような事も含む，「絶対」に対する ehrlich な態度を記述する言葉である．

うべきである．

　ここで，$\alpha > \beta$ の場合をもう一度考察してみると，より小さい方の数 β が有理数なら，β は常に A_1 に属す事が分る．なぜなら，A_1 には，数 $a_1' = b_2'$ で，クラス B_2 に属すものがあるが，数 β は，それが B_1 の最大の数だとしても，B_2 の最小の数だとしても，$\leqq a_1'$ と成り，したがって，A_1 に含まれるからである．同様に，$\alpha > \beta$ から，より大きい方の数 α が有理数なら，$\alpha \geqq a_1'$ であるから，これはクラス B_2 に属す．これら両方の考察を合わせると，次の結果が得られる：切断 (A_1, A_2) が数 α で惹き起こされているなら，任意の有理数は，それが α より小さいか大きいかに従って，クラス A_1 またはクラス A_2 に属す．α 自身が有理数の時には，α はどちらか一方のクラスに属す．

　最後に，この事から，次の事も導かれる．$\alpha > \beta$ なら，つまり，A_1 に含まれる数で，B_1 には含まれていないようなものが無限に存在するなら，そのような数で α とも β とも異なるようなものが無限に存在している．そのような有理数 c は A_1 に含まれるから，$<\alpha$ であり，B_2 に含まれるから，$>\beta$ であるからである．

§5.
実数の領域の連続性．

　すぐ前で取り決めた区別の仕方により，実数の全体の体系 $\Re$ は一次元の順序付けられた領域を成す．この言明は次の法則が成り立つ事を主張しているに過ぎない．

Ⅰ. $\alpha>\beta$ かつ $\beta>\gamma$ なら, $\alpha>\gamma$ でもある. この時には, β は α と γ の間にある, と言う事にする.

Ⅱ. α と γ が異なる数なら, 常に α と γ の間には無限個の異なる数 β が存在する.

Ⅲ. α を, ある与えられた数とする時, 体系 $\Re$ の全ての数は, 二つのクラス $\mathfrak{A}_1$ および $\mathfrak{A}_2$ に分解される. これらのクラスは両方とも無限個の数を含むものであり, 一番目のクラスは $<\alpha$ と成る全ての数 α_1 を含み, 二番目のクラスは $>\alpha$ と成る全ての数 α_2 を含む. 数 α 自身は, 一番目または二番目のクラスのどちらかに任意に割り振られるが, それに従って, α は一番目のクラスの最大の数に成るか, 二番目のクラスの最小の数と成る. いずれの場合にも, 体系 $\Re$ の両方のクラス $\mathfrak{A}_1$, $\mathfrak{A}_2$ への分割では, 一番目のクラス $\mathfrak{A}_1$ のどの数も, 二番目のクラス $\mathfrak{A}_2$ のどの数より小さく成る. このような時, この分割は数 α によって惹き起こされた, と言う事にする.

長く成らないため, また読者を倦ませないため, 前の幾つかのパラグラフでの定義から直ちに導かれるこれらの主張の, 証明は省略する.

これらの性質以外にも, 領域 $\Re$ は, 連続性を有する. つまり, 次の定理が成り立つ:

Ⅳ. 全ての実数の体系 $\Re$ が二つのクラス $\mathfrak{A}_1$, $\mathfrak{A}_2$ に分割されて, クラス $\mathfrak{A}_1$ のどの数 α_1 もクラス $\mathfrak{A}_2$ のどの数 α_2 よりも小さい時, 数 α で, それからこの分割が惹き起こされているようなものが一意に存在する.

証明. $\mathfrak{R}$ の $\mathfrak{A}_1$, $\mathfrak{A}_2$ への分割,あるいは切断によって,A_1 をクラス $\mathfrak{A}_1$ に含まれる有理数の全体とし,A_2 をそれ以外の有理数の全体,つまり,$\mathfrak{A}_2$ に含まれる有理数の全体とする事で,有理数の全体のシステム R の切断 (A_1, A_2) も同時に与えられる.α を,(A_1, A_2) の惹き起こす数として一意に決まるものとする.ここで,β を α と異なる任意の数とする時,α と β の間にある無限個の有理数 c が存在する.$\beta<\alpha$ なら,$c<\alpha$ だから,c はクラス A_1 に属し,したがって,クラス $\mathfrak{A}_1$ に属す.$\beta<c$ でもあるから,$\mathfrak{A}_2$ に属す数は全て $\mathfrak{A}_1$ に属す数 c より大きい事から,β も同じクラス $\mathfrak{A}_1$ に属す.もし $\beta>\alpha$ だったとすれば,$c>\alpha$ と成り,この事から,c はクラス A_2 に属し,したがって $\mathfrak{A}_2$ にも属す.$\beta>c$ でもあるから,$\mathfrak{A}_1$ に属す数は全て $\mathfrak{A}_2$ に属す数 c より小さい事から,β も同じクラス $\mathfrak{A}_2$ に属す.以上から,α と異なる全ての数 β は,$\beta<\alpha$ であるか $\beta>\alpha$ であるかによって,クラス $\mathfrak{A}_1$ または $\mathfrak{A}_2$ に属すが,この事から,α は $\mathfrak{A}_1$ の最大の数に成っているか $\mathfrak{A}_2$ の最小の数に成っているかのいずれかである事が分る.つまり,α は $\mathfrak{R}$ のクラス $\mathfrak{A}_1$, $\mathfrak{A}_2$ の分割によって惹き起こされた(一意に決まる)数と成っているが,これが示したい事であった.

§6.
実数の計算.

二つの実数 α, β に対する何らかの計算を,有理数の計算に帰着させるためには,数 α と β によって体系 R で惹

き起こされた切断 (A_1, A_2) と (B_1, B_2) に対して，計算結果 γ に対応すべき切断 (C_1, C_2) を定義すればよい．ここでは，最も簡単な例である足し算について，これを実行してみせる事にとどめる．

c を任意の有理数とする時，A_1 中の数 a_1 と B_1 の中の数 b_1 で，それらの和が，$a_1+b_1 \geqq c$ と成るようなものがあるなら，c を C_1 に入れる事にして，そう成らない全ての有理数 c は C_2 に入れる事にする．C_1 の全ての数 c_1 は C_2 の全ての数 c_2 より小さく成っている事は明らかだから，有理数の全体の，このような二つのクラス C_1, C_2 への分割は，切断に成っている．数 α, β が両方とも有理数の時には，C_1 に含まれる全ての数 c_1 は，$c_1 \leqq \alpha+\beta$ を満たす．なぜなら，$a_1 \leqq \alpha$, $b_1 \leqq \beta$ なら，$a_1+b_1 \leqq \alpha+\beta$ と成るからである；更に，もし C_2 に含まれるある数 c_2 が，$c_2 < \alpha+\beta$ を満たしたとすると，ある正の有理数 p に対し，$\alpha+\beta = c_2 + p$ と成るが，その事から，

$$c_2 = (\alpha - 1/2\, p) + (\beta - 1/2\, p)$$

と成ってしまうが，$\alpha - 1/2\, p$ は A_1 の中の数で，$\beta - 1/2\, p$ は B_1 の中の数だから，これは c_2 の定義に矛盾である．したがって，この場合，C_2 に含まれる全ての数 c_2 は $c_2 \geqq \alpha+\beta$ を満たすものと成っている．この事から，任意の二つの実数 α, β の和 $\alpha+\beta$ を，上のような切断 (C_1, C_2) により生じる数 γ とすると，この定義は有理数に対して成立していた算術の定義に抵触しないものと成る．更に，α, β のうちの片方だけ，例えば α だけが有理数の時には，α をクラ

ス A_1 に含める事にしても，A_2 に含める事にしても，その事が和 $\gamma = \alpha + \beta$ に影響を及ぼさない事は，容易に確かめられる．

和の演算だけでなく，他の初等的算術と呼ばれるところの演算，すなわち，差，積，商，冪，根，対数の計算も，足し算と同様にして定義する事が出来る．また，これによって，私の知る限り今まで一度も証明される事のなかったような定理（例えば $\sqrt{2} \cdot \sqrt{3} = \sqrt{6}$）に，本当の証明を与える事が出来るように成る．もっと複雑な演算の定義で余儀なくされるように思われる冗長さは，ある意味で本質的なものであるが，多くの場合には避ける事が出来る．区間——つまり，有理数のシステム A で次のような特性を持つもの——の概念は，ここで大変有用である：a と a' がシステム A の数とする時，a と a' の間にある全ての有理数は A に含まれている．有理数の全体のシステム R や各切断の二つのクラスは区間である．これに対して，区間のどの数より小さな有理数 a_1 と，区間のどの数より大きな有理数 a_2 が存在する時，A は**有限区間**であると言う[20]．この時には，a_1 や a_2 と同じ性質を有する数は，明らかに無限に存在する．R の全領域は，三つの断片 A_1, A, A_2 に分断され，完全に決定される二つの有理数または無理数 α_1, α_2 が対応して現れる．これらは，それぞれ A の下限と上限と

---

20) ［訳注］有限区間（finites Intervall）という言い方は，現在でも用いられる事があるが，現在では有界区間（beschränktes Intervall）という言い方の方が普通であろう．

よぶ事ができるが、下限 α_1 は、システム A_1 が一番目のクラスと成っているような切断によって形成され、上限 α_2 は、システム A_2 が二番目のクラス成っているような切断によって形成されている。α_1 と α_2 の間にある全ての有理数あるいは無理数 α は、区間 A の中にあると言う事が出来る。区間 A の全ての数が区間 B に含まれる時、A は B の**部分区間**であると言う。

無数にある有理数の算術の定理（例えば、$(a+b)c = ac+bc$ という定理）を実数に拡張しようとする時には、更なる冗長さが予想される。しかし、これは実際にはそうではない；このような場合には、算術的な演算がそれら自身ある種の連続性を持つ事を示してやれば十分である事は、すぐに確かめる事が出来る。私がここで言っている事の意味が何かを、一般的な定理の形で述べる事にしたい：

「数 λ が、数 $\alpha, \beta, \gamma, \dots$ に対する計算の結果で、λ が区間 L の中にある時、α, β, γ がその中にあるような区間 A, B, C, $\dots$ で、同じ計算で $\alpha, \beta, \gamma, \dots$ を区間 A, B, C, $\dots$ にある任意の数でどのように置き換えて行なっても、結果が L の中にある数と成るようなものを与える事が出来る。」この種類の文は恐ろしく言いにくいので、表現の工夫が何としても必要に思われる。実際、それは、変量、関数、極限値の概念を導入する事で完璧に達成する事が出来る。そして、これは、一番簡単な算術演算から、これらの概念に基づいて定義するのが最も適切であろうが、残念ながらここでは、これを遂行する事は出来ない。

§7.
無限小解析.

最後に，我々のこれまでの考察と無限小解析の幾つかの主定理との間に成り立つ関係について明らかにしておかなければならない．

ある変化量 x が漸次にある数値の間を動き，ある一定の境界値 α に近づくとは，α 自身がその間にあるようなどのような二つの数に対しても x がその過程の途上であるところから先にはそれらの間に来る事を言う．あるいは同じ事だが，差 $x-\alpha$ の絶対値が，0 と異なるどのような与えられた値より，あるところから先では確定的に小さく成る事である．

次の主張は，もっとも重要な定理の一つである：「値 x が常に増加するが，全ての限界を越えるわけではない時には，x はある極限値に近づく．」

私はこれを次のように証明する．仮定から，ある，したがって無限に多くの数 α_2 で，$x<\alpha_2$ が常に保たれるようなものが存在する．このような数 α_2 の全体のシステムを $\mathfrak{A}_2$ と表し，それ以外の数全体のシステムを $\mathfrak{A}_1$ と表す事にする．後者の数は，x が変化する過程で，あるところから先は $x>\alpha_1$ が成り立つようなものに成っている．特に，それぞれの数 α_1 は α_2 のそれぞれより小さく，したがって，ある数 α で，$\mathfrak{A}_1$ の最大数であるか，$\mathfrak{A}_2$ の最小数であるかのどちらかであるものが存在する（§5, Ⅳ）．x は常に増大

し続けるのだったから、一番目のケースはあり得ない。したがって a は $\mathfrak{A}_2$ の最小数と成っている。どの数 a_1 をとったとしても、どこかから先では $a_1 < x < a$ と成るのだから、x は極限値 a に近づく事が分る。

この定理は、連続性の原理と同値である。つまり、実数が一つでも領域 R に属さないと看做した瞬間にこの定理は成立しなくなってしまう。あるいは、別の言葉で言うと、この定理が正しければ、§5 の定理Ⅳも正しくなければならない。

やはりこれと同値な、無限小解析のもう一つの定理で、もっと頻繁に利用されるものに、次のものがある：「変量 x の変化の過程で、与えられた正の値 δ に対して対応する場所で、そこから先は x の値が δ 未満の変化しかしないようなものが与えられる時には、x はある極限値に収束する。」

ある極限値に近づく全ての変化量は、あるところから先は与えられたどの正の値より変化が少なく成る、という容易に証明できる定理の逆に成っているこの主張は、一つ前の定理から導き出す事も、連続性の原理から直接導き出す事も出来る。ここでは後者の道筋を取ってみる事にする。δ を任意の正の値とする（つまり $\delta > 0$ とする）。この時には仮定から、ある時点から x は δ 以下の変化しかしなく成る。つまり、x がこの時点で値 a を持っていたとすると、その後では常に $x > a - \delta$ かつ $x < a + \delta$ が成り立つ。ここでしばらく、もともとの仮定を忘れて、今証明した、x が二つの確定できる有限の値の間にある、という事実にのみ

着目する事にする．この仮定のもとに，実数の二つの分割を考える．システム $\mathfrak{A}_2$ には，x の変化の過程で，あるところから $x \leqq \alpha_2$ が常に成り立つような数 α_2（例えば上の $a+\delta$）を集める．一方，システム $\mathfrak{A}_1$ には $\mathfrak{A}_2$ に含まれていないような数を全て集める．α_1 がそのような数なら，変化の過程がどんなに進んでも，$x>\alpha_1$ が無限回その先で起こる．各々の α_1 は各々の α_2 より小さいので，この体系 R の切断 ($\mathfrak{A}_1, \mathfrak{A}_2$) を惹き起こす数 α が一意に定まるが，この値を，常に有限であるような変量 x の上側の極限と呼ぶ事にしたい．同様に，変量 x の性質から，$\mathfrak{B}_1$ には x の変化の過程で，あるところから $x>\beta_1$ が常に成り立つような数 β_1（例えば上の $a-\delta$）を集め，全てのそうでない数 β_2 を $\mathfrak{B}_2$ に集める事で体系 R の切断 ($\mathfrak{B}_1, \mathfrak{B}_2$) が惹き起こされる．$\beta_2$ は，$x \geqq$ があるところから先常に成り立つ事のないような，つまり，どこから先も $x<\beta_2$ が無限回起こるような数である．それによってこの切断が惹き起こされるような数 β を常に有限の値を取る変量 x の下側の極限と呼ぶ事にする．これらの二つの数 α, β は明らかに次の性質によっても特徴付けられる：ε をいくらでも小さい正の値とする時，常にあるところから先は $x<\alpha+\varepsilon$ かつ $x>\beta-\varepsilon$ が成り立つが，$x<\alpha-\varepsilon$ が，あるところから先常に成り立つ事はなく，$x>\beta+\varepsilon$ が，あるところから先常に成り立つ事もない．ここで二つの場合が可能性である．α と β が異なる場合には，$\alpha>\beta$ でなければならない．$\alpha_2 \geqq \beta_1$ が常に成り立つからである．この場合には，x の値は揺れ続け，変化の

過程がどれだけ進んでも，それから先の揺れ幅は，$(\alpha-\beta)-2\varepsilon$ 以上に成る，ここに ε はある十分に小さな正の値である．もともとの仮定にここで初めて戻ると，この仮定はここでの結論と矛盾する．したがって，成り立つのは二番の場合 $\alpha=\beta$ でなければならない．証明したように，正の値 ε をどんなに小さくとっても，どこからか先では $x<\alpha+\delta$ と $x>\beta-\delta$ が常に成り立つのだったから，x は極限値 α に近づく事が結論できるが，これが示したい事であった．

　連続性の原理と無限小解析の間の関係の説明には，これらの例で十分であろう．

第 II 部

数とは何か
そして何であるべきか？

[初版 1888 年[1], 第 6 版 1930 年[2]]

$$\text{Ἀεὶ ὁ ἄνθρωπος ἀριθμητίζει.}$$

私の姉

ユーリエ

と兄

ブラウンシュヴァイク上級地方裁判所裁判官 法学博士

アドルフ

に，心からの愛をこめて献呈する

---

1) ［訳注］明治 21 年.
2) ［訳注］昭和 5 年.

初版への前書き．

 科学においては，証明出来る事は証明なしに信じられてしまってはならない．この要請は実に明白な事に思われるが，それにもかかわらず，私の信ずるところによれば，もっとも単純明快な科学分野である，数の理論を扱う論理学の部分の基礎付けにおいてさえ，最新の教科書でも[3]この要請が満たされているとは全く看做しがたい[6]．ここで算

---

3) 私が知り得た文献のうちでは，高い評価をすべき E. シュレーダーによる算術と代数の教科書（Lehrbuch der Arithmetik und Algebra, Leipzig 1873[4]）——この本には文献表も含まれている——および，（E. ツェラーに捧げられた哲学的論文集（Philosophische Aufsätze, Leipzig 1887[5]）に収録された）クロネカとヘルムホルツによる，"数の概念"と"数え上げと測定"に関する論考を挙げておきたい．これらの論考が出版された事が，色々な意味でこれらに似てはいるが，その論拠においては，これらと本質的に異なるところの私の見解を，公表する事を促したのである．ただし，ここでの私の見解は，私が，他のどの立場からも影響を受ける事なく，長年をかけて作り上げたものである．

4) ［訳注］明治6年．

5) ［訳注］明治20年．

6) ［訳注］現代における「論理学」の理解からは，デデキントのこ

術（代数，解析）が論理学の部分に過ぎないと言った事で，数の概念が，時間や空間に対する認識や直観とは全く独立なものであり，それがむしろ純粋な思考原理から導き出されるものである事を，既に宣言した事に成る．本書の表題と成っている問いに対する私の解答の要旨は，次のように述べる事が出来る：数は人類の知性による自由な創造物であり，それらは事物の異差をより容易かつ明確に把握するための手段である．数の理論が純粋に論理的に構築され，この理論の中で連続的な数の領域が得られた後に，我々の空間と時間に対する認識の検証が，この我々の理知の中で創造された数の領域にあてはめて考えてみる事により，初めて可能と成る[7]．我々が集まりや事物の数を数える時にしている事を注意深く観察してみると，事物を事物に結び付け，ある事物を他の事物に対応付けるという，それなしではそもそも思考が成立しないところの知性の能力に辿り

の発言はいささか奇異に感じられる．勿論当時はまだ数学をその上に組み上げる事のできるような，形式論理の理論の基礎は完全に確立されていなかったわけであるが，そうだとしても，彼の数学の基礎付けの議論は，ほとんど同時代のフレーゲの論理主義的なスタンスと比べても，明らかに論理自身の分析を避けているように見えるからである．しかし，以下のテキストを読むと，デデキントがここで論理学と呼んでいるものの実体は，現代の言葉で「素朴集合論」と呼ばれているようなもの（デデキント自身の用語ではシステムの理論の事）を指している事がわかる．

7) 私の著書：連続性と無理数（ブラウンシュヴァイク，1872年[8]）の§3[9]を参照．
8) ［訳注］明治5年．
9) ［訳注］本書の第Ⅰ部，§3（22ページ〜）．

着く事に成る．私の見るところ，本書の予告[10]で既に述べたように，唯一つの，しかし，それ自身不可欠なこの基礎の上に，数の理論の全体が構築されなくてはならない．このような記述の目論みは，連続性に関する著書を出版する前に抱いていた．しかし，この本が出た後，公用が増えたためや他のやらなくてはいけない仕事のための何回もの中断を経て，1872 年から 1878 年[12] の間にやっと最初の短いスケッチを書き上げる事が出来た．このスケッチは，何人もの数学者に見てもらい，そのうちの何人かとは，これについての議論もした．このスケッチは，本書と同じタイトルのもので，まだ整理は出来きってはいなかったが，本書における本質的な基本と成る考え方は既に全て含まれているものだった．本書はそれらを注意深く整理し直したものである．ここでは，そのような基本的な考え方として，有限と無限の明確な区別 (64)，事物の数の概念 (161)，完全帰納法（あるいは n から $n+1$ への論法）の名前で知られている証明法が実際に強い証明力を持つ事の論証 (50, 60, 80)，そして，帰納法（あるいは再帰法）による定義が確立されたものに成っていて，かつ矛盾を含んでいない事の論証 (126)，を挙げておこう．

本書は，健全な理性とよばれるところのものを有する，

---

10) ディリクレの『数論講義』，第 3 版，1879[11]．§163 の 473 ページの注意．
11) ［訳注］明治 12 年．
12) ［訳注］明治 5 年から明治 11 年．

全ての人が理解可能である．哲学的あるいは数学的な教科書的知識は，本書の理解のためには全く必要と成らない．しかし私は，多くの人が，私が提示する虚ろな形象の中に，慣れ親しんだ誠実な友として生涯を共にして来た彼等にとっての「数」を見出す事がほとんど出来ない，という感想を持つだろう事も承知している．彼等は，数の法則の拠り所と成るところの思考の流れの醒めた分割による，我々の段階的な理解の仕方に対応する簡単な推論の長い列に怯んでしまい，彼等が思っているところの内なる直観により最初から明らかで確実であるように見える真理の証明を追ってゆく事に，我慢が出来なく成るだろう．

　これに対して，私は，推論の列がどんなに長くて人工的に見えるとしても，そのような真理を他のより単純な真理に帰着させる事が出来る，というまさにその事に，その真理を受け入れる事，あるいはその真理に対する確信が，それに対する直観によって直ちにもたらされたものではなく，これらの個々の推論の，ほとんど完全な繰り返しによって得られたものなのだ，という事の説得力のある証拠を見るものである．その遂行の速さのためにそれを追う事が困難なこの思考過程を，熟練した読者が識字の際におかす間違いと比較してみたいと思う．この識字についても，初心者なら文字の一つ一つを苦労して追ってゆく事に成るところの，個々の過程のほとんど完全な繰り返しである．しかし，熟練した読者にとっては，正しい言葉を認識するのに，このような苦労のほんの一部，したがって，ほんの僅

かな精神的労働あるいは緊張だけで十分である．だが，これは，むしろ，言葉をほぼ正確に認識するのに，と言うべきであろう．よく知られているように，非常に熟練した校正者でも，時々印刷ミスを見逃す事がある，つまり間違って読んでしまう事があるからである．これは，しかし，一字一字の識字に対応する思考の連鎖を完全に繰り返していれば，起こり得ないはずの事である．同じように，我々は生れた時から，常に，しかも時が経つにつれてより頻繁に，事物を事物に対応させる事，したがって，まさに数の創造の基に成っているような精神の働きを発動させる機会を持つ事に成る．我々は，この生れてから直ぐに始まる（無意識的だとしても）絶え間ない鍛錬と，それに伴う判断と推論の類型の形成により，本来は数論的な真理に関するものであるはずの知の膨大な資源を得ているので，初めて習う時には，この資源を前提に，あたかも簡単な当り前であるかのようなもの，内なる直観により与えられているものであるかのようなもの，として教わる事に成り，そのため，（たとえば，事物の数，といった）本来は単純でない複合的な概念の多くが，間違って，簡単なものという事にされてしまうのである．この事を，よく知られた格言をまねて，$ἀεὶ\ ὁ\ ἄνθρωπος\ ἀριθμητίζει$（人は常に数論する）と表現したいと思うのだが[13]，この意味で，以下に続くページが，

---

13) ［訳注］この「よく知られた格言」は，プラトンが言ったと言われている "$Ἀεὶ\ ὁ\ θεὸς\ γεωμετρεῖ.$"（神は常に幾何学する）であろう．この格言の変形は日本語の「産医師異国に向う……」と似

数の理論を統一的な基礎の上に確立しようとする試みとして，暖かい受容を得る事を，またこれらのページが，他の数学者たちを，これらの推論の長い列を，更に簡明な，より適切なものに帰着させる試みに誘う事を，切に願うものである．本書のこのような目的の設定に見合うように，ここでは自然数と呼ばれるものの列についてのみ考察をする事にする．後に，数概念を段階的に拡張して，ゼロを創造し，負の数，分数，無理数，複素数を，それぞれ前に確立した概念に帰着させて創造出来る事，また，これを，異種の直観（例えば，測定量に対する直観——このような直観は，私の理解によれば，数の理論が確立されてはじめて完全に明らかなものに成る）を全く用いる事なしに行なえる事については，少なくとも無理数の例に関しては，連続性についての私の旧著（1872年[14]）で示した．そこでの§3でその事を述べたが[15]，それと全く同様に，他の拡張についても容易に扱う事ができるので，本書では，この事に関する統一的な記述をする事は控える事にする．代数や高等な解析学の彼方にあるようなものも含め命題の全ては自然数に関する命題に対応している，という見解は，ディリクレから何度も聞いたものでもあったが，上のような見方か

たπの値の暗記のための（単語の文字数による）語呂合わせに使われていたりもしていて，昔の（ギリシャ語が教養の必須だった時代の）ヨーロッパ（の知識人の間）では人口に膾炙していたようである．

14) ［訳注］明治5年．
15) ［訳注］本書の第Ⅰ部，§3（22ページ〜）．

らは，これは全く自明で何も目新しいところもない主張である事が分る．しかし，この骨の折れる書き換えを実際に行ない，自然数のみを使う事にして他は全く認めない，という態度は何の役に立つものでもないように思われるし，ディリクレが言った事とも関係がない．逆に，数学や他の科学での，最も大きく実りの多い進歩は，むしろ，古い概念だけを用いたのでは表現が困難な複合的な現象が何度も現れたところで，新しい概念を創造してそれを導入する事が余儀なくなった事によってもたらされたものなのである．本書で扱う話題は 1854 年[16] の夏に，ゲッティンゲンでの私講師のための私の教授資格試験（Habilitation）の折にゲッティンゲンの哲学学部で講演したが，これはガウスによって認められたものでもあった．しかしこれについては，ここでは，これ以上述べる事は差し控える．

しかし，その代りに，この機会に，上でも触れた私の連続性と無理数に関する以前の著書に関連した補足を更に幾つか述べておきたいと思う．この本で述べた，私が 1858 年の秋に考え付いた無理数の理論は，有理数の領域での，切断と私が名付け，初めて厳密な研究を行なった対象（§4）に基づくものであり，これによってもたらされる新しい実数の領域の連続性の証明がこの理論の頂点であった（§5．IV）．この理論は，私には，これとは異なり，互いにも異なるヴァイアストラス氏と G. カントル氏による二つ

---

16) ［訳注］嘉永 7 年．

のやはりそれぞれ完全な厳密性を持つ理論と比べて，より簡単で，あえて言えば，それらのように煩雑ではないように思える．私の理論は，その後，U. ディニ（U. Dini）氏の『実数値関数の理論の基礎』（Fondamenti per la teorica delle funzioni di variabili reali, Pisa 1878）でほとんどそのままの形で取り上げられている．ところが，その本では，私の名前が，切断の算術的な性質に関するところでなく，一つの切断に対応する測定量の存在に関連する間違った場所で述べられているので，私の理論がそのような量の考察に依るものである，という誤解を招きかねない．しかしこれは全く正しくない．むしろ，私の著書の§3では，測定量が交じりこむ事を避けるべき理由を幾つも挙げて，その最後に，測定量の存在に関して，空間の研究の大きな部分に関してはその連続性は，必要な前提にも成っていない事を明言している．幾何学に関する文献では，連続性については，話の序でにその言葉が出ては来るが，それについて明確に説明される事はなく，証明で用いられる事もないのである．

この事を更に詳しく説明するために，次のような例を挙げてみたい．一直線上にない3点 A, B, C を，それらの距離 AB, AC, BC の比が代数的な数[17]に成るように，しかしそれ以外は全く任意に選び，空間の点 M として AM, BM, CM の比がやはり代数的な数に成るようなものだけを

---

17) ディリクレの『数論講義』の第2版の§159または第3版の§160を参照.

存在する点として見る事にする．これらの M から成る空間は，容易に分るように，いたるところで不連続である．しかし，この空間のこのような不連続性，不完全さにもかかわらず，私の理解する限りにおいて，ユークリッド原論に現れる全ての構成が完全に連続な空間でと同じように遂行出来る．つまりこの空間のこのような不連続性について，ユークリッドの幾何学では気が付く事も，認識する事も全く出来ないわけである．それにもかかわらず，もし誰かが，空間が連続であると考えるしかなく，我々には他の捉え方は考えられない，と言うなら，私はそれを疑うし，次の事にも注意を促したい．有理数比以外にも無理数比が必要に成り，代数的数による比以外にも超越数による比が必要に成る，という事に思い至るのに必要と成る連続性の本質を明確に認識するだけのためにも，どれだけの高等で繊細な学術的な教養が必要と成るだろうか．それゆえ，私には，測定量の概念を全く用いずに，しかも，簡単な思考のステップから成る有限的な体系によって，純粋な，連続的な数の領域の創造へと昇りつめる事が出来るのなら，そのほうがはるかに素晴らしい事に思えるのである．しかも，私の意見では，この補助手段を用いて初めて，連続的な空間の確固たる認識を確立する事が可能に成る．やはりこの切断の現象に基づく同様の無理数の理論は J. タヌリ (J. Tannery) の『1 変数関数の理論入門』(Introduction à la théorie des fonctions d'une variable, Paris 1886) にも見出される[18]．私がこの著作の前書きの該当する個所を正し

く理解したとすると，著者は，この理論を独立に，つまり私の著書だけでなく，同じ前書きにも触れられているディニの基礎理論も知らずに得たという事である．この一致は，私のとらえ方が事の本質に対応している，という事の大変に喜ばしい証明であるように思える．この事は，例えば，M. パッシュが彼の『微分積分法』(Differential- und Integralrechnung, Leipzig 1883) の前書きに書いているように，他の複数の数学者によっても認識されている．

これに対して，タヌリ氏が，この理論が，J. ベルトラン氏による，彼の『算術提要』(Traité d'arithmétique) に含まれている，無理数を，定義すべき数より小さい有理数の全体とそれより大きな有理数の全体を与える事により定義するというアイデアの発展であると主張している事には，無条件に同意する事は出来ない．

O. シュトルツ氏も，多分よく確かめずに，彼の『一般算術講義』(Vorlesungen über allgemeine Arithmetik, Leipzig 1886) で繰り返し述べているところの，この表明に対しては，次の事を指摘させていただきたい．無理数が実際に上に述べたようなやり方で完全に確定される，と看做せる，という確信は，ベルトラン氏より以前にも，無理数の

---

18) ［訳注］[44] に付された高瀬正仁氏の解説によると，高木貞治は，帝大の学生だった 1890 年代（明治 20〜30 年代）にこのタヌリの『1 変数関数の理論入門』を読んでいて，後年この本を「今でも感謝の念を以って記憶している」と回想しているということである．他にも高木貞治が当時参照した本として，後出のディニやシュトルツなどの本の名前があがっている．

概念と関わりのある全ての数学者が共有する知見であった事は間違いない．等式の無理根を近似計算する時には，この根がそのようにして確定するという事が前提と成っている．そして，ベルトラン氏が彼の著作で専ら行なっているように（私の参照しているのは1885年の第8版である）無理数を測定量の比として捉えるなら，無理数がこのようにして確定する事は，すでにユークリッド（原論V. 5）の提唱した比の間の同等性による有名な定義に，全て述べられている事である．勿論，この非常に古い確信が私の理論の典拠であり，ベルトラン氏や，その他多くの人々の，無理数の算術への導入の基礎付けに関する，ある程度の厳密さをもって行なわれた試みの典拠でもある．しかし，もしここまでの点でタヌリ氏に完全に理を認めるとしても，よく調べてみれば，切断の現象が論理的な整合性のもとに規定すらされていないベルトラン氏の記述は，私のそれとは全く似つかないものである事に気付くはずである．彼の記述は，すぐに測定量の存在に逃げこんでしまうが，私は，すでに述べたような理由から，これを全く用いずに議論しているのである．この事から，彼の記述では，測定量の存在の仮定の上に構築された，その後の定義や証明にも，幾つもの本質的な欠陥を呈しているようにみえる．私の著書（§6）で述べた，「$\sqrt{2}\cdot\sqrt{3}=\sqrt{6}$ という定理は今までどこにも厳密に証明されていなかった」という主張は，これを書いた時には知らなかった，他の多くの点では非常に優れたところもある，この著作を考慮に入れたとしても，依然

としてその正当性の認められるものに成っている，と言う事が出来ると思う．

ハルツブルク，1887 年 10 月 5 日

R. デデキント．

第 2 版への前書き．

本書は出版の直後から，肯定的な批評だけでなく，否定的な批評，更には，甚しい欠陥があるという批判さえも受けてきた．これらの批判に理があるとは思えないのだが，本書を公に弁護するだけの時間がない事から，少し前から売り切れに成っている本書を，以下の注意を最初の前書きに添える以外は何も変更せずに再版する事にする．

無限なシステムの定義 (64) として私が用いた性質は，私の著書より前に G. カントル (Ein Beitrag zur Mannigfaltigkeitslehre, クレレ誌, 84 巻, 1878) によって，あるいはもっと早くボルツァーノ（無限のパラドックス (Paradoxien des Unendlichen), §20, 1851) によって取り上げられているものである．しかし，これらの著者のどちらも，この性質を無限の定義として採用してその基礎の上に数の理論を厳格に論理的に構築する事を試みてはいない．私の仕事は，実質的には G. カントルの論文が出版されるより何年も前，まだ私がボルツァーノの仕事の名前すら知らなかったころに完成させたものだったが，この骨の折れる私の仕事の実質は，まさにこの点にあったのである．このよ

うな研究の困難に興味と理解を持つ人のために，次の事も述べておこうと思う．全く別の，写像の相似性の概念（26）をも仮定する必要のないという点において[19]，一見もっとずっと簡単に見える有限と無限の定義，つまり，

「システム S が有限であるとは，S がそれ自身へ写像される（36）時，S のどの真の部分（6）も S 自身に写像される事がない時であり，そうでない時には S は無限のシステムであると言う」

を採用する事も出来る．

ここで，この新しい基礎の上に理論を構築しようとしてみよ！　すると直ちに大きな困難に突き当たるであろう．ここで定義したものと，もとの形の定義のものとが同一と成る事の証明でさえ，自然数の列についての基礎付けが十分に成されて，最終的な考察（131）が用いられるように成った後で初めて（しかしその時には簡単に）出来るように成る，と主張出来ると思う．しかも，これらの中には，どちらの定義も全く現れないので，このような定義の変形に必要と成る思考のステップ数がたいへん大きい事が窺われる．

本書が出版されて一年くらい経った後で，それより前の 1884 年に出版されていた G. フレーゲの『算術の基礎』[20]

---

19) ［訳注］デデキントの用語での「相似な写像」とは，今日の言葉では 1 対 1 写像あるいは単射と呼ばれるものの事である．ここでの"写像される"は現代の用語では通常"埋め込まれる"と表現される．

20) ［訳注］G. Frege, Grundlagen der Arithmetik, Eine logisch-mathematische Untersuchung über den Begriff der Zahl, 1884

を知る事に成った．この本に書かれた数の本質に対する考え方は，私のそれと大きく異なっているかもしれないが，それにもかかわらず，この本は，§79 以降で，私の本，特に私の提議（44）と，近い接点を持っている．一致が容易に見えてこないのは，異なる表現方法によるものに過ぎない．しかし，この著者が，n から $n+1$ への論法を宣言する時（93 ページ下）の毅然さに，ここで彼が私と同じ立脚点の上に立っている事がすでに明らかに示されている．

この間，E. シュレーダーの『論理代数講義』(1890-1891) がほぼ出揃った[21]．この非常に示唆に富む著作の価値については，最大級の賞賛を払うものであるが，これについてここで更に述べる事は不可能である．そのかわり，この第 1 巻の 253 ページで成された注意にもかかわらず，(8) と (17) でのぎこちない私の記号法をそのままにしてしまった事に対して釈明しておきたい．これらは，一般的な記号として受け入れられる事を目指しているものではなく，この算術に関する著書の中で使われる事だけを念頭に置いて導入されているものだが，その限りにおいては，和と積の記号よりも目的に適っていると思うのである．

ハルツブルク，1893 年[22] 8 月 24 日.

R. デデキント.

（明治 17）．

21）［訳注］E. Schröder, Vorlesungen über die Algebra der Logik, 全 3 巻（1890（明治 23）-1905（明治 38））．

22）［訳注］明治 26 年.

第3版への前書き．

8年前に，当時既に売り切れに成っていた第2版を第3版で置き換える事を要請された時に，それを躊躇したのは，この間に私の見解の重要な基礎の確実性に疑念が生じたからであった．この疑念の重要性と，部分的な正当性については，今日でも十分に認識しているものであるが，我々の論理学の内的な調和への確信はこれによっていささかも揺がされてはいない．確定的な要素の集まりから成る新しい確定的なシステムを構築する，そしてこのようなシステムは当然そのどの要素とも異なるものに成らなくてはならないわけであるが，この構築を行なう精神の創造力の厳密な検証を行なう事によって，私の著書の基礎を，非の打ちどころなく形成する事が出来るものと信じる[23]．しかし，他の仕事のために，このような困難な検証を最後まで遂行する事はできなかったので，本書が三回目にも変更を加えない形で出版される事の容赦を請うものである．多く

---

23) ［訳注］この言明は，現代から振りかえって見ると，ツェルメロ，フレンケル，フォン・ノイマンらによる集合論の公理化を正確に予言しているようにも思える．ちなみに，ツェルメロによる集合論の公理化の最初の試みは，この第3版の出版より前の1908（明治41）年の論文［57］（本書に付録Bとして収録）でなされている．ネーターも指摘しているように（本書の付録Aを参照）ツェルメロによる集合論の公理化はデデキントの『数とは何か……』からの大きな影響の下に書かれている事がその記述の順序などから窺える．

の問い合わせがある事からも分る，今も失われていない本書への関心の高さだけが，この出版を行なう事の釈明である．

　ブラウンシュヴァイク，1911 年[24] 9 月 30 日．
　　　　　　　　　　　　　　　　R. デデキント．

§1.
要素から成るシステム．

1. 以下では，**事物**とは我々の思考の対象と成る全てのものの事とする．事物について話しやすくするために，それらを，記号，たとえばアルファベットで表す事にして，手短かに，事物 a，あるいは単に a について述べる事にする．この時，実際には，a によって表される事物について述べているのであって，アルファベット a の事を言っているわけではない．一つの事物は，それについて述べられる，あるいは考えられる全ての事によって完全に確定する．ある事物 a は b と同じ（b と同等）である，かつ b は a と同じである，というのは，a について考えられる全ての事は b にも言えて，かつ b について成り立つ事は a についても考えられる時である．a と b が同じ事物を表す記号あるいは名前であるという事は，記号 $a=b$ また同様に $b=a$ によって表される．更に $b=c$ の時，つまり，c も a と同じように b で表される事物の記号である時，$a=c$ も成り立

---

24) ［訳注］明治 44 年．

つ. a で表される事物と b で表される事物との上のような同等性が言えない時, これらの事物 a, b は異なる, a は b とは異なる事物である, b は a とは異なる事物である, などと言う. この時には, ある性質で, 片方に言えて, もう片方には言えないものがある.

2. 異なる事物 $a, b, c...$ が何かの理由で同一の視点から捉えられ, 理知の世界の中でひとまとまりに扱われる, という事が大変頻繁に起こるが, この時には, それらは**システム**[25] S を形成する, と言い, これらの事物 $a, b, c...$ をシステム S の**要素**と言い, それらは S に含まれると言う. また, 逆に, S はこれらの要素から成る, とも言う. このようなシステム (あるいは, 概念化, 多様体[26]) S は我々の思惟の対象として, やはり (1の意味での) 事象の一つである. 実際, 全ての事物について, それが S の要素であるかそうでないかが確定している時には, S も完全に確定する[27]. したがって, システム S がシステム T と同じに成

---

25) [訳注] システム (System: 北ドイツのドイツ語での発音は「ジュステム」に近い) は, デデキントが今日集合と呼ばれる概念に対してあてた. 今日では, この意味では使われない用語である.

26) [訳注]「概念化」(Inbegriff) も「多様体」(Mannigfaltigkeit) も集合論の初期に, 今日の用語での集合の意味で,「集合」(Menge) という用語が現れる前に用いられた, 今日では用いられなくなった用語である. また,「多様体」(英語では manifold) は, 今日では別の意味の数学用語として定着している.

27) この確定がどのような理由で成立しているか, また, この決定にいたる道筋を我々が知っているかどうかは, 以下では全く問

る，記号では $S=T$ と成るのは，S の各要素が T の要素でもあり，T の各要素が S の要素でもある時である．表現の仕方を一様にするために，システム S が一つの（唯一つだけの）要素 a から成っている場合，つまり，事物 a は S の要素だが，a と異なるどの事物も S の要素でないような場合も考える事にする[28]．これに対して，要素を何も持たない空(くう)なシステムを考える事は，他の研究では便利な事もあり得るが，ある事情からここでは考えない事にする[29]．

3. **提議.** あるシステム A がシステム S の**部分**である，とは，A のどの要素も S の要素と成る事である．システム A とシステム S の関係は，以下で度々考察される事に成るので，これを，略記して，$A \ni S$ という記号で表す事にする．同じ事を表す，逆の記号 $S \in A$ は，簡単と明晰さを保

題とならない．これから展開する事に成る一般法則は，全ての状況下で成り立つので，その事に全く依存しないからである．これを特に明言するのは，クロネカ氏が，最近（Journal für Mathematik 99 巻の 334 ページから 336 ページ）数学の自由な概念生成に対して，私には不必要に思える，ある種の制限を課そうとしているからである．しかし，その必要性が見えてくるとすれば，それは傑出した数学者である氏が，将来，その必要性の理由，あるいはこのような制限の有効性について公にした後であろう．

28) ［訳注］一つの要素 s のみを持つ集合は，現在では $\{s\}$ という記号で表されて s のシングルトン（（英）singleton，（独）Einermenge）と呼んで，s と厳密に区別するが，デデキントは s と記号上での区別をせずに同一視して扱っている．

29) ［訳注］デデキントのここでの取り決めとは対照的に，現代の集合論の体系では，ここで「空なシステム」と言っているものに対応する空集合が基本的な役割を果たす．

つために全く使わない事にするが，表現がしにくい時には，SはAの**全体**であると言って，Sの要素の中にAの要素が全て見出されるという状況を表す事にする[30]．更に，システムSの各要素sも2によりそれ自身システムと看做す事が出来るので，ここでも$s \ni S$という記法を用いる事にする[31]．

4. **定理．** 3から$A \ni A$である．

5. **定理．** $A \ni B$かつ$B \ni A$なら$A = B$である．

証明は，3と2による．

6. **提議．** システムAがSの**真の部分**である，というのは，AはSの部分だが，Sと異なる時の事である．5により，この時にはSはAの部分ではないから，（3により）Sの要素でAの要素ではないようなものが存在する．

7. **定理．** $A \ni B$かつ$B \ni C$の時，これを$A \ni B \ni C$と略記するが，この時には$A \ni C$が成り立つ．更にAがCの

---

30) ［訳注］ここで述べられているAとSの関係$A \ni S$は，現代の標準的な用語では，「AはSの部分集合である」と表現され，記号$A \subset S$, $A \subseteq S$, $A \subseteqq S$などで表される．$S \supset A$, $S \supseteq A$なども同じ意味で用いられる．「SはAの全体（Ganzes）である」という表現は，現在では用いられず，例えば英語では「SはAのsupersetである」と言う．ドイツ語では „Obermenge" という単語がこれにあてられるが，対応する日本語での標準的な単語は見当らなく，あえて言うなら「SはAを（部分集合として）含む」と言いかえるしかない．

31) ［訳注］訳注28, 30で述べた現代的な記号法を用いると，ここでの$s \ni S$は，$\{s\} \subseteq S$と表される．また，「sがSの要素である」は，$s \in S$という別の記号を用いて区別して表される．

真の部分と成るのは, A が B の真の部分である時か, または B が C の真の部分である時である.

証明は3と6による.

8. **提議.** $\mathfrak{M}(A, B, C...)$ で表す事に成る, システム A, B, C... から**合成されたシステム**とは, 要素が次の規則によって確定されるようなシステムの事である：事物が $\mathfrak{M}(A, B, C...)$ の要素と成るのは, それがシステム A, B, C... のどれかの要素と成る事, つまり, それが A の要素であるか, B の要素であるか, C の要素であるか, ... のどれかに成る, ちょうどその時である[32]. ある一つのシステム A だけが与えられている場合も考える事にする. この時には, $\mathfrak{M}(A)=A$ である. 更に, A, B, C... から合成されたシステム $\mathfrak{M}(A, B, C...)$ は, A, B, C... 自身を要素としてちょうど含むようなシステムとは区別しなくてはいけない事を注意しておく.

9. **定理.** システム A, B, C は $\mathfrak{M}(A, B, C...)$ の部分である.

証明は, 8と3による.

10. **定理.** A, B, C... がシステム S の部分なら, $\mathfrak{M}(A, B, C...) \ni S$ も成り立つ.

証明は, 8と3による.

11. **定理.** P がシステム A, B, C... のどれかの部分な

---

32) ［訳注］ここで A, B, C... から合成されたシステム $\mathfrak{M}(A, B, C...)$ とよばれているものは, 現在では, A, B, C... の和集合とよばれ, $A \cup B \cup C \cup \cdots$ と表される.

ら，$P \ni \mathfrak{M}(A, B, C...)$ である．

証明は，9と7による．

12. **定理**．システム $P, Q...$ のそれぞれが，システム $A, B, C...$ のうちのどれかの部分なら，$\mathfrak{M}(P, Q...) \ni \mathfrak{M}(A, B, C...)$ が成り立つ．

証明は，10と11による．

13. **定理**．A が $P, Q...$ のうちの幾つかから合成されたものなら，$A \ni \mathfrak{M}(P, Q...)$ である．

証明．8により，A のどの要素も，システム $P, Q...$ のうちどれかの要素である．したがって，8により，それは $\mathfrak{M}(P, Q...)$ の要素でもある．この事と3から定理が導かれる．

14. **定理**．システム $A, B, C...$ のうちのどれも，$P, Q...$ のうちの幾つかから合成されたものなら，$\mathfrak{M}(A, B, C...) \ni \mathfrak{M}(P, Q...)$ である．

証明は13と10による．

15. **定理**．システム $P, Q...$ のうちの全てが，システム $A, B, C...$ のうちのどれかの部分で，後者が前者のうちのどれかから合成されている時，$\mathfrak{M}(P, Q...) = \mathfrak{M}(A, B, C...)$ である．

証明は，12, 14, 5による．

16. **定理**．$A = \mathfrak{M}(P, Q)$ で $B = \mathfrak{M}(Q, R)$ なら，$\mathfrak{M}(A, R) = \mathfrak{M}(P, B)$ である．

証明．一つ前の定理15により，$\mathfrak{M}(A, R)$ も $\mathfrak{M}(P, B)$ も $\mathfrak{M}(P, Q, R)$ に等しい．

17. 提議. 事物 g がシステム $A, B, C...$ の**共通の要素**であるとは、それがこれらのシステムの各々（つまり、A にも、B にも、C にも...）に含まれている事を言う。また、システム T が、$A, B, C...$ の**共通部分**であるとは、T がこれらのシステムの各々の部分である事を言い、システム T が、$A, B, C...$ の共通であるとは、それが、一意に定まる、$A, B, C...$ の共通の要素の全てから成るシステム $\mathfrak{G}(A, B, C...)$ である時の事とする[33)]。したがって、これは、これらのシステムの共通部分でもある。ここでも、唯一つのシステム A だけが与えられている場合も許す事にする。この時には、$\mathfrak{G}(A) = A$ と成る。一方、システム $A, B, C...$ が共通の要素を全く含まず、したがって、共通部分も共通も全く持たない、という場合もあり得る。このような時、これらのシステムは、**共通部分を持たないシステム族**であると言い、記号 $\mathfrak{G}(A, B, C...)$ はこの時には意味を持たない（2の終りを参照）[34)]。しかし、共通に関する命題においては、共通の存在の条件を付加して考え、その命題の共通の非存在における場合における正しい解釈も見出すと

---

33) ［訳注］現在の用語では、ここで "共通" と呼ばれている $\mathfrak{G}(A, B, C...)$ が "共通部分" とよばれ、ここで "共通部分" と呼ばれているものには特定の用語は割りあてられていない。現代の用語では、ここでの "共通部分" は、たとえば、「共通部分の部分集合」と表現される。現代の記号では、$\mathfrak{G}(A, B, C...)$ は $A \cap B \cap C \cap \cdots$ と表される。

34) ［訳注］勿論、ここで "意味を持たない" と言っているのは、ここでは空集合を集合とは認めない立場で議論しているからである。

いう作業は，ほとんど常に読者に委ねる事にする．

18. **定理.** $A, B, C...$ の任意の共通部分は，$\mathfrak{G}(A, B, C...)$ の部分である．

証明は，17 による．

19. **定理.** $\mathfrak{G}(A, B, C...)$ の任意の部分は $A, B, C...$ の共通部分である．

証明は，17 と 7 による．

20. **定理.** システム $A, B, C...$ のそれぞれが，システム $P, Q...$ の全体 (3) に成っている時，$\mathfrak{G}(P, Q...) \ni \mathfrak{G}(A, B, C...)$ である．

証明. $\mathfrak{G}(P, Q...)$ の各要素は $P, Q...$ の共通の要素に成っているから，$A, B, C...$ の共通の要素でもあるが，これが証明すべき事であった．

§2.
システムの写像．

21. **提議**[35]．システム S の**写像** φ とは，S の各要素 s に，ある確定した事物が属す事を決める法則の事とする．この事物は s の**像**とよばれ，$\varphi(s)$ と表される[36]．また，$\varphi(s)$ は要素 s に対応するとも言い，$\varphi(s)$ は写像 φ により s から得られる，または生成される，s は写像 φ により $\varphi(s)$

---

[35] ディリクレ『数論講義』の第 3 版，§163 を参照．
[36] ［訳注］現代の用語では，ここでの "φ は S の写像である" は，通常，"φ は S を定義域とする写像である"，"φ は S 上の写像である"，または "φ は S からの写像である"，などと表現される．

に移るとも言う事にする．T を S の任意の部分とする時，S の写像 φ は，一意に決まる T の写像を含んでいる．簡単のために，この写像も φ で表してよい事にするが，これは，システム T の各要素 t に t が S の要素として持つ像 $\varphi(t)$ と同じものを対応させるものである[37]．また，全ての像 $\varphi(t)$ から成るシステムは T の像とよばれ，$\varphi(T)$ と表される[38]．特に，これにより $\varphi(S)$ の意味も定義された事に成る．システムの要素への特定の記号や名称による割り当ては，すでにシステムの写像の一つの例と看做せる．システムの写像の一番簡単なものは，それの要素が要素自身に対応させられるようなものである．このような写像をシステムの**恒等写像**とよぶ事にする．以下の定理 22, 23, 24 では，任意のシステム S の任意の写像 φ が考察されるが，簡単のために，そこでは要素 s と部分 T の像は，それぞれ s' と T' で表す事にする．また，小文字と大文字のダッシュの付いていないアルファベットで，このシステム S の要素と部分を表す事にする．

22. **定理**[39]．$A \ni B$ なら $A' \ni B'$ である．

証明． A' のどの要素も A の一つの要素の，したがって

---

37) ［訳注］現代の用語では，このような T の（T 上の）写像を φ の T への**制限**とよび，φ はそのような T の（T 上の）写像の**拡張**になっている，と言う．

38) ［訳注］現代の用語では，ここでの "$\varphi(s)$ は s の像である" は，"$\varphi(s)$ は s の φ による**値**である"，と表現される事が多い．これに対して，$\varphi(T)$ は現代でも T の φ による像とよばれている．

39) 定理 27 を参照．

B の一つの要素の像に成っているから，B' の要素であるが，これが証明すべき事であった．

23. **定理.** $\mathfrak{M}(A, B, C...)$ の像は $\mathfrak{M}(A', B', C'...)$ である．

証明. 10 により S の部分でもあるシステム $\mathfrak{M}(A, B, C...)$ を，M で表す事にすると，その像 M' の各要素は，ある M の要素 m の像 m' と成っている．ここで m は 8 によりシステム $A, B, C...$ のどれかの要素と成っているから，m' はシステム $A', B', C'...$ のどれかの要素である．したがって，8 により m' は $\mathfrak{M}(A', B', C'...)$ の要素ある．よって，3 により，

$$M' \ni \mathfrak{M}(A', B', C'...).$$

である．他方，$A, B, C...$ は 9 により M の部分であるから，22 により，$A', B', C'...$ は M' の部分である．したがって，10 により，

$$\mathfrak{M}(A', B', C'...) \ni M',$$

である．この事と上で述べた事を合わせると，5 から，証明すべき主張

$$M' = \mathfrak{M}(A', B', C'...).$$

が導かれる．

24. **定理**[40]. $A, B, C...$ の任意の共通部分の像は，したがって共通 $\mathfrak{G}(A, B, C...)$ の像も，$\mathfrak{G}(A', B', C'...)$ の部分である．

---

40) 定理 29 を参照.

証明. このようなものは 22 により A', B', C'... の共通部分に成るが，18 により，この事から定理が導かれる．

25. **提議と定理.** φ があるシステム S の写像で，ψ が像 $S'=\varphi(S)$ の写像なら，この事から，φ と ψ から**合成された写像**[41] が惹き起こされる．これは，S の各要素 s に，像
$$\theta(s) = \psi(s') = \psi(\varphi(s))$$
が対応するものである．ただしここでは再び $\varphi(s)=s'$ と置いている．この写像 θ を手短かに $\psi \cdot \varphi$ あるいは $\psi\varphi$ という記号で表し，像 $\theta(s)$ を $\psi\varphi(s)$ で表す事にする[42]．ここで，記号 φ, ψ の順序によく注意する必要がある．記号 $\varphi\psi$ は一般には意味を為さず，これが意味を持つのは，$\psi(S') \ni S$ の時だけだからである．χ がシステム $\psi(S')=\psi\varphi(S)$ の写像で η が，ψ と χ から合成されたシステム S' の写像 $\chi\psi$ なら，$\chi\theta(s)=\chi\psi(s')=\eta(s')=\eta\varphi(s)$ が成り立つ．つまり，合成された写像 $\chi\theta$ と $\eta\varphi$ は S の全ての要素 s に対し相等しい．これは $\chi\theta=\eta\varphi$ が成り立つという事である．この定理は，明らかに，θ と η の意味から，
$$\chi \cdot \psi\varphi = \chi\psi \cdot \varphi$$
と表現する事が出来るので，この φ, ψ, χ から合成された写像は，手短かに $\chi\psi\varphi$ と表してよい．

---

41) この写像の合成と，要素から成るシステムの合成 (8) が混同される恐れはないであろう．

42) ［訳注］現代では，写像 φ, ψ の合成は $\psi \circ \varphi$ という記号で表される事が多い．

§3.
写像の相似性.互いに相似なシステム.

26. 提議. あるシステム S の写像 φ は,システム S の異なる要素 a, b が常に異なる像 $a'=\varphi(a)$, $b'=\varphi(b)$ に対応する時,**相似**(または,**明確**)であると言う[43]. このような場合には,$s'=t'$ から常に $s=t$ が導かれるので,システム $S'=\varphi(S)$ の各要素は一つに確定する S の要素 s の像 s' に成っている.したがって,この S の写像 φ に対して,その逆,例えば $\bar\varphi$ で表される,S' の各要素 s' に像 $\bar\varphi(s')=s$ が対応するような,したがって明らかにこれも相似であるような,システム S' の写像が対置される.$\bar\varphi(S')=S$ と成り,φ が $\bar\varphi$ に対応する**逆写像**と成り,25 での φ と $\bar\varphi$ から合成された写像 $\bar\varphi\varphi$ が S の恒等写像 (21) と成る事は明らかである.また,この時には,§2 で述べた事が,そこでの記法を用いて次のように補足される.

27. 定理[44]**.** $A' \ni B'$ なら,$A \ni B$ である.

証明. なぜなら,a を A の要素の一つとすると,a' は A' の要素と成るから,B' の要素でもある,したがってある B の要素 b に対する b' に等しく成る.ところが,$a'=b'$ なら $a=b$ だから,A のどの要素 a も B の要素と成る.これが証明すべき事であった.

---

43) [訳注] 現代の用語では,このような写像は**単射**である,あるいは **1対1** である,などという.

44) 定理 22 を参照.

28. **定理.** $A'=B'$ なら $A=B$ である.

証明は，27, 4, 5 から導かれる.

29. **定理**[45]. $G=\mathfrak{G}(A, B, C...)$ なら $G'=\mathfrak{G}(A', B', C'...)$ である.

証明. $\mathfrak{G}(A', B', C'...)$ の各要素は，いずれにしても S' には含まれている．つまり，S に含まれるある要素 g の像 g' と成っている．g' は $A', B', C'...$ に共通の要素だから，27 から，g は $A, B, C...$ の共通の要素，したがって，G の要素でなくてはならない．よって，$\mathfrak{G}(A', B', C'...)$ の各要素は G のある要素 g の像と成っているから，G' の要素である．つまり，$\mathfrak{G}(A', B', C'...) \ni G'$ である．この事と，24, 5 を思い出すと，我々の定理が導かれる.

30. **定理.** システムの恒等写像は，常に相似な写像である.

31. **定理.** φ が S の相似な写像で，ψ が $\varphi(S)$ の相似な写像の時，φ と ψ から合成された S の写像 $\psi\varphi$ も相似と成り，これに属す逆写像 $\overline{\psi\varphi}$ は $\overline{\varphi}\overline{\psi}$ と等しい.

証明. なぜなら，S の異なる要素 a, b は，異なる像 $a'=\varphi(a), b'=\varphi(b)$ に対応するが，これらは再び異なる像 $\psi(a')=\psi\varphi(a), \psi(b')=\psi\varphi(b)$ に対応するので，$\psi\varphi$ は相似な写像である．更に，システム $\psi\varphi(S)$ の各要素 $\psi\varphi(s)=\psi(s')$ は，$\overline{\psi}$ によって $s'=\varphi(s)$ に移り，これは，$\overline{\varphi}$ で s に移る．したがって，$\psi\varphi(s)$ は $\overline{\varphi}\overline{\psi}$ によって s に移るが，これが証明

---

45) 定理 24 を参照.

すべき事であった．

32. 提議． システム R, S は，S の相似な写像 φ で，$\varphi(S)=R$ と成る，したがって，$\bar\varphi(R)=S$ とも成るものがある時，**相似**であると言う[46]．30 により，全てのシステムはそれ自身と相似である．

33. 定理． R と S が相似なシステムなら，任意の R と相似なシステム Q は S とも相似に成る．

証明． なぜなら，φ と ψ を S と R の $\varphi(S)=R$，$\psi(R)=Q$ と成るような相似な写像とすると，(31 から) $\psi\varphi$ は，$\psi\varphi(S)=Q$ と成る S の相似な写像だが，これが証明すべき事であった．

34. 提議． 上により，全てのシステムを，クラスに分配して，一つのクラスには，その代表と成るシステム R と相似なシステム $Q, R, S...$ を全て集めるようにする事が出来る．前の定理 33 により，あるクラスに属す別のシステム S が代表として選ばれたとしても，その事により，このクラスは変化しない．

35. 定理． R と S を相似なシステムとすると，S の任意の部分は，R のある部分と相似に成り，S の任意の真の部分は R のある真の部分と相似に成る．

証明． なぜなら，φ を S の相似な写像で $\varphi(S)=R$ と成

---

[46] ［訳注］現代の用語では，ここでの"R と S は相似である"という表現は用いられず，同じ状況は"R と S は濃度が等しい"，"R と S は等濃度である"，"R と S の間に全単射が存在する"などと表現される．

るものとし、$T \ni S$ とすると、22 により、$\varphi(T) \ni R$ は T と相似なシステムである。更に T が S の真の部分で、s を T に含まれない S の要素とすると、R に含まれる要素 $\varphi(s)$ は 27 により、$\varphi(T)$ には含まれ得ない。したがって $\varphi(T)$ は R の真の部分であるが、これが証明すべき事であった。

§4.
システムのそれ自身への写像.

36. **提議.** φ を、システム S の、相似な、あるいは相似でない写像とし、$\varphi(S)$ があるシステム Z の部分と成っている時、φ を S の Z への写像と言う事にする。この時には、S は φ により Z に**写像される**とも言う。特に、$\varphi(S) \ni S$ の時には、φ は**システム S のそれ自身への写像**である、と言う事にして、この段落では、そのような写像 φ の一般法則について調べる事にする。ここでは、§2 と同様の記法を用いる。特に、$\varphi(s) = s'$, $\varphi(T) = T'$ と置く。これらの像 s', T' は、22, 7 により、ふたたび S の要素や部分であり、他のアルファベットで表された事物についても同様である。

37. **提議.** $K' \ni K$ と成る時、K を**連鎖**とよぶ。この呼称が S の部分 K 自身に属すものではなく、ある与えられた写像 φ に関するものである事を強調しておきたい。S からそれ自身への、他の写像に関しては、K が連鎖ではない可能性も十分にある。

38. **定理.** S は連鎖である。

39. **定理.** 連鎖 K の像 K' は連鎖である.

証明. なぜなら, $K' \mathrel{\ni} K$ から 22 により $(K')' \mathrel{\ni} K'$ も成り立つが, これが証明すべき事だった.

40. **定理.** A が連鎖 K の部分なら, $A' \mathrel{\ni} K$ でもある.

証明. なぜなら, $A \mathrel{\ni} K$ から (22 により) $A' \mathrel{\ni} K'$ と成り, (37 により) $K' \mathrel{\ni} K$ だから, (7 により) $A' \mathrel{\ni} K$ と成るが, これが証明すべき事であった.

41. **定理.** 像 A' がある連鎖 L の部分なら, 連鎖 K で, 条件 $A \mathrel{\ni} K$, $K' \mathrel{\ni} L$ を満たすものが存在する. 更に言えば, $\mathfrak{M}(A, L)$ はそのような連鎖 K の一つである.

証明. 実際, $K = \mathfrak{M}(A, L)$ と置くと, 9 により, 条件の一つ $A \mathrel{\ni} K$ は満たされる. 更に, 23 により, $K' = \mathfrak{M}(A', L')$ で, 仮定から, $A' \mathrel{\ni} L$, $L' \mathrel{\ni} L$ だから, 10 により, もう一つの条件 $K' \mathrel{\ni} L$ も満たされる. (9 により) $L \mathrel{\ni} K$ だから, この事から $K' \mathrel{\ni} K$ と成る. つまり K は連鎖であるが, これが証明すべき事であった.

42. **定理.** 連鎖 $A, B, C...$ から合成されたシステム M は連鎖である.

証明. (23 により) $M' = \mathfrak{M}(A', B', C'...)$ で, 仮定から $A' \mathrel{\ni} A$, $B' \mathrel{\ni} B$, $C' \mathrel{\ni} C...$ だから, (12 により) $M' \mathrel{\ni} M$ と成るが, これが証明すべき事であった.

43. **定理.** 連鎖 $A, B, C...$ の共通 G は連鎖である.

証明. G は 17 により $A, B, C...$ の共通部分だから, 22 により, G' は $A', B', C'...$ の共通部分であり, 仮定から $A' \mathrel{\ni} A$, $B' \mathrel{\ni} B$, $C' \mathrel{\ni} C...$ なので, (7 により) G' も $A, B,$

C...の共通部分である．したがって 18 により G' は G の部分と成るが，これが証明すべき事であった．

44. 提議. A を S のある部分とする時，A が部分と成るような連鎖（例えば S）の全体の共通を A_0 で表す事にする．A 自身がこれらの全ての連鎖の共通部分に成っているのであるから，この共通 A_0 は存在する（17 を参照）．更に A_0 は 43 により連鎖であるので，A_0 を**システム A の連鎖**，あるいはもっと手短かに A の連鎖，とよぶ事にする．この提議も，基礎に置いている，固定した S のそれ自身への写像 φ に対応するものと成っており，後では，明確にする必要がある時には，A_0 ではなく，むしろ，$\varphi_0(A)$ という記号を用いる事にする．同様に，他の写像 ω に対応する A の連鎖は $\omega_0(A)$ と表す事にする．この非常に重要な概念に対し，次のような幾つかの定理が成り立つ．

45. 定理. $A \ni A_0$ である．

証明. なぜなら，A は，共通が A_0 に成るような全ての連鎖の共通部分に成っているから，18 から定理が帰結される．

46. 定理. $(A_0)' \ni A_0$ である．

証明. なぜなら，44 により A_0 は連鎖（37）に成るからである．

47. 定理. A がある連鎖 K の部分なら，$A_0 \ni K$ でもある．

証明. なぜなら，A_0 は，A が部分に成っているような全ての連鎖 K の共通，したがって共通部分であるからで

48. **注意.** 44 で定義された連鎖 A_0 の概念は，上の定理 45, 46, 47 によって完全に特徴付けされる事は容易に確かめられる．

49. **定理.** $A' \ni (A_0)'$ である．

証明は 45, 22 から導かれる．

50. **定理.** $A' \ni A_0$ である．

証明は，49, 46, 7 から導かれる．

51. **定理.** A が連鎖なら $A_0 = A$ である．

証明. A は連鎖 A の部分だから，47 により $A_0 \ni A$ である．この事から，45, 5 により定理が帰結される．

52. **定理.** $B \ni A$ なら $B \ni A_0$ である．

証明は 45, 7 から導かれる．

53. **定理.** $B \ni A_0$ なら，$B_0 \ni A_0$ で，逆も成り立つ．

証明. A_0 は連鎖だから，47 から，$B \ni A_0$ により，$B_0 \ni A_0$ でもある．逆に，$B_0 \ni A_0$ なら，(45 により) $B \ni B_0$ だから，7 により $B \ni A_0$ でもある．

54. **定理.** $B \ni A$ なら $B_0 \ni A_0$ である．

証明は 52, 53 から導かれる．

55. **定理.** $B \ni A_0$ なら，$B' \ni A_0$ でもある．

証明. なぜなら，53 により $B_0 \ni A_0$ で，(50 により) $B' \ni B_0$ だから，証明すべき定理は 7 から帰結される．同様に，証明の帰結は，22, 46, 7 から，あるいは 40 からも得られる．

56. **定理.** $B \ni A_0$ なら，$(B_0)' \ni (A_0)'$ である．

証明は 53, 22 から導かれる.

57. 定理と提議. $(A_0)' = (A')_0$ である. つまり, A の連鎖の像は, A の像の連鎖と相等しい. この事から, このシステムを手短かに A_0' と表してよく, これを**連鎖像**とよんでも**像連鎖**とよんでも構わない. 44 でのもっと明示的な記法では, この定理は, $\varphi(\varphi_0(A)) = \varphi_0(\varphi(A))$ と表記する事も出来る.

証明. $(A')_0 = L$ と略記する事にすると, L は連鎖 (44) である. また 45 により, $A' \ni L$ である. 特に, 41 により, $A \ni K$, $K' \ni L$ という条件を満たす連鎖 K が存在する事に成る. この事から, 47 により, $A_0 \ni K$ だから, $(A_0)' \ni K'$ と成り, したがって 7 により, $(A_0)' \ni L$, つまり,
$$(A_0)' \ni (A')_0$$
である. 更に 49 により, $A' \ni (A_0)'$ で, $(A_0)'$ は 44, 39 により連鎖だから, 47 により,
$$(A')_0 \ni (A_0)'$$
でもある. この事を上の結果と合わせると証明すべき定理が導かれる (5).

58. 定理. $A_0 = \mathfrak{M}(A, A_0')$ である. つまり, A の連鎖は, A と A の像連鎖から合成される.

証明. 再び,
$$L = A_0' = (A_0)' = (A')_0, \quad K = \mathfrak{M}(A, L),$$
と略記する事にすると, (45 から) $A' \ni L$ で, L が連鎖である事から, 41 から, K もそうである. 更に, $A \ni K$ だら (9), 47 により,

$$A_0 \ni K$$

でもある．他方，(45から) $A \ni A_0$ で，46 により $L \ni A_0$ でもあるので，10 から

$$K \ni A_0$$

と成るから，上の結果と合せると証明すべき主張 $A_0 = K$ が導かれる (5)．

59. 完全帰納法の定理． 連鎖 A_0 があるシステム Σ の部分である事を証明するには，後者が S の部分であるにせよないにせよ，

ρ. $A \ni \Sigma$ で，

σ. 全ての A_0 と Σ の共通の要素の像が，やはり Σ の要素と成る事

を示せば十分である．

証明． なぜなら，ρ が真なら，45 により，共通 $G = \mathfrak{G}(A_0, \Sigma)$ も存在して，(18 により) $A \ni G$ と成る．更に 17 により，

$$G \ni A_0$$

だから，G は，φ によりそれ自身に写像されるところの我々のシステム S の部分に成る．また，55 により $G' \ni A_0$ も成り立つ．ここで σ も真なら，つまり，$G' \ni \Sigma$ なら，G' は A_0 と Σ の共通部分なので 18 により，これらの共通 G の部分でもある．つまり，G は連鎖である (37)．したがって，上で既に注意したように，$A \ni G$ なので，47 から，

$$A_0 \ni G$$

でもあり，この事と上の結果を合わせると $G = A_0$ が言え

る．したがって，17により$A_0 \ni \Sigma$でもあるが，これが証明すべき事であった．

60. 後で示される事に成るように，前の定理は，完全帰納法（nから$n+1$への推論）の名前で知られる証明法の学問的な基礎付けと成るもので，この定理は次のように表現する事も出来る：連鎖A_0の全ての要素がある性質$\mathfrak{E}$を持つ（あるいは，ある不定の事象nについて述べているようなある主張$\mathfrak{S}$が，A_0の全ての要素nで実際に成り立つ）事を証明するためには，

 ρ. システムAの全ての要素aが性質$\mathfrak{E}$を持つ事（あるいは，$\mathfrak{S}$が全てのaに対して満たされる事），と

 σ. A_0の要素nで性質$\mathfrak{E}$を持つものについて，その像n'に同じ性質$\mathfrak{E}$が成り立つ事（あるいは，A_0の要素nについて主張$\mathfrak{S}$が成り立つなら，nの像n'についてもそれが成り立つ事）

を示せば十分である．

 実際，Σを性質$\mathfrak{E}$を持つ（あるいは，主張$\mathfrak{S}$の成り立つ）事物の全てとすると，ここでの定理の表現と，59でのそれが完全に一致する事が直ちに理解出来る．

61. **定理．**$\mathfrak{M}(A, B, C...)$の連鎖は$\mathfrak{M}(A_0, B_0, C_0...)$である．

 証明．Mで前者のシステムを表し，Kで後者のシステムを表す事にすると，42からKは連鎖である．ここで，システム$A, B, C...$の各々は，システム$A_0, B_0, C_0...$のうちの一つの部分と成っているから，（12により）$M \ni K$と

成る．したがって，47 により，
$$M_0 \ni K$$
である．他方，9 により，システム $A, B, C...$ の各々は M の部分だから，45, 7 により，連鎖 M_0 の部分でもあり，したがって，47 より，システム $A_0, B_0, C_0...$ も M_0 の部分である．よって，10 により，
$$K \ni M_0$$
でなくてはならない．この事と上で示した事を合わせると，証明すべき主張 $M_0 = K$ が導かれる (5)．

62. 定理. $\mathfrak{G}(A, B, C...)$ の連鎖は，$\mathfrak{G}(A_0, B_0, C_0...)$ の部分である．

証明. G で前者のシステムを表し，K で後者のシステムを表す事にすると，K は 43 により連鎖である．ここで，$A_0, B_0, C_0...$ のうちのどのシステムも $A, B, C...$ のどれかの全体と成っているから，(20 により) $G \ni K$ が成り立ち，47 により，証明すべき主張 $G_0 \ni K$ が導かれる．

63. 定理. $K' \ni L \ni K$ の時，K は連鎖だが，この時 L も連鎖と成る．L が K の真の部分で，U を K の要素で L に含まれないようなもの全体から成るシステムとし，更に，連鎖 U_0 は K の真の部分で，V を K の要素で U_0 に含まれないようなもの全体から成るシステムとすると，$K = \mathfrak{M}(U_0, V)$ で $L = \mathfrak{M}(U_0', V)$ と成る．最後に，$L = K'$ なら，$V \ni V'$ である．

前の二つの定理と同様に後で用いられる事のない，この定理の証明は，読者に委ねる事にする．

§5.
有限と無限.

64. **提議**[47]. システム S は，その真の部分の一つが S と相似（32）に成る時，**無限である**と言い，そうでない時には S は**有限である**，と言う．

65. **定理**. 唯一つの要素から成るシステムはどれも有限である．

証明. なぜなら，そのようなシステムは真の部分を一つも持たないからである（2, 6）[48].

---

47) 相似なシステムの概念（32）を用いない事にすると，S が無限と成るのは，S の真の部分で（6），S がそこに明確に（相似に）写像されるようなものが存在する事である（26, 36），と言う事に成る．この形の無限の定義は，私の研究の核を成すものだが，これは，1882 年 9 月に G. カントル氏に話し，それより何年も前にシュヴァルツ氏やウェーバー氏にも話した．無限と有限を区別するこれ以外のどの試みも，うまくゆかないように私には思えるので，これに対する批判については触れる必要がないと信じる．

［訳注］デデキントのこの言明にもかかわらず，現代的な集合論では，無限の概念は，通常ここでとは違ったやり方で導入される．ここでの無限の概念は現在では「デデキント無限」とよばれている．通常の集合論では，（現代の意味での）無限の概念とデデキント無限は同値に成るが，選択公理を仮定しない議論では，無限だがデデキント無限でない（つまりここでの意味では有限な）集合が存在し得る（つまりそのようなものの非存在が証明できない（事が証明できる））．しかし，無限とデデキント無限の同値は，可算選択公理を仮定するとすでに証明できる事は容易に確かめられる（付録 C, §10 を参照）．可算選択公理も認めない体系で数学的議論が行なわれる事は，そのような体系自身に対する数学的興味のための議論を除けば，まず無いと思ってよいの

66. **定理**. 無限なシステムが存在する.

証明[49]. 私の思惟の世界, つまり, 私の思惟の対象に成り得る物の全て S は無限である. なぜなら, s で S の要素を表す事にすると, 「s は私の思惟の対象と成り得る」という思惟 s' も S の要素である. これを s の像 $\varphi(s)$ と看做すと, これによって定められた S の写像 φ では, 像 S' は S の部分である, しかも S' は S の真の部分である, という性質を有する:S には, (例えば, 私の自我のような) これらの s' のどれとも等しくないような, したがって S' に属さないようなものが存在するからである. 最後に, a と b が

で, その意味では, ここでの無限の概念と通常の集合論での無限の概念を神経質に区別する必要はない, と考えてよいだろう. なお「訳者による解説とあとがき」の,「デデキント無限と選択公理」の項も参照されたい.

48) ［訳注］空集合も集合と考える現代の集合論では, シングルトンは空集合を真部分集合として持つので, その立場で, ここの議論を記述するには,「空集合でない真の部分を一つも持たないからである」と言い直す必要がある.

49) 類似の考察はボルツァーノの『無限パラドックス』(Paradoxien des Unendlichen, Leipzig 1851) の§13に見る事が出来る.

　［訳注］後出のネーターによる解題 (付録A) にもあるように, この定理の証明は正しくない. この証明での S は (他のシステムと対等に考える事のできるような) システムとはなり得ないからである——この事は現代の用語では "S は**真のクラス**（あるいは**本来のクラス**（英）proper class,（独）echte Klasse）である" と表現される. 現在では, 無限集合の存在は集合論の他の公理からは導けず, 公理として仮定する必要がある事が知られている (付録C, 定理25, (α) および,「訳者による解説とあとがき」の297ページ以降を参照).

S の異なる要素の時には，a' と b' も異なる事は明らかだから，写像 φ は明確（相似）である（26）．よって S は無限であるが，これが証明すべき事であった．

67. 定理. R と S を相似なシステムとする時，S が有限か無限かに対応して，R も有限か無限に成る．

証明. S を無限とすると，S はその真の部分 S' と相似に成るから，R と S が相似なら，33 により S' は R と相似に成り，同時に 35 により，R の真の部分のひとつと相似に成る．33 により，この真の部分は R と相似である．したがって R は無限であるが，これが証明すべき事であった[50]．

68. 定理. 無限な部分 T を持つような任意のシステム S はやはり無限と成る．あるいは，言い換えれば，有限なシステムの部分は全て有限である．

証明. T が無限なら，T の写像 ψ で，$\psi(T)$ が T の真の部分と成るようなものが存在するが，T が S の部分なら，s を S のある要素とする時，s が T の要素であるか，あるいは，そうでないかによって，$\varphi(s)=\psi(s)$ あるいは，$\varphi(s)=s$ と置く事によって，写像 ψ は，S の写像 φ に拡張する事が出来る．この写像 φ は相似である．なぜなら，a と b を S の異なる要素として，もしも両方とも T に含まれていれば，ψ は相似な写像だから，像 $\varphi(a)=\psi(a)$ は，像 $\varphi(b)=\psi(b)$ と異なる；次に，もし a が T に含まれ，b は T に含まれないなら，$\varphi(a)=\psi(a)$ は T に含まれているから，

---

50) ［訳注］同値性の残りは，R と S を入れ替えて同じ議論を繰り返す事で得られる．

$\varphi(b)=b$ と異なる；最後に，もし a も b も T に含まれていなければ，やはり $\varphi(a)=a$ は $\varphi(b)=b$ と異なる．これが証明すべき事であった．更に，$\psi(T)$ は T の部分だから，7により，S の部分でもある．この事から $\varphi(S) \ni S$ とも成る事が分る．最後に $\psi(T)$ は T の真の部分だから，T の要素，したがって S の要素 t で，$\psi(T)=\varphi(T)$ に含まれないものが存在する．T に含まれない要素 s については $\varphi(s)$ は s 自身だから，特に t とも異なる．したがって，t は $\varphi(S)$ に含まれない．特に，$\varphi(S)$ は S の真の部分と成り，したがって S は無限であるが，これが証明すべき事であった．

69. **定理.** 有限なシステムと相似なシステムの部分と成っているどのシステムも，それ自身有限である．

証明は 67 と 68 から導かれる．

70. **定理.** a が S の要素で，S の a と異なる要素の全体 T が有限なら，S も有限である．

証明. (64 により) φ を，任意の S からそれ自身への相似な写像とする時，像 $\varphi(S)$ が，あるいは言い換えれば S' が，S の真の部分と成る事がない事を示せばよい．明らかに $S=\mathfrak{M}(a, T)$ だから[51]，23 により，像をここでもダッシュで表す事にすると，$S'=\mathfrak{M}(a', T')$ と成り，φ の相似性から，a' は T' に含まれていない (26)．更に仮定から $S' \ni S$

---

51) ［訳注］3. で述べられているように，本書では a と a のシングルトンを同一視しており，ここでの $\mathfrak{M}(a, T)$ の a は後者の意味である．

だから，a' も T' のどの要素も，a と等しいか，T の要素であるかのどちらかである．そこでまず，もし a が T' に含まれていないとすると，$T' \ni T$ と成り，したがって φ は相似な写像で，T は有限なシステムだから，$T'=T$ である．また a' はすでに注意したように T' に含まれていない，つまり，T に含まれていないので，$a'=a$ でなければならない．したがって，この場合には，実際に，主張したように $S'=S$ である．これ以外の場合には a は T' に含まれ，したがって T に含まれるある要素 b の像 b' に成っているが，U で T の要素 u で b と異なるものの全体を表すと，$T=\mathfrak{M}(b, U)$ で，(15 から) $S=\mathfrak{M}(a, b, U)$ だから，$S'=\mathfrak{M}(a', a, U')$ である．ここで T の新しい写像 ψ を $\psi(b)=a'$ として，それ以外では $\psi(u)=u'$ とする事で定めると，(23 により) $\psi(T)=(a', U')$ と成る．φ は相似な写像で，a は U に含まれない，したがって a' は U' に含まれないから，ψ は明らかに相似な写像である．更に，a もどの u も b と異なるから，(φ の相似性から) a' もどの u' も，a と異なり，したがって T に含まれている．よって $\psi(T) \ni T$ と成るが，T は有限だから，$\psi(T)=T$ でなければならない．よって $\mathfrak{M}(a', U')=T$ である．ところがこの事から，(15 により)

$$\mathfrak{M}(a', a, U') = \mathfrak{M}(a, T),$$

と成る．つまり，上式から $S'=S$ である．よってこの場合にも必要な証明が出来た事に成る．

§6.
一重無限なシステム. 自然数の列.

71. 提議. システム N は, N からそれ自身への相似な写像 φ で, N が $\varphi(N)$ に含まれないある要素の連鎖 (44) と成っているようなものが存在する時[52], **一重無限**であると言う. この要素を以下では 1 で表し, N の**基本要素**とよび, 一重無限なシステム N がこの写像 φ により順序付けられるとも言う事にする. 像と連鎖に対する前の便利な記法 (§4) をここでも用いる事にすると, 一重無限なシステムの本質的な性質は N の写像 φ と要素 1 で, 次の条件 α, β, γ, δ を満たすものが存在する事である:

α. $N' \ni N$.

β. $N = 1_0$.

γ. 要素 1 は N' に含まれていない.

δ. 写像 φ は相似である.

明らかに, α, γ, δ から全ての一重無限なシステム N は実際に無限なシステム (64) と成っている事が導かれる. N はそれ自身の真の部分集合 N' と相似だからである.

72. 定理. 全ての無限のシステム S の中には一重無限なシステム N が部分として含まれている.

証明. 64 により, S の相似な写像 φ で, $\varphi(S)$ または S'

---

52) [訳注] ここでも, 厳密な区別をすれば, 「N がある要素の連鎖になっている」というのは, 「N がある要素のシングルトンの連鎖になっている」という意味である (訳注 28 を参照).

が S の真の部分に成っているものがある.特に,S の要素 1 で S' に含まれていないものが取れる.この S のそれ自身への写像 φ に対応する連鎖 $N=1_0$. (44)[53] は明らかに 71 での特徴付けの条件 $\alpha, \beta, \gamma, \delta$ を全て満たすから,φ によって順序付けられた一重無限なシステムである.

73. 提議. 一重無限の,φ によって順序付けられたシステム N から要素の素性を全く忘れて,それらの異差だけを残し,順序付けを与える写像 φ によって与えられる関係のみに着目する時,これらの要素は**自然数**,あるいは,**順序数**,あるいはもっと簡単に数とよばれ,基本要素 1 は数の列 N の**基本数**とよばれる.このような,これらの要素のここで着目した以外の内容からの解放(抽象)に鑑みて,数は人類の精神の自由な創造の産物である,と言う事が出来る.71 での条件 $\alpha, \beta, \gamma, \delta$ から導き出す事の出来る関係,あるいは法則は,全ての順序付けられた一重無限のシステムで,それぞれの要素がたまたま与えられた名前には依存せずに,全て同じに成る(134 を参照)が,それらの関係,あるいは法則が,これから先の数の理論,あるいは算術の研究対象に成る.§4 でのシステムのそれ自身への写像の一般的な概念や定理から,ただちに次の一連の基本定理が明らかに成る.ここで,$a, b\ldots m, n\ldots$ は常に N の要素,つまり数であるとし,$A, B, C\ldots$ は N の部分とする.$a', b'\ldots m', n'\ldots A', B', C'\ldots$ で φ によって作り出され

---

53) [訳注] 現代の記法との混合で表すと,ここでの "1_0" は "$\{1\}_0$" のことで,$n \ni m_0$ は $\{n\} \ni m_0$ のことである(訳注 28 を参照).

る，したがって常に N の要素や部分と成っている対応する像を表す事にする．ある数 n の像 n' は **n に続く数** ともよばれる．

74. 定理. 全ての数 n は 45 により，その連鎖 n_0 に含まれ，53 により，$n \ni m_0$ という条件は $n_0 \ni m_0$ と同値である[54]．

75. 定理. 57 により，$n'_0 = (n_0)' = (n')_0$ である．

76. 定理. 46 により，$n'_0 \ni n_0$ である．

77. 定理. 58 により，$n_0 = \mathfrak{M}(n, n'_0)$ である．

78. 定理. $N = \mathfrak{M}(1, N')$ である．言い換えると，基本数 1 と異なる全ての数は，N' の要素，つまりある数の像に成る．

証明は 77 と 71 から導かれる．

79. 定理. N は基本数 1 を含む唯一の数の連鎖である．

証明. なぜなら，1 がある数の連鎖 K の要素に成っているとすると，47 から，1 に属する連鎖 N は $N \ni K$ を満たし，$K \ni N$ も当然成り立つから，$N = K$ である．

80. 完全帰納法の定理（n から n' への推論）． ある主張がある連鎖 m_0 に属す全ての数 n に対し成り立つ事を証明するには，

ρ. その主張が $n = m$ に対し成り立つ事，および，

σ. 連鎖 m_0 のある数 n に対する主張の正しさから，常にそれに続く数 n' に対してのその主張の正しさが導かれ

---

54) ［訳注］ここでも，たとえば，n_0 は $\{n\}_0$ のことである．以下も同様．

る事,

を示せば十分である.

この事は, 59 あるいは 60 から直ちに導かれる. 多くの場合, $m=1$ である時, つまり m_0 が数の列 N 全体である時が問題と成る.

§7.
数の大小.

81. **定理.** 全ての数 n はそれに続く数 n' と異なる.

完全帰納法 (80) による証明. なぜなら,

ρ. 1 は N' に含まれていない (71) が, それに続く数 $1'$ は, N に含まれる数 1 の像として N' の要素と成っているから, 数 $n=1$ に対し, 定理は正しい.

σ. ある数 n に対し, 定理が正しいとして, これに続く数を $n'=p$ と置くと, n は p と異なるから, 26 と順序付けの写像 φ の相似性 (71) から, n', つまり p は p' と異なる事が帰結される. よって定理は n に続く数 p に対しても成り立つ. これが証明すべき事であった.

82. **定理.** ある数 n の像連鎖 n_0' は (74, 75 により) n の像は含むが, 数 n 自身は含まない.

完全帰納法 (80) による証明. なぜなら,

ρ. $1_0'=N'$ で, 71 により 1 は N' に含まれていないから, 定理は $n=1$ に対して成り立つ.

σ. 定理がある数 n に対し成り立つ時, ふたたび $n'=p$ と置くと, n は p_0 には含まれない, つまり p_0 に含まれる

どの数 q とも異なるから, φ の相似性から, n' つまり p は p_0' に含まれるどの数 q' とも異なる. つまり p_0' には含まれていない. よって, n に続く数 p に対しても定理は成り立つが, これが証明すべき事であった.

83. **定理.** 像連鎖 n_0' は連鎖 n_0 の真の部分である.

証明は 76, 74, 82 から導かれる.

84. **定理.** $m_0 = n_0$ なら $m = n$ である.

証明. (74 により) m は n_0 に含まれており, 77 により
$$m_0 = n_0 = \mathfrak{M}(n, n_0')$$
だから, もし定理が正しくなかったとすれば, つまり m と n が異なっていたとすれば, m は連鎖 n_0' に含まれていなければならず, したがって, 74 により, $m_0 \ni n_0'$ つまり $n_0 \ni n_0'$ でなければならない. これは 83 に矛盾するので, 我々の定理が証明された事に成る.

85. **定理.** 数 n が数の連鎖 K に含まれていない時, $K \ni n_0'$ が成り立つ.

完全帰納法 (80) による証明. なぜなら,

ρ. 78 により, 定理は $n = 1$ に対し正しい.

σ. ある数 n に対して定理が正しいとすると, 定理はその数に続く数 $p = n'$ に対しても正しい. なぜなら, p が数の連鎖 K に含まれないとすると, 40 により, n も K に含まれ得ない. したがって, 我々の仮定から $K \ni n_0'$ である. ここで (77 により) $n_0' = p_0 = \mathfrak{M}(p, p_0')$ だから, $K \ni \mathfrak{M}(p, p_0')$ で, p が K に含まれない事から, $K \ni p_0'$ でなくてはならない. これが証明すべき事であった.

86. 定理. 数 n が数の連鎖 K に含まれていないが,その像 n' は含まれている時,$K = n'_0$ である.

証明. n は K に含まれていないので,(85 により) $K \ni n'_0$ である.また,$n' \ni K$ だから,47 から $n'_0 \ni K$ でもある.したがって,$K = n'_0$ と成るが,これが証明すべき事であった.

87. 定理. 全ての数の連鎖 K の中に,ある(84 により唯一つに確定する)数 k で,その連鎖 k_0 が K に成るようなものがある.

証明. 基本数 1 が K に含まれている時には,(79 により)$K = N = 1_0$ である.そうでない場合には,Z を K に含まれていない数の全体の成すシステムとする.基本数 1 は Z に含まれているが Z は N の真の部分だから,(79 により)Z は連鎖ではない.つまり,Z' は Z の部分ではあり得ない.したがって,Z に含まれる数 n で,その像 n' が Z に含まれない,つまり K に含まれるものが存在する.更に n は Z に含まれるので,K には含まれないから,(86 により)$K = n'_0$ で,したがって $k = n'$ である.これが証明すべき事であった.

88. 定理. m と n を異なる数とすると,m_0, n_0 のうちの一方,かつ(83, 84 により)その一方のみが他方の真の部分に成る.更に言えば,$n_0 \ni m'_0$ または $m_0 \ni n'_0$ のどちらかが成り立つ.

証明. n が m_0 に含まれているなら,したがって 74 により,$n_0 \ni m_0$ と成っているなら,m は連鎖 n_0 には含まれ得

ない（なぜなら，そうでなければ 74 により，$m_0 \ni n_0$ と成るから $m_0 = n_0$ と成り，よって 84 により $m = n$ と成ってしまうからである）．この事から 85 により，$n_0 \ni m_0'$ と成る事が導かれる．そうでない場合には，n は m_0 に含まれないが，この時には，(85 により) $m_0 \ni n_0'$ と成る．これが証明すべき事であった．

89. 提議. 数 m が数 n **より小さい**，または，n が m **より大きい**，記号では，$m < n$ また $n > m$ とは，次の条件
$$n_0 \ni m_0'$$
が満たされる事とする．この条件は 74 により，
$$n \ni m_0'$$
と表現する事も出来る．

90. 定理. m, n を任意の数とする時，常に，次の λ, μ, ν のうちのちょうど一つが成り立つ．

$\lambda.$ $m = n,\ n = m,$ つまり，$m_0 = n_0,$
$\mu.$ $m < n,\ n > m,$ つまり，$n_0 \ni m_0',$
$\nu.$ $m > n,\ n < m,$ つまり，$m_0 \ni n_0'.$

証明. なぜなら，もし λ が成り立つ (84) なら，83 により，$n_0 \ni n_0'$ と成る事はないので，μ も ν も起こり得ない．一方，λ が成り立たないなら，88 により，μ と ν の場合のどちらか一つが起こる．これが証明すべき事であった．

91. 定理. $n < n'$ である．

証明. なぜなら，$m = n'$ と置くと，90 の ν の場合の条件が満たされるからである．

92. 提議. m が $= n$ であるか，あるいは $< n$ であるか

のどちらか，つまり $>n$ でない，という事を表現するために，

$$m \leq n \text{ または } n \geq m$$

という記号を用いて，m は高々 n である，また，n は少なくとも m に等しい，と言う．

93. **定理．** 条件

$$m \leq n, \ m < n', \ n_0 \ni m_0$$

のそれぞれは互いに同値である．

証明． なぜなら，$m \leq n$ なら，(76 により) $m_0' \ni m_0$ だから，90 の λ, μ から $n_0 \ni m_0$ が常に導かれる．逆に $n_0 \ni m_0$ なら，74 により $n \ni m_0$ でもあるが，$m_0 = \mathfrak{M}(m, m_0')$ から，$n = m$ であるか，または $n \ni m_0'$ と成る．後者は $n > m$ という事である．よって，条件 $m \leq n$ は $n_0 \ni m_0$ と同値である．更に 22, 27, 75 から，$n_0 \ni m_0$ は $n_0' \ni m_0'$ とも同値である事が分る．つまり，(90 の μ から) $m < n'$ と同値であるが，これが証明すべき事であった．

94. **定理．** 条件

$$m' \leq n, \ m' < n', \ m < n$$

のそれぞれは互いに同値である．

証明は，93 で，そこでの m を，m' で置き換える事と，90 の μ から直ちに得られる．

95. **定理．** $l < m$ かつ $m \leq n$，あるいは，$l \leq m$ かつ $m < n$ なら，$l < n$ である．一方，$l \leq m$ かつ $m \leq n$ なら，$l \leq n$ である．

証明． なぜなら，(89, 93 により) 対応する条件である

$m_0 \ni l_0'$ かつ $n_0 \ni m_0$ から，(7 により) $n_0 \ni l_0'$ が導かれる．同じ事は，条件 $m_0 \ni l_0$ かつ $n_0 \ni m_0'$ からも導かれる：最初の条件から，$m_0' \ni l_0'$ と成るからである．最後に，$m_0 \ni l_0$ と $n_0 \ni m_0$ からは $n_0 \ni l_0$ が導かれるが，これが証明すべき事であった．

96. 定理. N の全ての部分 T に対し，T に属す最小の k，つまり，T に属す数 k でどの T に含まれている他の数よりも小さいようなものが一意に存在する．T が唯一つの数から成る時には，この数が T の最小の数と成る．

証明. T_0 は連鎖だから (44)，87 によりある数 k でその連鎖が $k_0 = T_0$ と成るものが存在する．この事から (45, 77 により) $T \ni \mathfrak{M}(k, k_0')$ と成るから，まず，この時 k 自身も T に含まれていなければならない事が分る（そうでなかったとすると，$T \ni k_0'$，したがって 47 により，$T_0 \ni k_0'$ と成る．この事は $k_0 \ni k_0'$ という事であるが，これは 83 により不可能である）．また，k と異なる T の全ての数は，k_0' に含まれる，つまり $> k$ でなければならず (89)，この事から 90 により，T の最小の数は唯一つしか存在しない事が導かれる．これが証明すべき事であった．

97. 定理. 連鎖 n_0 の最小の数は n であり，1 は全ての数のうちの最小の数である．

証明. なぜなら，74, 93 により条件 $m \ni n_0$ は $m \geq n$ と同値だからである．あるいは，我々の定理は，一つ前の定理の証明から導かれる．そこで，$T = n_0$ とすると，明らかに $k = n$ と成る (51) からである．

98. 提議. n をある数とする時, Z_n で n より大きくないような, つまり n_0' に含まれないような数の全体から成るシステムを表す事にする. 条件

$$m \ni Z_n$$

は, 92, 93 により, 明らかに次の条件の各々と同値である:

$$m \leq n, \quad m < n', \quad n_0 \ni m_0.$$

99. 定理. $1 \ni Z_n$ で $n \ni Z_n$ である.

証明は, 98 または 71 と 82 から導かれる.

100. 定理. 98 により互いに同値な条件

$$m \ni Z_n, \quad m \leq n, \quad m < n', \quad n_0 \ni m_0$$

の各々は, 条件

$$Z_m \ni Z_n$$

とも同値である.

証明. なぜなら, $m \ni Z_n$ として, つまり $m \leq n$ として, もし $l \ni Z_m$ なら, つまり $l \leq m$ なら, 95 により $l \leq n$ とも成る. つまり $l \ni Z_n$ である. よって, $m \ni Z_n$ なら, システム Z_m の各要素 l は Z_n の要素でもある. つまり $Z_m \ni Z_n$ が成り立つ. 逆に, $Z_m \ni Z_n$ なら, (99 により) $m \ni Z_m$ だから, 7 により, $m \ni Z_n$ でもある. これが証明すべき事であった.

101. 定理. 90 での場合 λ, μ, ν は, 以下のように表現する事もできる

λ. $\qquad m = n, \quad n = m, \quad Z_m = Z_n,$
μ. $\qquad m < n, \quad n > m, \quad Z_{m'} \ni Z_n,$

ν. $\quad\quad\quad m>n,\ n<m,\ Z_{n'} \ni Z_m.$

証明は，100 により，条件 $n_0 \ni m_0$ と $Z_m \ni Z_n$ が同値である事に注意すると，90 から直ちに導ける．

102. **定理．** $Z_1 = 1$ である[55]．

証明． なぜなら，基本数 1 は 99 により Z_1 に含まれ，1 と異なるどの数も 78 により $1_0'$ に含まれるから，98 により Z_1 には含まれないが，これが証明すべき事であった．

103. **定理．** 98 により，$N = \mathfrak{M}(Z_n, n_0')$ である．

104. **定理．** $n = \mathfrak{G}(Z_n, n_0)$ である[56]．つまり，n は，システム Z_n と n_0 の唯一の共通の要素である．

証明． 99 と 74 から，n は Z_n にも n_0 にも含まれる．しかし，連鎖 n_0 の n と異なるどの要素も，77 により，n_0' に含まれるから，98 により Z_n には含まれない．これが証明すべき事であった．

105. **定理．** 91, 98 により，数 n' は Z_n に含まれない．

106. **定理．** $m<n$ なら，Z_m は Z_n の真の部分に成り，逆も成り立つ．

証明． $m<n$ なら，(100 により) $Z_m \ni Z_n$ で，99 により Z_n に含まれる数 n は，$n>m$ により Z_m には含まれないから，Z_m は Z_n の真の部分である．逆に，Z_m が Z_n の真の部分なら，(100 により) $m \leq n$ だが，m が n と等しかったと

---

[55] ［訳注］この等式の右辺の 1 は，現代の記法では，シングルトン $\{1\}$ の事である（訳注 28 を参照）．

[56] ［訳注］この等式の左辺の n は，現代の記法では，シングルトン $\{n\}$ の事である（訳注 28 を参照）．

すると $Z_m = Z_n$ と成ってしまうので, m は n と等しくない事から, $m < n$ でなくてはならない事が分るが, これが証明すべき事であった.

107. **定理.** Z_n は $Z_{n'}$ の真の部分である.

証明は, $n < n'$ だから, 106 から導かれる.

108. **定理.** $Z_{n'} = \mathfrak{M}(Z_n, n')$ である[57].

証明. $Z_{n'}$ に含まれる全ての数は (98 により) $\leq n'$ である. つまり, $= n'$ であるか, あるいは $< n'$, よって 98 により, Z_n の要素であるかのどちらかである. したがって, $Z_{n'} \ni \mathfrak{M}(Z_n, n')$ と成る事が分る. 逆に, (107 により) $Z_n \ni Z_{n'}$ であり, (99 により) $n' \ni Z_{n'}$ だから, (10 より)

$$\mathfrak{M}(Z_n, n') \ni Z_{n'}$$

である. この事から 5 により我々の定理が導かれる.

109. **定理.** システム Z_n の像 Z'_n は $Z_{n'}$ の真の部分である.

証明. なぜなら, Z'_n に含まれる各々の数は, Z_n に含まれるある数 m の像 m' に成っており, $m \leq n$ だから, (94 により) $m' \leq n'$ と成り, この事から (98 により) $Z'_n \ni Z_{n'}$ である. 更に, 99 により, 数 1 は $Z_{n'}$ に含まれているが, 71 により, 像 Z'_n には含まれ得ないので, Z'_n は $Z_{n'}$ の真の部分である. これが証明すべき事であった.

110. **定理.** $Z_{n'} = \mathfrak{M}(1, Z'_n)$ である[58].

---

57) [訳注] この等式の右辺は, 現代の記法を交えて書くと, $\mathfrak{M}(Z_n, \{n'\})$ を意味している (訳注 28 を参照).

58) [訳注] この等式の右辺は, 現代の記法を交えて書くと

証明. システム $Z_{n'}$ の1と異なる全ての数は78により，ある数 m の像 m' であり，この数 m は $\leqq n$ で，したがって，98により Z_n に含まれていなくてはならない（そうでないとすれば，$m>n$ と成り，94から $m'>n'$ と成り，m' は98により $Z_{n'}$ には含まれない事に成ってしまうからである）．一方，$m \ni Z_n$ なら，$m' \ni Z_n'$ と成り，したがって，
$$Z_{n'} \ni \mathfrak{M}(1, Z_n')$$
と成る事が分る．逆に（99により）$1 \ni Z_{n'}$ で，（109により）$Z_n' \ni Z_{n'}$ だから，（10により）$\mathfrak{M}(1, Z_n') \ni Z_{n'}$ である．5により，この事から我々の定理が導かれる．

111. **提議.** 数から成るシステム E の要素 g で，E に含まれる他のどの要素よりも大きなものが存在する時，g をシステム E の**最大数**とよぶ．90により，そのような最大数は明らかに一つ以上は存在し得ない．システムが唯一つの数から成る時には，この数がシステムの最大数と成る．

112. **定理.** 98により，n は Z_n の最大数である．

113. **定理.** E に最大数 g が存在する時には，$E \ni Z_g$ である．

証明. なぜなら，全ての E に含まれる数は $\leqq g$ であるから，98により，Z_g に含まれるが，これが証明すべき事であった．

114. **定理.** E が，あるシステム Z_n の部分である時，あるいは，同じ事であるが，ある数 n で，E に含まれる全て

$\mathfrak{M}(\{1\}, Z_n')$ を意図している（訳注28を参照）．

の数が $\leq n$ と成るようなものが存在する時, E は最大数 g を持つ.

証明. $E \ni Z_p$ を満たすような数 p 全てから成るシステム——実際, 我々の仮定からそのようなシステムは存在する——は, この条件から 107, 7 により $E \ni Z_{p'}$ が導かれる事から, 連鎖 (37) である. よって, このシステムは (87 から) このような数のうち最小の数 g により $= g_0$ と成る. 特に, $E \ni Z_g$ である. したがって, E に含まれる各々の数は $\leq g$ と成る (98). したがって, 数 g 自身が E に含まれる事を示せば十分である. この事は, もし $g=1$ なら, (102 により) Z_g したがって E は唯一の数 1 から成るから, 明らかである. 他方, もし g が 1 と異なるなら, したがって 78 によりある数 f の像 f' と成っているなら, (108 により) $E \ni \mathfrak{M}(Z_f, g)$ である. もし g が E に含まれていなかったとすれば, $E \ni Z_f$ と成らなくてはならず, 数 p のうち $<g$ と成る数 f が存在する事に成り, 上の事に矛盾する. よって g は E に含まれるが, これが証明すべき事であった.

115. 提議. $l<m$ で $m<n$ の時, 数 m は l と n の**間にある**と言う (n と l の間にある, とも言う事にする).

116. 定理. n と n' の間にある数は存在しない.

証明. $m<n'$ だとすると, (93 により) $m \leq n$ から, 90 により $n<m$ ではあり得ない. これが証明すべき事であった.

117. 定理. t を T に属す, しかし T の最小の数 (96) で

はない数とする時，それより一つ小さい T の数 s，つまり，$s<t$ で T の中に s と t の間にある数が存在しないような数 s が一意に存在する．同様に，t が T の最大数（111）でないような数の時，それより一つ大きい T の数 u，つまり $t<u$ で，T の中に t と u の間にあるような数が存在しないような数 u が一意に存在する．この時，t は T で s より一つ大きい数であり，同時に u より一つ小さい数と成っている．

証明． t が T の最小ではない数の時，E を T の要素のうち $<t$ と成るものの全てから成るシステムとすると，（98から）$E \ni Z_t$ であるから，(114) により，E は最大数 s を持つが，これは定理で述べたような性質を持ち，そのような唯一の数である．更に t が T の最大でない数とすると，96 により，$>t$ と成る T の数の全体のうちで最小のもの u が存在するが，それは，しかもそれのみが，定理で述べたような性質を持つ．また定理の最後で与えた注意も明らかである．

118. 定理． N で，n' は n より一つ大きな数で，n は n' より一つ小さな数である．

証明は 116, 117 から導かれる．

§8.
数の列の有限部分と無限部分．

119. 定理． 98 のシステム Z_n はどれも有限である．

完全帰納法（80）による証明． なぜなら，

ρ. 65, 102 により，定理は $n=1$ に対し成り立つ．

σ. Z_n が有限なら，108 と 70 により，$Z_{n'}$ も有限と成るが，これが証明すべき事であった．

120. **定理．** m, n が異なる数なら，Z_m と Z_n は互いに相似でないシステムである．

証明． 対称性から，90 により $m<n$ と仮定してよい．この時には，106 により，Z_m は Z_n の真の部分であり，Z_n は 119 により有限だから，(64 により) Z_m と Z_n は相似ではあり得ないが，これが証明すべき事であった．

121. **定理．** 数の列 N の，最大数 (111) を持つようなどの部分 E も有限である．

証明は，113, 119, 68 から導かれる．

122. **定理．** 数の列 N の，最大数を持たないようなどの部分 U も一重無限 (71) である．

証明． u を U に属する任意の数とすると，117 により，u より一つ大きい U の数が一意に存在する．これを $\phi(u)$ と表す事にして，u の像と見る事にする．これにより完全に確定する U の写像 ϕ は明らかに性質

α. $\qquad\qquad \phi(U) \mathrel{\backepsilon} U$

を持つ．つまり，U は ϕ によりそれ自身に写像される．更に u, v を U の異なる数とする時，対称性から，90 により，$u<v$ と仮定してよいが，この時には，117 により，ϕ の定義から，$\phi(u) \leq v$ かつ $v<\phi(v)$ と成る．したがって (95 により) $\phi(u)<\phi(v)$ である．よって，90 により像 $\phi(u)$, $\phi(v)$ は異なる．つまり，

δ.　　　　　　写像 ψ は相似である.

更に u_1 でシステム U の最小数 (96) を表す事にすると, U に含まれる数 u は全て $u \geqq u_1$ と成り, $u < \psi(u)$ は常に成り立つから (95 により) $u_1 < \psi(u)$ である. したがって 90 から u_1 はどの $\psi(u)$ とも異なる. つまり,

γ.　　　　U の要素 u_1 は $\psi(U)$ に含まれない.

よって $\psi(U)$ は U の真の部分であり, したがって, U は 64 により無限なシステムである. 44 でと同様に V を U の任意の部分とする時, $\psi_0(V)$ で, 写像 ψ に対応する V の連鎖を表す事にすると, あとは,

β.　　　　　　$U = \psi_0(u_1)$

と成る事を示せばよい. 実際, そのような連鎖の全て $\psi_0(V)$ は, それらの定義 (44) から, ψ でそれ自身に写像されるシステム U の部分に成っており, したがって, 明らかに $\psi_0(u_1) \ni U$ である. 逆に, 45 から, U に含まれる要素 u_1 は $\psi_0(u_1)$ に含まれている事が分る. U の要素で $\psi_0(u_1)$ に含まれていないものが存在すると仮定すると, 96 から, それらのうちでシステム U での最小数 w が存在する. これは, 上で述べた事からシステム U の最小数 u_1 とは異なるから, 117 により U に含まれる w より一つ小さな数 v が存在する. 特にその事から, $w = \psi(v)$ である. ここで $v < w$ だから, w の定義から, v は $\psi_0(u_1)$ に含まれていなくてはならないが, この事から, $\psi(v)$, つまり w も $\psi_0(u_1)$ に含まれる事に成ってしまう. しかし, これは w の定義と矛盾である. したがって上の仮定は不可能である. よって, $U \ni$

$\psi_0(u_1)$ と成り，したがって，主張していたように $U = \psi_0(u_1)$ である．$\alpha, \beta, \gamma, \delta$ から，71 により，U は ϕ によって順序付けられた一重無限なシステムである．これが証明すべき事であった．

123. **定理**．121, 122 により，数の列 N の任意の部分 T は，T に最大の数が存在するかしないかに応じて，有限であるか一重無限であるかのどちらかである．

§9.
数の列の写像の帰納法による定義．

124. 以下でも，アルファベットの小文字で数を表す事にし，§6 から §8 まででの記法を全て保持する．他方，Ω で N には必ずしも含まれていない任意のシステムを表す事にする．

125. **定理**．θ を（相似であるかなしかにかかわらず）システム Ω からそれ自身への任意の写像とし，Ω の固定された要素 ω が与えられているとする．この時，それぞれの数 n に対し，98 で定義された数のシステム Z_n の一つの，そして唯一つの写像 ψ_n で，次の条件を満たすものが対応する[59]．

I. $\psi_n(Z_n) \ni \Omega$,

II. $\psi_n(1) = \omega$,

III. $t < n$ の時，$\psi_n(t') = \theta \psi_n(t)$ と成る．ここに $\theta \psi_n$

---

[59] 条件 I は II と III から導けるが，明確にするために，ここと次の定理 126 では，この条件をわざと加えている．

という記法は 25 で与えたような意味を持つ.

完全帰納法（80）による証明. なぜなら,

ρ. $n=1$ に対して定理は成り立つ. この場合には 102 により, システム Z_n は唯一つの数 1 から成るから, ψ_1 は, 既に II により, I が成り立つように完全に定義され, 一方 III は全く問題に成らない.

σ. 数 n に対して定理が成り立つ時, 定理がこれに続く数 $p=n'$ でも成り立つ事を示すが, まず, 対応する写像 ψ_p は高々一つしか存在し得ない事を示す. 実際, ある写像 ψ_p が条件

I'. $\psi_p(Z_p) \ni \Omega$,

II'. $\psi_p(1) = \omega$,

III'. $m<p$ なら $\psi_p(m') = \theta\psi_p(m)$ と成る, を満たす時, $Z_n \ni Z_p$ だから (107), 21 から, Z_n の写像が ψ_p に含まれており, これは, 明らかに ψ_n と同様に, 条件 I, II, III を満たし, したがって ψ_n と全く一致する：Z_n に含まれている (98). したがって $<p$ と成る, つまり $\leqq n$ と成る全ての数 m は

$$\psi_p(m) = \psi_n(m) \qquad (m)$$

と成る. この事から特に,

$$\psi_p(n) = \psi_n(n) \qquad (n)$$

が導かれる. 更に, 105, 108 により, p は Z_n に含まれないようなシステム Z_p の唯一の数で, III' と (n) から,

$$\psi_p(p) = \theta\psi_n(n) \qquad (p)$$

でなくてはならないから, 条件 I', II', III' を満たす Z_p の写

像 ψ_p は一意に存在する，という我々の主張の正しさが結論できた事に成る．上で導かれた条件 (m) と (p) によって一意に ψ_n に帰着されるからである．逆に，(m) と (p) によって完全に決定される，システム Z_p の写像 ψ_p が，本当に条件 I′, II′, III′ を満たす事を，次に示さなくてはならない．明らかに I′ は，I と $\theta(\Omega) \ni \Omega$ に注意すれば，(m) と (p) から導かれる．同様に，99 により数 1 は Z_n に含まれている事から，II′ も，(m) と II から導かれる．III′ が正しい事は，まず $<n$ と成る数 m に対しては，(m) と III から導け，残る一つの数 $m=n$ に対しては，(p) と (n) から導かれる．以上で，我々の定理が n に対して成り立つ事から，それに続く数 p に対しても定理が成り立つ事が導かれる事が完全に示せたが，これが証明すべき事であった．

126. **帰納法による定義の定理**．θ を（相似であるかなしかにかかわらず）システム Ω からそれ自身への任意の写像とし，Ω の固定された要素 ω が与えられているとする．この時，数の列 N の，唯一つの写像 ψ で，条件

I．$\psi(N) \ni \Omega$,

II．$\psi(1) = \omega$,

III．全ての数 n に対し，$\psi(n') = \theta \psi(n)$ である，を満たすようなものが存在する．

証明． もしそのような写像 ψ が存在したとすると，21 によりその中にシステム Z_n の写像 ψ_n が含まれており，これは 125 で与えた条件 I, II, III を満たすから，そのような写像 ψ_n が唯一つしか存在しない事から，ψ は

$$\psi(n) = \psi_n(n) \qquad (n)$$

によって完全に決定されるので,そのような写像 ψ は唯一つしか存在し得ない事が導かれる (130 での推論を参照). 逆に,(n) で決定される写像 ψ が我々の条件 I, II, III を満たす事は, 125 で証明した I, II と, (p) に留意すると, (n) から容易に導ける. これが証明すべき事であった.

127. 定理. 前の二つの定理での前提のもとで,
$$\psi(T') = \theta\psi(T)$$
が成り立つ. ここに,T は数の列 N の任意の部分とする.

証明. t でシステム T の各数を表す事にすると, $\psi(T')$ は $\psi(t')$ の全てから成り立ち, $\theta\psi(T)$ は全ての要素 $\theta\psi(t)$ から成る. (126 の III により) $\psi(t') = \theta\psi(t)$ だから, この事から定理を導く事が出来る.

128. 定理. 同じ前提を保持して, θ_0 で, システム Ω のそれ自身への写像 θ に対応する連鎖 (44) を表す事にすると,
$$\psi(N) = \theta_0(\omega)$$
が成り立つ.

証明. まず, 完全帰納法 (80) により,
$$\psi(N) \ni \theta_0(\omega)$$
と成る事, つまり, 各々の像 $\psi(n)$ は $\theta_0(\omega)$ の要素でもある事を示す. 実際,

ρ. (126. II から) $\psi(1) = \omega$ で, (45 により) $\omega \ni \theta_0(\omega)$ なので, $n = 1$ の時この主張は正しい.

σ. この主張がある数 n に対して正しい, つまり $\psi(n) \ni$

$\theta_0(\omega)$ とすると, 55 から, $\theta(\phi(n)) \ni \theta_0(\omega)$ も正しい, つまり, (126. III により) $\phi(n') \ni \theta_0(\omega)$ である. したがって主張は, これに続く数 n' に対しても成り立つが, これが証明すべき事であった.

更に, 連鎖 $\theta_0(\omega)$ のどの要素 ν も $\phi(N)$ に含まれている, つまり

$$\theta_0(\omega) \ni \phi(N)$$

と成っている事を示すために, 再び, 完全帰納法, つまり Ω と写像 θ に対する定理 59 を用いる.

ρ. 要素 ω は $=\phi(1)$ だから, $\phi(N)$ に含まれている.

σ. ν を連鎖 $\theta_0(\omega)$ とシステム $\phi(N)$ の共通の要素とすると, ある数 n に対して $\nu=\phi(n)$ と成る. この事から, (126. III により) $\theta(\nu)=\theta\phi(n)=\phi(n')$ である. よって, $\theta(\nu)$ も $\phi(N)$ に属すが, これが証明すべき事であった.

上で証明された主張 $\phi(N) \ni \theta_0(\omega)$ と $\theta_0(\omega) \ni \phi(N)$ から, $\phi(N)=\theta_0(\omega)$ が (5 により) 導かれるが, これが証明すべき事であった.

129. **定理.** 同じ前提のもとで, 一般に
$$\phi(n_0) = \theta_0(\phi(n))$$
が成り立つ.

完全帰納法 (80) による証明. なぜなら,

ρ. $1_0=N$ で $\phi(1)=\omega$ だから, 定理は, 128 により $n=1$ に対し成り立つ.

σ. ある数 n に対し定理が成り立つなら,
$$\theta(\phi(n_0)) = \theta(\theta_0(\phi(n)))$$

である．127 と 75 により
$$\theta(\psi(n_0)) = \psi(n'_0)$$
で，57 と 126. III により
$$\theta(\theta_0(\psi(n))) = \theta_0(\theta(\psi(n))) = \theta_0(\psi(n'))$$
だから，
$$\psi(n'_0) = \theta_0(\psi(n'))$$
と成る．つまり定理は，n に続く数 n' に対しても成り立つが，これが証明すべき事であった．

130. **注意．** 126 で証明された帰納法による定義の定理の重要な応用（§10 から §14 まで）に移る前に，126 での論法と，これと大変に似ているようにも思える，80 で，あるいはそれにも増して既に 59 と 60 で証明された帰納法による論法との本質的な違いを示している，次の事を注意しておく事がよいように思える．すなわち，定理 59 は，任意の写像 φ によってそれ自身に写像されるシステム S （§4）の全ての連鎖 A_0 に対して成り立つ一般的な主張であるのに対し，定理 126 は，一重無限なシステム 1_0 の矛盾しない（あるいは一意に決まる）写像 ψ の存在を主張しているだけであるから，そこでの状況は全く異なるものである．後者の定理で，（Ω と θ に関する仮定は保持して）数の列 1_0 を，そのようなあるシステム S の任意の連鎖 A_0 で置き換えて，例えば A_0 の Ω への一つの写像 ψ を，126. の II，III と同じように，

ρ．A の各々の要素 a は Ω から選ばれた確定された要素 $\psi(a)$ に対応し，

σ. A_0 に含まれる各要素 n とその像 $n'=\varphi(n)$ は条件 $\psi(n')=\theta\psi(n)$ を満たす

が成り立つように取ろうとすると、ρ での選択の自由を σ の条件に合うように制限しても ρ と σ が互いに矛盾してしまう事すらあるので、そのような ψ が全く存在しない場合がすぐに出て来てしまう. この事を納得するにはそのような一つの例を見てみれば十分であろう. 二つの異なる要素 a と b から成るようなシステム S が φ により $a'=b$, $b'=a$ としてそれ自身に写像されている時、明らかに $a_0=b_0=S$ である. 更に、異なる要素 α, β, γ から成るシステム Ω が、θ により、$\theta(\alpha)=\beta$, $\theta(\beta)=\gamma$, $\theta(\gamma)=\alpha$ としてそれ自身に写像されているとする. ここで、a_0 の Ω への写像 ψ が、$\psi(a)=\alpha$ で、更に a_0 に含まれる要素 n の全てに対し、常に $\psi(n')=\theta\psi(n)$ が成り立つものとする、と要請すると、矛盾に突き当たってしまう. なぜなら、$n=a$ に対し、$\psi(b)=\theta(\alpha)=\beta$ と成り、この事から $n=b$ に対し、$\psi(a)=\theta(\beta)=\gamma$ でなくてはならない事に成ってしまうが、一方 $\psi(a)=\alpha$ であった.

ただし、A_0 の Ω への写像 ψ で、矛盾する事なく上の条件 ρ, σ を満たすものが存在すれば、60 から、それは完全に確定したものに成る；もし写像 χ が同じ条件を満たすとすれば、$\chi(n)=\psi(n)$ は A に含まれる全ての要素 $n=a$ で成り立ち、もしこの主張が A_0 の要素 n に対して成り立つとすれば、σ により、その像 n' に対してもこの主張は成り立たなければならず、$\chi(n)=\psi(n)$ は一般に成り立つから

である.

131. 我々の定理126の適用範囲の広さを明らかにするために,他の分野,例えば群論と呼ばれる分野での研究でも有用と成る一つの考察をここに挿入しておこうと思う.

ある要素νが他の要素ωの作用で,同じシステムのある要素に対応する,という種類の結合演算を要素に対して許す体系Ωを考える.このような対応する要素を$\omega\cdot\nu$または$\omega\nu$と表す事にして,これは一般には$\nu\omega$とは異なるものとする.これは,固定した各要素ωに対して,一定の,例えば$\dot{\omega}$と表されるシステムΩのそれ自身への写像が対応していて,各要素νにその確定した像$\dot{\omega}(\nu)=\omega\nu$を対応させている,と捉える事も出来る.このようなシステムΩとその要素ωに定理126を応用すると,各数nに確定したΩに含まれる要素$\psi(n)$を対応させる事が出来る.これをここではω^nと表す事にして,ωのn番目の冪と呼ぶ事にするが,この概念は,これに課される条件

Ⅱ. $\qquad\qquad\omega^1=\omega$

Ⅲ. $\qquad\qquad\omega^{n'}=\omega\omega^n$

によって完全に確定する.

上の要素の結合が,任意の要素に対し,$\omega(\nu\mu)=(\omega\nu)\mu$と成る,という性質も持っている時には,主張

$$\omega^{n'}=\omega^n\omega,\quad \omega^m\omega^n=\omega^n\omega^m,$$

も成り立つ事が完全帰納法(80)により容易に証明出来るが,この証明は読者に委ねる事にする.

上の一般論は,次の例に直ちに応用する事が出来る.S

を任意の要素から成る系として，Ω を，これに付随する，S のそれ自身への写像 ν（36）の全てを要素とする集合とすると，$\nu(S) \ni S$ だから，これらの要素は，25 により常に合成する事が出来，そのような写像 ν，ω から合成された写像 $\omega\nu$ も Ω の要素と成る．この時，全ての要素 ω^n もやはり再び S のそれ自身への写像であるが，そのようなものの事を写像 ω の繰り返しにより生じる写像と言う．ここで，この概念と 44 で定義された連鎖 $\omega_0(A)$ の間に存在する簡明な関係について強調しておきたいと思う．ただし，再び A は S の任意の部分を表している．手短かさのために，写像 ω^n によって惹き起こされた像 $\omega^n(A)$ を A_n と表す事にすると，IIIと 25 から，$\omega(A_n) = A_{n'}$ と成る事が導かれる．この事から，完全帰納法（80）によりこれら全てのシステム A_n が連鎖 $\omega_0(A)$ の部分である事が導かれる：なぜなら，

ρ. この主張は 50 により $n=1$ に対し成り立ち，

σ. それがある数 n に対して成り立てば，55 と $A_{n'} = \omega(A_n)$ により，これに続く n' にも成り立つが，これが示すべき事であった．更に，45 により，$A \ni \omega_0(A)$ でもあるから，10 により，A と全ての像 A_n から合成されたシステム K も $\omega_0(A)$ の部分に成る．逆に，（23 から）$\omega(K)$ は $\omega(A) = A_1$ と全てのシステム $\omega(A_n) = A_{n'}$ から成るので（78 により）全てのシステム A_n から合成されていて，これらは 9 により K の部分だから，（10 により）$\omega(K) \ni K$ である．つまり，K は連鎖（37）である．また，（9 により）

$A \ni K$ だから，47 により $\omega_0(A) \ni K$ でもある．よって，$\omega_0(A) = K$ である．つまり，次の定理が成り立つ：ω がシステム S のそれ自身への写像で，A が S の部分なら，A の写像 ω に対応する連鎖は，A と全ての ω の繰り返しから生じる像 $\omega^n(A)$ から合成されたものに成っている．読者が，連鎖をこの捉え方をふまえて，前の定理 57, 58 にもう一度戻ってみる事を薦める．

§10.
一重無限なシステムのクラス．

132. **定理**．全ての一重無限なシステムは，数の列 N と相似であり，したがって (33 により) 互いにも相似である．

証明．一重無限なシステム Ω が写像 θ により順序付けられている (71) として，ω をそこで現れる Ω の基本要素とする．再び，θ_0 で写像 θ に対応する連鎖 (44) を表す事にすると，71 により，次が成り立つ：

α. $\theta(\Omega) \ni \Omega$,

β. $\Omega = \theta_0(\omega)$.

γ. ω は $\theta(\Omega)$ には含まれない．

δ. 写像 θ は相似である．

ψ で 126 で定義した数の列 N の写像を表す事にすると，まず，β と 128 から，

$$\psi(N) = \Omega$$

と成る事が導かれるから，32 により，ψ が相似な写像である事，つまり，異なる数 m, n は異なる像 $\psi(m), \psi(n)$ に対

応する事（26）が示せればよい．対称性から，90により，$m>n$，つまり$m\ni n_0'$を仮定してよいから，証明は，$\psi(n)$が$\psi(n_0')$に，つまり（127により）$\theta\psi(n_0)$に含まれていない事を示す事に帰着できる．これが全ての数nに対し成り立つ事を完全帰納法（80）により示す．実際，

ρ. $\psi(1)=\omega$で$\psi(1_0)=\psi(N)=\Omega$だから，この主張は，γにより$n=1$に対し成り立つ．

σ. この主張がある数nに対して成り立つなら，それに続く数n'に対しても成り立つ：なぜなら，$\psi(n')$，つまり$\theta\psi(n)$が$\theta\psi(n_0')$に含まれるとすると（8と27により），$\psi(n)$も$\psi(n_0')$に含まれなくてはならないが，我々の仮定はこの逆を主張していた．これが証明すべき事であった．

133. **定理.** ある一重無限のシステムと相似な，したがって（132と33により）数の列Nとも相似な，全てのシステムは，一重無限である．

証明. Ωが数の列Nと相似なシステムとすると，32により，Nの相似な写像ψで，

I. $\qquad\qquad\qquad \psi(N)=\Omega$

と成るものが存在する．ここで，

II. $\qquad\qquad\qquad \psi(1)=\omega$

と置く．26により，$\bar\psi$でΩの写像で，この逆，したがってやはり相似であるようなものを表す事にすると，Ωの各要素νは，その像が$\psi(n)=\nu$と成るような一意に決まる数$\bar\psi(\nu)=n$に対応付けられる．この数nはある確定したこれに続く数$\varphi(n)=n'$を持ち，これはある確定したΩの要素

$\phi(n')$ に対応するから,このシステム Ω の各要素 ν にもある確定した同じシステムの要素 $\phi(n')$ が対応するが,これを ν の像として $\theta(\nu)$ と表す事にする.これにより,Ω のそれ自身への写像 θ が確定するが[60],我々の定理を証明するために,Ω が θ により一重無限の集合として順序付けられる (71),つまり,132 の証明で与えられた条件 $\alpha, \beta, \gamma, \delta$ が全て満たされる事を示したい.まず,α は θ の定義から直ちに明らかである.更に,全ての数 n には要素 $\nu = \phi(n)$ が対応し,これに対して $\theta(\nu) = \phi(n')$ と成るから,一般に

Ⅲ. $\qquad \phi(n') = \theta\phi(n)$

が成り立ち,これに,Ⅰ, Ⅱ, α を合わせると,写像 θ, ϕ は,定理 126 の条件を全て満たす事が分るので,β が 128 と Ⅰ から導かれる.更に,127 と Ⅰ から

$$\phi(N') = \theta\phi(N) = \theta(\Omega)$$

と成るから,これを Ⅱ と写像 ϕ の相似性に合わせると γ が導かれる:もし γ が成り立たないとすると,$\phi(1)$ は $\phi(N')$ に含まれる事に成り,したがって (27 により) 数 1 は N' に含まれなくてはならないが,(71. γ により) これは成り立たないからである.最後に,μ, ν を ω の要素として,m と n でそれらの像が $\phi(m) = \mu, \phi(n) = \nu$ と成るような対応する数を表す事にすると,$\theta(\mu) = \theta(\nu)$ と仮定すると上から,$\phi(m') = \phi(n')$ と成り,この事から ψ と φ の相似性によ

---

60) 明らかに,θ は 25 により $\bar{\psi}, \varphi, \psi$ から合成された写像 $\bar{\psi}\varphi\psi$ である.

り，$m'=n'$，したがって$m=n$と成り，$\mu=\nu$でもある．よってδが成り立つ事が分るが，これが示すべき事であった．

134. **注意**. 上の二つの定理132, 133により，全ての一重無限なシステムは，34の意味での同一のクラスを形成する．また，71, 73に留意すると，数，つまり写像φにより順序付けられた一重無限なシステムNの要素nに関する定理で，要素nの素性については問題に成っておらず，対応φに起因するような概念のみが問題と成っているようなものは，全て，他の写像θにより順序付けられた一重無限システムΩとその要素νでも満たされる，一般的な正しさを持つものと成る．また，NからΩへの転移は，（例えば，片方の言語での算術的な定理のもう一方の言語への翻訳も），132, 133で考察された写像ψによって惹き起こされるが，これは，Nの各要素をΩの要素νつまり$\psi(n)$に変換するものである．この要素νは，Ωのn番目の数とよぶ事が出来るが，この言い方では，数nは，それ自身，数の列Nのn番目の数である．写像φが領域Nでの，各要素nに対し確定した要素$\varphi(n)=n'$が続く事に関する法則性に対して持つのと同じ意味が，ψにより惹き起こされる変換により，写像θに対しての領域Ωでの，nの変換により生じる要素$\nu=\psi(n)$にn'の変換により生じる要素$\theta(\nu)=\psi(n')$が続くという事に関する同じ法則性が対応する．この意味で，φはψによってθに変換されると言う事が出来，この事は，記号では$\theta=\psi\varphi\bar{\psi}$，$\varphi=\bar{\psi}\theta\psi$と表現出来

る．これらの注意により，73 で提起した数の概念の提議が完全に正当化された，と言えるだろう．次に定理 126 の更なる応用を見てゆく事にする．

§11.
数の加算.

135. 提議. 定理 126 で与えられた数の列 N の写像 ψ の定義，あるいはそれによって定められた関数 $\psi(n)$ を，Ω で表されていた像 $\psi(N)$ を含むシステムが，数の列 N 自身である場合に応用してみるのは，自然な事に思える．このシステム Ω に対しては，すでに Ω のそれ自身への写像 θ，つまり，N がそれによって一重無限なシステムとして順序付けられているところの φ が存在するからである（71, 73）．この時には，$\Omega = N$, $\theta(n) = \varphi(n) = n'$ と成り，この事から

I. $\qquad \psi(N) \ni N,$

と成り，ψ を完全に特定するには，あとは Ω からの，つまり N からの要素 ω を任意に選べばよい．$\omega = 1$ とすると，条件

$$\psi(1) = 1, \quad \psi(n') = (\psi(n))'$$

は，明らかに，一般に $\psi(n) = n$ によって満たされるから，ψ は N の恒等写像（21）と成る．他の N の写像 ψ が生成されるためには，したがって，ω として，1 とは異なる，78 により N' に含まれる，ある数 m に対する数 m' が選ばれなくてはならない；写像 ψ は明らかにこの数 m の選択に

依存して決まるから,任意の数 n に対応する像 $\psi(n)$ を $m+n$ と表す事にして,この数の事を,数 m から n の加法によって生じる和,あるいは手短かに数 m, n の**和**とよぶ事にする.これは,したがって,条件[61]

II. $\qquad m+1=m'$,
III. $\qquad m+n'=(m+n)'$

で,完全に確定する.

136. 定理. $m'+n=m+n'$ が成り立つ.

完全帰納法(80)による証明. なぜなら,

ρ. (135.II) により
$$m'+1 = (m')' = (m+1)'$$
だから,定理は $n=1$ の時成り立ち,

σ. ある数 n に対し定理が成り立つなら,それに続く数を $n'=p$ と置くと,$m'+n=m+p$ で,したがって,$(m'+n)'=(m+p)'$ でもある.この事から(135.III により)$m'+p=m+p'$ と成る.よって定理は n に続く数 p に対しても成り立つが,これが証明すべき事であった.

137. 定理. $m'+n=(m+n)'$ である.

---

[61] 上の,定理 126 によって直ちに理由付けされる和の定義は,私には最も簡明なものに思える.131 での概念展開を参照すると,和 $m+n$ は $\varphi^n(m)$ あるいは $\varphi^m(n)$ によっても定義する事ができる.ここで,φ は再び上での意味で用いられている.この定義の上でのものとの完全な一致を証明するには,126 により,$\varphi^n(m)$ あるいは $\varphi^m(n)$ を $\psi(n)$ と表す事にすると,条件 $\psi(1)=m'$ と $\psi(n')=\varphi\psi(n)$ が満たされている事をだけ示せばよいが,これは完全帰納法(80)を用いて 131 を参照すれば容易に行なう事が出来る.

証明は 136 と 135. III から導かれる.

138. **定理.** $1+n=n'$ である.

完全帰納法（80）による証明. なぜなら,

ρ. 135. II により, 定理は $n=1$ の時に成り立つ.

σ. ある数 n に対して定理が成り立つとして, $n'=p$ と置くと, $1+n=p$ だから, $(1+n)'=p'$ と成り, よって (135. III により) $1+p=p'$ である. つまり定理はこれに続く数 p に対しても成り立つが, これが証明すべき事であった.

139. **定理.** $1+n=n+1$ である.

証明は 138 と 135. II から導かれる.

140. **定理.** $m+n=n+m$ である.

完全帰納法（80）による証明. なぜなら,

ρ. 139 により, 定理は $n=1$ に対して成り立つ.

σ. 定理がある数 n に対して成り立つとすると, その事から, $(m+n)'=(n+m)'$ と成るが, これは (135. III により) $m+n'=n+m'$ という事なので, (136 により) $m+n'=n'+m$ である. よって定理はそれに続く数 n' に対しても成り立つが, これが証明すべき事であった.

141. **定理.** $(l+m)+n=l+(m+n)$ である.

完全帰納法（80）による証明. なぜなら,

ρ. (135. II, III, II により) $(l+m)+1=(l+m)'=l+m'=l+(m+1)$ だから, 定理は $n=1$ に対して成り立つ.

σ. 定理がある数 n に対し成り立つとすると, この事から $((l+m)+n)'=(l+(m+n))'$ だから, (135. III により)

$(l+m)+n' = l+(m+n)' = l+(m+n')$ である. したがって定理はこれに続く数 n' でも成り立つが, これが証明すべき事であった.

142. **定理.** $m+n > m$ である.

完全帰納法（80）による証明. なぜなら,

ρ. 135.II と 91 により, 定理は $n=1$ に対し成り立つ.

σ. ある数 n に対し定理が成り立つとすると, (135.III と 91) により,

$$m+n' = (m+n)' > m+n$$

だから, 95 により, 定理はそれに続く数 n' に対しても成り立つが, これが証明すべき事であった.

143. **定理.** 条件 $m > a$ と条件 $m+n > a+n$ は同値である.

完全帰納法（80）による証明. なぜなら,

ρ. 135.II と 94 により, 定理は $n=1$ に対して成り立つ.

σ. 定理がある数 n に対して成り立つとすると, 条件 $m+n > a+n$ は 94 により $(m+n)' > (a+n)'$ と同値で, したがって 135.III により

$$m+n' > a+n'$$

とも同値に成るから, 定理はそれに続く数 n' に対しても成り立つが, これが証明すべき事であった.

144. **定理.** $m > a$ かつ $n > b$ なら,
$$m+n > a+b.$$
でもある.

証明. なぜなら, この前提から, (143 により) $m+n >$

$a+n$ かつ $n+a>b+a$ が導かれるが, 後者は 140 により $a+n>a+b$ と同じである. 95 により, この事から定理が導かれる.

145. **定理.** $m+n=a+n$ なら $m=a$ である.

証明. なぜなら, m が $=a$ でなければ, 90 により, $m>a$ か $m<a$ のどちらかであるが, この時 143 により, それぞれ $m+n>a+n$ か $m+n<a+n$ が成り立ち, (90 により) $m+n$ は $=a+n$ ではあり得ない. これが証明すべき事であった.

146. **定理.** $l>n$ なら, ある数 m で $m+n=l$ を満たすものが (145 により一意に) 存在する.

完全帰納法 (80) による証明. なぜなら,

ρ. 定理は $n=1$ に対し成り立つ. 実際, $l>1$, つまり, l が N' に含まれている, つまり, ある数 m の像 m' なら (89), 135. II により $l=m+1$ と成るが, これが証明すべき事であった.

σ. 定理がある数 n に対し成り立つなら, それに続く数 n' に対しても成り立つ事が示せる. 実際, $l>n'$ なら, 91, 95 により $l>n$ である. したがって, ある数 k で $l=k+n$ と成るものが存在する. この数は 138 により 1 と異なる (そうでなければ $l=n'$ と成ってしまうからである) から, 78 により, ある数 m の像 m' である. したがって $l=m'+n$ と成り, したがって, 136 により $l=m+n'$ でもあるが, これが証明すべき事であった.

§12.
数の乗算.

147. 提議. 前の§11で数の列 N からそれ自身への新しい写像の無限システムを作ったので，その各々に126を再び用いて，更に新しい N の写像 ψ を作る事が出来る．前と同様のところで $\Omega = N$ かつ，ある固定した数 m に対し，$\theta(n) = m + n = n + m$ と置き，再び

I. $\qquad\qquad \psi(N) \ni N$

という要請をすると，ψ を完全に確定するには，あとは N の要素 ω を任意に選べばよい．一番簡単には，$\omega = m$ と置く事で，θ の選択と嚙み合うように出来る．これによって完全に確定する写像 ψ はこの数 m に依存するので，任意の数 n に対応する像 $\psi(n)$ を $m \times n$ あるいは $m.n$ あるいは mn で表す事にし，これを，m から n 乗算によって得られる積，あるいは手短かに，数 m, n の**積**とよぶ事にする．これはしたがって126により，条件

II. $\qquad\qquad m.1 = m,$

III. $\qquad\qquad mn' = mn + m$

によって完全に確定するものと成っている．

148. 定理. $m'n = mn + n$ である．

完全帰納法 (80) による証明. なぜなら，

$\rho.$ 147. II と 135. II により，定理は $n = 1$ に対して正しい．

$\sigma.$ 定理がある数 n に対して成り立つとすると，

$$m'n+m' = (mn+n)+m'$$

と成る．この事から（147.III，141，140，136，141，147.III により）

$$m'n' = mn+(n+m') = mn+(m'+n)$$
$$= mn+(m+n') = (mn+m)+n' = mn'+n'$$

と成る．したがって定理はこれに続く数 n' に対しても成り立つが，これが証明すべき事であった．

149. **定理．** $1.n=n$ である．

完全帰納法（80）による証明． なぜなら，

ρ．147.II により，定理は $n=1$ に対して正しい．

σ．定理がある数 n に対して成り立つとすると，$1.n+1=n+1$，つまり，（147.III，135.II により）$1.n'=n'$ である．したがって定理はこれに続く数 n' に対しても成り立つが，これが証明すべき事であった．

150. **定理．** $mn=nm$ である．

完全帰納法（80）による証明． なぜなら，

ρ．147.II，149 により，定理は $n=1$ の時に成り立つ．

σ．定理がある数 n に対して成り立つなら，

$$mn+m = nm+m,$$

と成る．つまり（147.III，148 により）$mn'=n'm$ である．したがって，定理はこれに続く数 n' に対しても成り立つが，これが証明すべき事であった．

151. **定理．** $l(m+n)=lm+ln$ である．

完全帰納法（80）による証明． なぜなら，

ρ．135.II，147.III，147.II により，定理は $n=1$ に対し

て正しい．

　σ．定理がある数 n に対して成り立つとすると，
$$l(m+n)+l = (lm+ln)+l$$
と成る．147.III，135.III により，
$$l(m+n)+l = l(m+n)' = l(m+n')$$
である．一方，141，147.III により，
$$(lm+ln)+l = lm+(ln+l) = lm+ln',$$
である．よって，$l(m+n')=lm+ln'$ と成る．つまり定理はこれに続く数 n' に対しても成り立つが，これが証明すべき事であった．

　152. **定理．** $(m+n)l=ml+nl$ である．

　証明は 151，150 から導かれる．

　153. **定理．** $(lm)n=l(mn)$ である．

　完全帰納法 (80) による証明． なぜなら，

　ρ．147.II により，定理は $n=1$ に対して成り立つ．

　σ．定理がある数 n に対し成り立つとすると，
$$(lm)n+lm = l(mn)+lm,$$
と成る．つまり，(147.III，151，147.III により)
$$(lm)n' = l(mn+m) = l(mn'),$$
である．したがって，定理はこれに続く数 n' でも成り立つが，これが証明すべき事であった．

　154. **注意．** 147 で ω と θ の間の関連性を付けずに $\omega=k$，$\theta(n)=m+n$ と置いていたとすると，126 によって，もう少し複雑な数の列 N の写像 ψ が作られていた事に成る：数 1 に対しては $\psi(1)=k$ で他の数については，つまり

n' という形に成っている数については $\phi(n')=mn+k$ である.なぜなら,このような ϕ に対しては,前に示した幾つかの定理を用いて容易に分るように,条件 $\phi(n')=\theta\phi(n)$,つまり $\phi(n')=m+\phi(n)$ が全ての数 n に対し満たされるからである.

§13.
数の冪乗.

155. 提議. 定理 126 で再び $\Omega=N$ と置き,$\omega=a$,$\theta(n)=an=na$ と置くと,N の写像 ϕ で,今度も条件

Ⅰ. $\phi(N) \ni N$

を満たすものが作られる.任意の数 n に対し,対応する像 $\phi(n)$ を a^n と表し,この数の事を基底 a の冪とよび,n の事を a の冪の指数とよぶ.したがって,この概念は,二つの条件

Ⅱ. $a^1=a,$
Ⅲ. $a^{n'}=a.a^n=a^n.a$

によって完全に規定されるものに成る.

156. 定理. $a^{m+n}=a^m.a^n$ である.

完全帰納法(80)による証明. なぜなら,

ρ. 135.Ⅱ,155.Ⅲ,155.Ⅱ により,定理は $n=1$ に対して成り立つ.

σ. 定理がある数 n に対して成り立つとすると,
$$a^{m+n}.a = (a^m.a^n)a$$
と成るが,155.Ⅲ,135.Ⅲ により,$a^{m+n}.a=a^{(m+n)'}=a^{m+n'}$

で, 153, 155. III により, $(a^m.a^n)a=a^m(a^n.a)=a^m.a^{n'}$ である. よって, $a^{m+n'}=a^m.a^{n'}$ と成る. つまり定理はこれに続く数 n' に対しても成り立つが, これが証明すべき事であった.

157. **定理.** $(a^m)^n=a^{mn}$ である.

完全帰納法 (80) による証明. なぜなら,

ρ. 155. II, 147. II により, 定理は $n=1$ に対して成り立つ.

σ. 定理がある数 n に対して成り立つとすると,
$$(a^m)^n.a^m = a^{mn}.a^m$$
である. 一方, 155. III により, $(a^m)^n.a^m=(a^m)^{n'}$ で, 156, 147. III により $a^{mn}.a^m=a^{mn+m}=a^{mn'}$ である. よって, $(a^m)^{n'}=a^{mn'}$ と成る. つまり, 定理はこれに続く数 n' に対しても成り立つが, これが証明すべき事であった.

158. **定理.** $(ab)^n=a^n.b^n$ である.

完全帰納法 (80) による証明. なぜなら,

ρ. 155. II により, 定理は $n=1$ に対し成り立つ.

σ. 定理がある数 n に対して成り立つとすると, 150, 153, 155. III により, $(ab)^n.a=a(a^n.b^n)=(a.a^n)b^n=a^{n'}.b^n$ と成るが, この事から, $((ab)^n.a)b=(a^{n'}.b^n)b$ である. 一方, 153, 155. III により, $((ab)^n.a)b=(ab)^n.(ab)=(ab)^{n'}$ で,
$$(a^{n'}.b^n)b = a^{n'}.(b^n.b) = a^{n'}.b^{n'}$$
である. よって, $(ab)^{n'}=a^{n'}.b^{n'}$ と成る. つまり定理はこれに続く数 n' に対しても成り立つが, これが証明すべき

§14.
有限なシステムの要素の個数.

159. 定理. Σ を無限のシステムとする時,98 で導入された数のシステム Z_n の各々は Σ に相似に写像出来る(つまり,Σ のある部分と相似である),また,逆も成り立つ.

証明. Σ が無限なら,72 により Σ の部分 T で一重無限な,したがって 132 より,N と相似なものが存在する.この事から 35 により,各システム Z_n は N の部分として T の部分,したがって Σ の部分と相似であるが,これが証明すべき事であった.

逆の証明は,これが全く自明な事のように思えるかもしれないにもかかわらず,もっと厄介である.各システム Z_n が Σ に相似に写像可能なら,各数 n に,Z_n の相似な写像 α_n で $\alpha_n(Z_n) \ni \Sigma$ と成るものが対応する.このようにして与えられたと看做せる[62](しかしそれ以上は何も仮定されていない)写像の列 α_n から,まず,126 を用いて同様の写像の新しい列 ψ_n で,$m < n$ なら,つまり (100 により) $Z_m \ni Z_n$ なら,部分 Z_m の写像 ψ_m は,Z_n の写像 ψ_n に含まれている (21),つまり,ψ_m と ψ_n は,全ての Z_m に含まれる数に対し一致する,したがって常に

$$\psi_m(m) = \psi_n(m)$$

---

[62] [訳注] ここで(弱い形の)選択公理が使われていることに注意する(付録 C, §10 を参照されたい).

が成り立っているようなものを導出する。定理126をこれを得るために応用するには、Ω を、全てのシステム Z_n の Σ への相似な写像の可能な限り全てから成るシステムとして、与えられた、やはり Ω の要素と成っている α_n を用いて、Ω のそれ自身への写像 θ を次のように定義する。β を Ω の任意の要素とする時、例えば、これがある一つのシステム Z_n の Σ への相似な写像と成っている時、システム $\alpha_{n'}(Z_{n'})$ は $\beta(Z_n)$ の部分ではあり得ない:もしそうなら、35により $Z_{n'}$ は Z_n の部分と成り、107により自分自身の真の部分と相似に成ってしまうので、無限である事に成るが、これは119に矛盾である。したがって、$Z_{n'}$ には、少なくとも一つの数 p で $\alpha_{n'}(p)$ が $\beta(Z_n)$ に含まれていないようなものが存在する。このような数 p のうち(確定したものを選ぶために)常に最小の k (96)を選ぶ事にして[63]、$Z_{n'}$ の写像 γ を、Z_n に含まれている全ての数 m に対しては像 $\gamma(m)=\beta(m)$ を、そうでなければ、$\gamma(n')=\alpha_{n'}(k)$ と成る事、として定義する。この明らかに相似な $Z_{n'}$ の Σ への写像 γ を写像 β の像 $\theta(\beta)$ と看做す事にする。これによ

---

[63] [訳注] この「最小のものを選ぶ」という方法は、現代では、議論から可能なかぎり選択公理を除去する時に用いるスタンダートな手法の一つである。前の訳注に対応する箇所で(存在を保証するには選択公理の必要な関数の列 α_n を)「与えられたと看做せる」と一歩下って表現していることと合わせると、デデキントはここで後世選択公理としてとりあげられることになる原理に関連した問題をある程度把握していたのかもしれない、とも想像できる。

って，Ωのそれ自身への写像θが完全に定義された．126で言及されているΩとθが確定したので，最後に，写像α_1を，Ωの要素でωと名付けられたものとして選ぶ事にする．これにより，126によって，数の列NのΩへの写像ψが確定したが，ここで任意の数nに対応する像を$\psi(n)$でなくψ_nと表す事にすると，このψは，条件

II. $\qquad\qquad\qquad \psi_1 = \alpha_1,$

III. $\qquad\qquad\qquad \psi_{n'} = \theta(\psi_n)$

を満たすものと成っている．まず，完全帰納法（80）により，ψ_nがZ_nのΣへの相似な写像と成っている事が分る：なぜなら，

ρ. この事はIIにより$n=1$に対しては明らかで，

σ. この主張がある数nに対し成り立つなら，IIIと，上で述べたようなβからγへの移行θの取り方から，それに続く数n'に対しても主張は成立するが，これが証明すべき事であった．ここで，再び完全帰納法（80）により，mを任意の数とする時，上で予告した性質

$$\psi_n(m) = \psi_m(m)$$

が，$>m$と成る．したがって93と74により連鎖m_0に属す，全ての数nに対し成り立っている事を証明する：実際，

ρ. これが$n=m$に対し成り立つ事は明らかであり，

σ. この性質がある数nに対し成り立つとすると，再びIIIとθの取り方から，この性質が数n'に対しても成り立つが，これが証明すべき事であった．我々の関数の列ψ_n

の，この際立った性質が確かめられたので，この後，定理は容易に証明出来る．数の列 N の写像 χ を，各数 n に対し像 $\chi(n)=\psi_n(n)$ を対応させる事で定義する．(21) により全ての写像 ψ_n はこの一つの写像 χ に含まれている．まず最初に，ψ_n は Z_n の Σ への写像だったから，同様に，数の列 N は χ により Σ に写像される，つまり $\chi(N) \ni \Sigma$ である．更に，m, n を異なる数とする時，対称性から 90 により $m < n$ と仮定していいが，この時上から $\chi(m) = \psi_m(m) = \psi_n(m)$ で $\chi(n) = \psi_n(n)$ である．ところが，ψ_n は Z_n の Σ への相似な写像で，m と n は Z_n の異なる要素だから，$\psi_n(m)$ と $\psi_n(n)$ も異なり，よって $\chi(m)$ も $\chi(n)$ と異なる．つまり χ は相似な N の写像である．更に N は無限のシステム (71) だから，67 により，それと相似なシステム $\chi(N)$ もそうである．$\chi(N)$ は Σ の部分だから，Σ も無限のシステムだが，これが証明すべき事であった．

160. **定理．** あるシステム Σ は，それと相似なシステム Z_n が存在するかしないかによって，有限であるか無限と成る．

証明． Σ が有限なら，159 により，システム Z_n で Σ に相似に写像出来ないものが存在する．102 によりシステム Z_1 は唯一つの要素 1 から成るから，任意のシステムに相似に写像する事が出来る．したがって，Σ に相似に写像できないシステム Z_k に対応するような最小の数 k (96) は 1 と異なるから，(78 により) $= n'$ と出来る：$n < n'$ だから (91) Z_n の Σ への相似な写像 ψ が存在する．$\psi(Z_n)$ が Σ の

真の部分に成っていたとすると,つまり,Σのある要素αで$\phi(Z_n)$に含まれないものがあったとすると,$Z_{n'}=\mathfrak{M}(Z_n, n')$だから (108), $\phi(n')=\alpha$と置く事で,この写像ϕは$Z_{n'}$のΣへの相似な写像に拡張する事が出来るが,一方我々の仮定では$Z_{n'}$はΣに相似に写像出来ないのだった. よって,$\phi(Z_n)=\Sigma$である.つまり,Z_nとΣは相似なシステムである.逆に,あるシステムΣがあるシステムZ_nと相似なら,119, 67 によりΣは有限だが,これが証明すべき事であった.

161. 提議. Σが有限システムの時,160 により,Σと相似なシステムZ_nに対応するようなある数nが存在して,この数は 120, 33 により唯一つに確定するが,この数nをΣに含まれる**要素の個数**(あるいはΣの**度数**)とよび,Σはn個の要素から成る,あるいはn個の要素から成るシステムである,nはΣの要素の個数である,などと言う[64]. 有限システムのこのような確定した性質を表現するために数が使われる時には,そのような数の事を**基数**とよぶ.一つの確定したZ_nの相似な写像ϕで$\phi(Z_n)=\Sigma$と成るようなものが与えられた時,Z_nに含まれる各数m(つまり,$\leq n$と成るような全ての数m)はある確定したΣの要素$\phi(m)$が対応し,逆に 26 によりΣの各要素は逆写像$\overline{\phi}$に

---

[64] 明確さと簡単のために,以下では,数の概念は有限システムにのみ制限して考える事にする.したがって,ある事物の数について言及する時には,常にその事でそれらの事物を要素とするようなシステムが有限である事を宣言したものと看做す.

より, Z_n のある確定した数 m が対応する. 多くの場合 Σ の要素はある一つの文字, 例えば α に識別のための数 m を添字として付け加える事で表される. つまり $\phi(m)$ は α_m と表される. これらの要素は ϕ により順序付けられて枚挙されると言い, α_m の事を Σ の m-番目の要素と言う. $m < n$ の時には, $\alpha_{m'}$ は α_m に続く要素と言い, α_n は最後の要素と言う. このような要素の枚挙では, したがって, 数 m はふたたび順序数 (73) として立ち現れる事に成る.

162. **定理**. ある一つの有限システムと相似な, 全てのシステムは同じ要素の個数を持つ.

証明は 33, 161 から直ちに導ける.

163. **定理**. Z_n に含まれる, つまり $\leq n$ と成るような数の個数は n である.

証明. なぜなら 32 により Z_n はそれ自身と相似であるからである.

164. **定理**. あるシステムが唯一つの要素から成る時, 要素の個数は $=1$ であり, 逆も正しい.

証明は 2, 26, 32, 102, 161 から直ちに導かれる.

165. **定理**. T をある有限システム Σ の真の部分とする時, T の要素の個数は Σ の要素の個数より小さい.

証明. 68 により T は有限システムだから, あるシステム Z_m と相似である. ここに m は T の要素の個数と成っている. 更に n を Σ の要素の個数とすると, Σ は Z_n と相似だから, 35 により T は Z_n の真の部分 E と相似に成り, 33 により Z_m と E は互いに相似である. もしここで $n \leq$

m, つまり $Z_n \ni Z_m$ だったとすると, E は 7 により Z_m の真の部分に成るから Z_m は無限システムと成ってしまうが, これは定理 119 に矛盾である. したがって (90 により) $m<n$ であるが, これが証明すべき事であった.

166. **定理.** $\Gamma = \mathfrak{M}(B, \gamma)$ とする. ここに, B は n 個の要素を持つシステムで, γ は B には含まれない Γ の要素だとする. この時, Γ は n' 個の要素から成る.

証明. なぜなら, $B = \psi(Z_n)$ で ψ は Z_n の相似な写像とすると, 105, 108 により, $\psi(n') = \gamma$ と置く事で, この写像は $Z_{n'}$ の相似な写像 ψ に拡張されるが, この時 $\psi(Z_{n'}) = \Gamma$ である. これが証明すべき事であった.

167. **定理.** γ を n' 個の要素から成るシステム Γ の要素の一つとすると, Γ のそれ以外の全ての要素の個数は n である.

証明. なぜなら, B を γ と異なる Γ の要素全てから成る集合とすると[65], $\Gamma = \mathfrak{M}(B, \gamma)$ である. ここで b を有限システム B の要素の個数とすると, 一つ前の定理から b' は Γ の要素の個数と成るからこれは $= n'$ である. この事から 26 により $b = n$ と成る事が導かれるが, これが証明すべき事であった.

168. **定理.** A は m 個の要素から成り, B は n 個の要素

---

65) [訳注] ここで「集合」とした訳語に対応して使われているのは „Inbegriff" という, 集合を表す時にカントルによっても用いられていた「(抽象的, 純粋な) 体現」というような意味を持つ単語である.

から成り，A と B は共通の要素を持たない時，$\mathfrak{M}(A, B)$ は $m+n$ 個の要素から成る．

完全帰納法（80）による証明． なぜなら，

ρ. 166, 164, 135. II により，定理は $n=1$ に対し成り立つ．

σ. 定理がある数 n に対して成り立つなら，定理はこれに続く数 n' に対しても成り立つ．実際，Γ を n' 個の要素を持つシステムとすると，（167により）$\Gamma = \mathfrak{M}(B, \gamma)$ と置く事が出来る．ここに γ は Γ の一つの要素で，B は Γ のそれ以外の n 個の要素のシステムである．A が，それらの全てが Γ に含まれていない m 個の要素から成るシステムとすると，それらの要素は B にも含まれていないから，$\mathfrak{M}(A, B) = \Sigma$ と置くと，仮定から，$m+n$ は Σ の要素の個数と成る．したがって 166 により，$\mathfrak{M}(\Sigma, \gamma)$ に含まれる要素の数は $=(m+n)'$ で，よって，（135. III により）$=m+n'$ である．ところが，15 により明らかに $\mathfrak{M}(\Sigma, \gamma) = \mathfrak{M}(A, B, \gamma) = \mathfrak{M}(A, \Gamma)$ と成るので，$m+n'$ は $\mathfrak{M}(A, \Gamma)$ の要素の個数である事が分るが，これが証明すべき事であった．

169. **定理．** A と B を有限システムとして，それぞれ m 個と n 個の要素を持つものとする時，$\mathfrak{M}(A, B)$ も有限システムに成り，その要素の個数は $\leqq m+n$ である．

証明． $B \ni A$ なら，$\mathfrak{M}(A, B) = A$ で，このシステムの要素の個数 m は（142）により，主張のように $< m+n$ である．B が A の部分でないなら，T を B の要素で A に含まれないもの全部から成るシステムとすると，この要素の個

数は 165 により $p \leq n$ である．明らかに
$$\mathfrak{M}(A, B) = \mathfrak{M}(A, T)$$
だから，このシステムの要素の個数は $m+p$ だが，143 により，これは $\leq m+n$ である．これが証明すべき事であった．

170. **定理．** ある n 個の有限システムから合成されたシステムは有限である．

完全帰納法（80）による証明． なぜなら，

ρ. 8 により，定理は，$n=1$ の時，自明である．

σ. 定理がある数 n に対し成り立つとして，Σ が n' 個の有限システムから合成されているとする時，A をこれらのシステムの一つとして B をそれ以外の全てのシステムから合成されたシステムとする．そのようなシステムの個数は（167 により）$=n$ だから，仮定から B は有限システムである．明らかに $\Sigma = \mathfrak{M}(A, B)$ だから，この事と，169 から Σ は有限システムと成るが，これが証明すべき事であった．

171. **定理．** ψ を，n 個の要素を持つある有限システム Σ の相似でない写像とすると，像 $\psi(\Sigma)$ の要素の個数は n より小さく成る．

証明． Σ の要素のうち，ある一つの像を持つものの全ての中から一つのものを任意に選ぶが[66]，こうして選ばれた

---

[66] ［訳注］この書き方では選択公理を用いているような印象を受けるかもしれないが実際にはここでは選択公理は必要ない，Σ が有限であることから Σ はある Z_n と相似になるので，対応する順

要素全てから成るシステム T は，ϕ が T の相似でない写像である事から，Σ の真の部分と成る．一方（21から）ϕ に含まれるこの部分 T の写像は相似と成り，$\phi(T)=\phi(\Sigma)$ と成る事は容易に分る．よってシステム $\phi(\Sigma)$ は Σ の真の部分 T と相似である．この事から 162，165 により定理が導かれる．

172. 最後の注意． 今証明したように $\phi(\Sigma)$ の要素の個数 m は Σ の要素の個数 n より小さいのであるが，多くの場合それにもかかわらず $\phi(\Sigma)$ の要素の個数は $=n$ であると表明したくなる．勿論この時には個数という言葉はこれまでの意味（161）とは異なる意味で使われているものと成る．つまり a が Σ の要素で a を Σ の要素で同じ像 $\phi(a)$ を持つものの個数とする時，この $\phi(a)$ は $\phi(\Sigma)$ の要素として屢々，少なくともその素性から互いに異なると看做される a 個の要素の代表として把握されるからで，それに対応して $\phi(\Sigma)$ の a-重の要素として数えられるからである．このようにして，多くの場合大変有用な，各要素が，それがシステムの中で何回要素として数え上げられるべきかを示すある多重度を持たされているようなシステムの概念が得られる．上の例では，例えば n はこの意味で数え上げられた $\phi(\Sigma)$ 要素の数で，一方，数 m は，T の要素と対応するこのシステムの本当に異なる要素の個数である．このような本来の概念の拡張に過ぎない，用語の本来の意味からの同様

序を持つから，ここで「任意に選ぶ」と言っているところで，この順序に関して最小のものをとることができるからである．

の逸脱は，数学では非常に頻繁に起こるが，これについて更に言及する事は本書の目的とするところではない．

付録A. **前掲のモノグラフに対する説明**

E. ネーター[1]

『数とは何かそして何であるべきか？』は，数学の基礎付けの研究と公理的集合論，という二つの発展の方向にとって，先駆的なものであった．基礎付けの研究に対する，この著書の意味については，つい最近にヒルベルトが再び指摘している (Math. Ann. 104)；E. ツェルメロによる本書の分析は，ランダウによる追悼文 (Gött. Nachr. 1917) に見出す事が出来る．公理的集合論が，いかに強くデデキントの影響を受けたかは，ツェルメロの公理系 (Math. Ann. 60[2]) と比較すると，これが部分的にはデデキントの「提議」(著書の§1) から直接取ってきたものに成っている事などを見れば明らかである．ただし，デデキントの無限の存在証明 (66) が「考えられるもの全てから成る集合」という矛盾を含んだ概念に基づいているため，「無限公理」を要請す

---

1) [訳注] ここに訳出したのは，エミー・ネーター (Emmy Noether, 1882 (明治15) -1935 (昭和10)) による，デデキントの数学著作全集 (322 ページ～の文献表での [8]) に収録された文章で，タイトルの「前掲のモノグラフ」とは，『数とは何かそして何であるべきか？』(本書第Ⅱ部) の事である．

2) [訳注] これは 65，つまり文献表の [57] の誤りであろう．

る必要がある事は，よく知られており，また，デデキントの考察では，選択公理が紛れ込んでしまっているところがある (159)．ツェルメロの整列可能性定理の証明は，そこで与えられている，完全帰納法が可能である事の証明の，超限帰納法への転用と見られる．この際には，勿論，超限の側では選択公理が，他のデデキントが隠伏的に用いた公理に加えて用いられなければならないわけであるが[3)]．デデキントは，通常の完全帰納法では，無限の定義で本質的なものとして与えられている写像を用いる事が出来たために，この公理を避けて通る事が出来たのである．完全帰納法の「証明」を更に進めた完全帰納法による定義の定理 (126) は，J. フォン・ノイマン (Math. Ann. 99) によって，超限における緻密な一般化が為されている．この定理は，特に，デデキントが整数の計算則を完全帰納法によって得る事ができた事に対応して，無限領域での代数に応用を持つ．

ネーター．[4)]

---

3) ［訳注］ここで述べられていることは，集合を超限帰納法を用いて整列するには選択公理が必要である，ということで，超限帰納法の理論を確立するために選択公理が必要である，ということではない．実際，（超限）順序数上の超限帰納法の理論は選択公理を用いることなく確立できる事が知られている．

4) ［訳注］ネーターの文中，括弧内の数字は，『数とは何かそして何であるべきか？』の段落に振られた通し番号である．

付録B. 集合論の基礎に関する研究 I

E. ツェルメロ[1]

　集合論は，数，順序，関数といった基本概念を，それらの本来の明快さのもとに研究し，算術や解析の全てについての論理的基礎付けを発展させる事を目的とする数学の分野であり，したがって，数理科学の必要不可欠な構成要素を成す．ところが，現在，この学問領域は，ある種の矛盾，あるいは「逆理」によってその存在を脅かされているように見える．それらの「逆理」は，この学問領域で不可欠であるように思える原理から導かれ，それに対する全面的に満足のゆく解決は今まで見出されずにいる．より具体的には，「自分自身を要素として含まないような集合の全体から成る集合」に関する「ラッセルの逆理」[2]により，今日では，任意の論理的に定義可能な概念に対し「集合」あるいは「クラス」をその概念の「外延」として対応させる事が，

---

1) ［訳注］ここに訳出したのは，エルンスト・ツェルメロ（Ernst Zermelo, 1871（明治4）-1953（昭和28））による1908（明治41）年の論文（322ページ〜の文献表での［57］）である．

2) B. Russell, "The Principles of Mathematics", vol. I , p. 366-368, 101-107.

もはや許容されないように思える[3]. このもともとカントルによる「集合」の「ある明確に区別のできる我々の直観あるいは思惟の対象の全体の統合」としての定義[4]は, これを同じように明快な, このような疑念の生じる心配のない別の定義で置き換える事が出来る, という事でもなけれ

---

[3] ［訳注］ラッセルの逆理とは, 次のようなものである：自分自身を要素として含まないような集合の全体から成る集合 X を考える. もし X が X 自身に要素として含まれるとすると, X の定義から X は X の要素でないことになってしまい矛盾である. 一方もし X が X 自身に要素として含まれていないとすると, X の定義から X は X の要素でなくてはならないことになり, やはり矛盾である.

ラッセルの逆理を理由として「素朴集合論は矛盾していた」と主張されることがあるが, これは重大な誤解を招きかねない表現であると思う. カントルの集合論を素朴集合論と解釈することにすると, そこでは, ラッセルの逆理の集合 (上の X) の構成が必ずしも集合を与えるとは限らないことが明示的に規定されてはいないが, その事によって, 例えばカントルの行なった集合論の研究が破綻をきたしていたわけではない. 特に, この表明は, 超限順序数の理論 (カントルが素朴集合論で展開し, 後に公理的な集合論の枠組で厳密に定式化されている) をメインストリームの数学研究から除外するための偽物の論拠として使われることさえあるので注意が必要であろう.

ちなみに, ツェルメロがここで導入した公理系では, まだカントルの超限順序数の理論は十分に展開できないことがわかっている. この理論の展開には, 後にフレンケルが提案した, 置換公理とよばれる公理群をここでの公理系に付加して得られる体系で議論する必要があり, 更に超限帰納法を集合論の基本構成原理として用いるためには, 基礎の公理とよばれる公理が必要となり, 多くの場合には選択公理も必要である (付録C, §8, §9を参照).

[4] G. Cantor, Math. Annalen Bd. 46, p. 481.

ば，いずれにしても，ある制限が必要である．このような状況下では，現在のところ，逆の道を辿って，歴史的に既に成立している「集合論」から出発して，この数学の学問領域で不可欠となっている原理を見出す，という事以外には手立てがなさそうである．この課題は，全ての矛盾が除外されるのに十分なほどに原理を狭く制限し，しかし同時に，この学問で全ての価値のあるものを保存するのに十分なほどに制約をゆるめる事で達成されるしかない．

ここに上梓した仕事で，私は，G. カントルと R. デデキントによって創られた理論の全てが，幾許かの定義と七つの互いに独立であるように思える「原理」あるいは「公理」に帰着出来る事を示そうと思う．これらの原理の起源とそれらの有効範囲といったより哲学的な問題については，ここでは敢えて触れない事にする．非常に本質的であるはずの私の公理系の「無矛盾性」についてさえ，まだ厳密には証明出来ておらず，ここに提案された原理に基づいて議論する限り，今までに知られている「逆理」は全て解消する，という事を所々で注意するにとどめる[5]．少なくとも，このような深い問題を扱う事に成る更なる研究のための，有益な下準備が本論文で提供される事を望むものである．

---

5) ［訳注］付録C, §6で見ることになるように，現在では，不完全性定理により，集合論の公理系の無矛盾性は証明不可能であることがわかっている．集合論の公理系の無矛盾性に関して得る事ができるのは，付録C, §7の(c)で述べるような意味で公理系の整合性を間接的に示唆するような結果でしかあり得ない．これに関しては，付録C, §9も参照されたい．

以下の論考は，公理系とそれからの直接の帰結，およびこれらの原理に基づく，基数の形式的な適用を避けて展開された同等性の理論を含む．整列順序とその有限集合への応用の理論，および算術の整合的な展開を扱う事に成る更なる論文は，準備中である[6]．

§1.
基本的な定義と公理．

1. 集合論は対象の「領域」$\mathfrak{B}$ を扱う[7]．これらの対象の事を簡単に「事物」とよぶ事にするが，「集合」とよばれるものたちはそれらのうちの一部と成る[8]．二つの記号 a と b が同じ事物を指している時にはこれを $a=b$ と書き表し，そうでない時には $a \neq b$ と書く．事物 a が「存在する」と

---

6) ［訳注］ここで予告されている「更なる論文」は，結局ツェルメロの手によって書かれることはなかった．ただし，後にフレンケルにより，本論文での論考を継承する内容の，同じ題名での，『集合論の基礎に関する研究II』，『集合論の基礎に関する研究III』が書かれている．

7) ［訳注］記号 "$\mathfrak{B}$" はドイツ語の Bereich（領域）の頭文字であろう．現代の集合論は対応する領域（ユニバースとよばれることもある）は V で表されることが多い．

8) ［訳注］現代的な集合論は，通常「全ての事物は集合である」という前提の下に構築される．このようにして作られた集合論で，すでに通常数学で扱われる対象を全て実現できるからであるが，本論文での理論は，集合でない「事物」（このような対象は，現代の用語では原始元（英：urelement, 独：Urelement）あるいはアトム，原子元（英：atom, 独：Atom）などとよばれる）の存在を許すようなものとなっている．

は，それが領域 $\mathfrak{B}$ に属す事である．同様に，事物のクラス $\mathfrak{K}$ について「クラス $\mathfrak{K}$ の事物が存在する」というのは $\mathfrak{B}$ がこのクラスの個体を少なくとも一つ含む事である．

2. 領域 $\mathfrak{B}$ の事物たちの間には $a \varepsilon b$ という形の，ある「基本関係」が存在する．二つの事物 a, b の間に関係 $a \varepsilon b$ が成り立つ時，「a は集合 b の要素である」，または，「a は b に要素として含まれる」，または「b は要素 a を持つ」と言う[9]．他の a を要素として含む事物 b は常に集合とよぶ事が出来る：事物が集合とよばれるのは一つの例外（公理 II）を除いてこのような時のみである．

3. ある集合 M のどの要素 x も同時に集合 N の要素と成っている時，したがって $x \varepsilon M$ から常に $x \varepsilon N$ が導かれる時，「M は N の部分集合である」と言い，$M \in N$ と書く[10]．常に $M \in M$ が成り立つ．$M \in N$ かつ $N \in R$ なら，常に $M \in R$ が導かれる．二つの集合 M と N は「共通の」

---

9) [訳注] 現代では要素関係は 'ε' でなく記号 '$\in$' で表されることが多い．

10) この「包含」記号は E. シュレーダー (E. Schröder, „Vorlesungen über Algebra der Logik", Bd. I) によって導入された．G. ペアノ氏や，彼に倣って，B. ラッセル，ホワイトヘッドをはじめとする人々は，記号 $\supset$ をこれに用いている[11]．

11) [訳注] M が N の部分集合であることは，『数とは何かそして何であるべきか？』（本書第II部）では，現在では使われなくなった $M \ni N$ という記号で表されていた．ここでの記号も現在では用いられず，現在では，M が N の部分集合であることを表すのには，ここでの記号の変形と思われる $M \subseteq N$ または $M \subseteqq N$ が用いられる．

要素を一つも持たない時，あるいは，Mのどの要素も同時にNの要素ではない時，「要素が素」であると言う[12]．

4. 公理と論理規則により，その正当性あるいは不当性を領域の基本関係が恣意性を残さず決定するような問い，あるいは主張 $\mathfrak{E}$ は，「確定的」であると言う．同様に，変数xがあるクラス $\mathfrak{K}$ の個体を動くクラス命題 $\mathfrak{E}(x)$ も，$\mathfrak{K}$ の各個体xに対し，それが確定的である時，「確定的」であると言う．例えば$a \varepsilon b$であるかそうでないか，という問いは確定的だし，$M \in N$ かそうでないか，という問いもそうである．

我々の領域 $\mathfrak{B}$ での基本関係に関して，次の「公理」あるいは「要請」が成り立つ．

公理 I. 集合 M の全ての要素が N の要素でもあり，逆も成り立つ時，つまり，$M \in N$ かつ $N \in M$ の時，常に $M = N$ と成る．あるいは，手短かに言うと：全ての集合はその要素で確定する．

(確定性公理[13])

要素 $a, b, c, \cdots, r$ のみを含む集合は，屢々，$\{a, b, c, \cdots, r\}$ と略記される．

公理 II. 要素を全く持たない（本来のものではない）集合である，「零集合」0 が存在する[14]．a を領域の中のある

---

12) [訳注] 現代の用語では，これは「M と N は互いに素である」，「M と N の共通部分は空である」などという．
13) [訳注] 現在の集合論では，対応する公理は「外延性公理」とよばれることが多い．

事物とする時，a のみを要素として含む集合 $\{a\}$ が存在する；a と b を領域の中の任意の二つの事物とする時，a と b を要素として含むが，これらと異なるどの事物 x も要素として含まないような集合 $\{a, b\}$ が存在する.

（基本集合の公理[15])

5. 「基本集合」$\{a\}$, $\{a, b\}$ は，I により常に一意に特定され，「零集合」は唯一つだけ存在する．$a=b$ かそうでないか，という問いは常に確定的（No. 4）である；この問いは $a \varepsilon \{b\}$ かそうでないか，という問いと同値だからである．

6. 零集合は全ての集合 M の部分集合である：$0 \in M$. 0 と M の両方と異なる M の部分集合を M の「部分」とよぶ[16]．集合 0 および $\{a\}$ は部分を持たない.

---

14) ［訳注］現在ではこの集合は空集合（くうしゅうごう）とよばれていて，記号 $\emptyset$ で表されることが多い．これに対し，現在の用語では，「零集合」は通常「測度がゼロの集合」の意味で使われる．勿論空集合（つまりここでの零集合）は，現在の意味での零集合でもあるが，逆は一般に成り立たない．

　ちなみに，$\emptyset$ という記号（TeX の標準的な数学記号のマクロに "\emptyset" あるいは "\varnothing" として含まれている）はブルバキが1939（昭和14）年刊のブルバキ原論の集合論の巻で用いたのが初めらしい．アンドレ・ヴェイユがこの記号の発案者ということである．

15) ［訳注］この公理は現在では，通常，前半と後半に分けて二つの公理として導入され，それぞれ「空集合の公理」，「対の公理」とよばれる．

16) ［訳注］現代の用語では，ここでの「部分」は「空でない真部分集合」と表現できる．

公理Ⅲ. クラス命題 $\mathfrak{E}(x)$ がある集合 M の要素の全てに対して確定的なら，M の部分集合 $M_\mathfrak{E}$ で，$\mathfrak{E}(x)$ が真に成るような M の要素の全て，しかもそれらのみを要素として含むようなものが存在する．

(分出公理)

上の公理Ⅲは広い範囲にわたって新しい集合の定義を可能にしている事から，本論文の前書きで述べた不可能なものとして破棄されなくてはならなかった一般的な集合定義の，ある種の代役になり得る．この公理の一般的な集合定義との違いは，次のような制約にある：まず，この公理によって集合が独立に定義される事はなく，常に既に与えられた集合から部分集合として分出されるのみであり，これによって「全ての集合から成る集合」や「全ての順序数から成る集合」といった矛盾を含む対象，したがって G. ヘッセンベルク氏の表現（G. Hessenberg: 『集合論の基礎概念』(Grundbegriffe der Mengenlehre), XXIV）を借りれば「超超限の矛盾[17]」が回避される事に成る．また次に，集合を決定する判定条件 $\mathfrak{E}(x)$ は我々の提議 No. 4 の意味で常に「確定的」，つまり，M の各要素 x に対し，「領域の基本関係」により決定されなくてはならなく，これによって，「有限の言葉で定理可能」などの判定条件が我々の立場からは破棄される事に成り，したがって，リシャールの有限記述の逆理（ヘッセンベルクの上掲書 XXIII，これに対

---

17) ［訳注］原語では „ultrafinite Paradoxieen".

しては J. König, Math. Ann. Bd. 61, p. 166 も参照）もそうである．しかしこの事から，厳密には，我々の公理Ⅲの毎回の適用に先立って，問題と成る判定条件 $\mathfrak{E}(x)$ が確定的である事を示さなくてはならなく成るが，実際，以下の展開でも，全く明らかであるとは言えない時には，これを行なう事に成る．

7. $M_1 \in M$ なら，M の更なる部分集合である M_1 の「補集合」$M - M_1$ が存在する．これは，M の要素で M_1 の要素でないもの全てを集めたものである．$M - M_1$ の補集合は再び M_1 である．$M_1 = M$ の補集合は零集合 0 である．M の各「部分」(No. 6) M_1 の補集合も M の「部分」である．

8. M, N を任意の二つの集合とする時，Ⅲにより，M の要素で同時に N の要素でもあるようなものは M の部分集合 D を形成するが，これは N の部分集合で M と N の共通の要素全てを含むものに成っている．この集合 D は M と N の「共通部分」あるいは「平均」とよばれ[18]，$[M, N]$ と表される[19]．$M \in N$ なら $[M, N] = M$ である．$N = 0$ の時，または M と N が「要素が素」(No. 3) である時には，

---

18) ［訳注］ドイツ語では現在でもこの平均（Durchschnitt）という単語が集合の共通部分を意味する用語として用いられている．もっとも，語の成り立ちからは，むしろ「ドイツ語では平均を「共通部分」という表現で表す」と言った方がいいのかもしれないが，ここでは二つの表現を区別して訳出するため，あえて「平均」という訳語を用いることにした．

19) ［訳注］現在の記号では，この集合 D は通常 $M \cap N$ と表される．

$[M, N]=0$ である.

9. 同様に二つ以上の集合 $M, N, R, \cdots$ に対し,「平均」$D=[M, N, R, \cdots]$ を取る事が出来る. なぜなら T を要素も集合であるような集合とすると, Ⅲ により, 全ての事物 a に対し, ある部分集合 $T_a \in T$ で, T の要素で a を要素として含むもの全体と成っているものを対応させる事が出来る. したがって, 全ての a に対して $T_a = T$ かどうか, つまり, a が全ての T の要素の共通の要素に成っているかそうでないかは確定的である. A を T の任意の要素とする時, A の要素 a で $T_a = T$ と成るようなもの全体は, このような共通の要素の全体と成っている A の部分集合 D と成る. この集合 D は「T に属す平均」とよばれ, $\mathfrak{D}T$ と表される[20]. T の要素たちが共通の要素を持たない時には $\mathfrak{D}T=0$ と成る. これは, 例えば, T のある要素が集合でない時, あるいは零集合である時には常にそうである.

10. **定理.** 全ての集合 M は, 少なくとも一つの部分集合 M_0 で, M の要素と成っていないものを持つ.

証明. M の各要素 x に対し, $x \varepsilon x$ であるかそうでないかは確定的である; この可能性自体は我々の公理系によって除外されてはいない. Ⅲ により, M_0 を, M の要素で $x \varepsilon x$ とならないようなもの全てから成る M の部分集合とすると, M_0 は M の要素ではあり得ない. なぜなら, $M_0 \varepsilon M_0$ であるか, そうでないかのどちらかだが, 最初の場合には,

---

20) [訳注] 現代の用語では, この集合は T の共通部分とよばれ, $\bigcap T$ と表される.

M_0 は一つの要素 $x=M_0$ で $x\varepsilon x$ であるものを含む事に成ってしまい，これは M_0 の定義に矛盾してしまうからである．したがって $M_0\varepsilon M_0$ ではないが，そのため，もし M_0 が M の要素だったとすると，M_0 の要素でなくてはならなく成るが，これは今見たように不可能なのであった．

この定理から，領域 $\mathfrak{B}$ の全ての事物 x が唯一つの集合の要素である事はできない事が分る[21]；つまり，領域 $\mathfrak{B}$ 自身は集合でない．これにより，「ラッセルの逆理」は我々の立場から除去できた事に成る[22]．

公理Ⅳ． 全ての集合 T に対し，もう一つの集合 $\mathfrak{U}T$（T の「冪集合」）で，T の全ての部分集合を要素として含み，それ以外は要素として含まないようなものが存在する[23]．

(冪集合の公理)

公理Ⅴ． 全ての集合 T に対し，集合 $\mathfrak{S}T$（T の「和集

---

21) [訳注] もし，そのような集合 X（$=\mathfrak{B}$）が存在したとすると，X のとり方から，その部分集合は全て X の要素となるので，上の定理に矛盾である．

22) [訳注]「$x\varepsilon x$ とならないような集合 x の全てから成る集合」を定義する自然な方法は，このような集合を「全ての集合から成る集合」$\mathfrak{B}$ から，分出公理Ⅲを用いて切り出してくることだが，$\mathfrak{B}$ が集合でないことから，これは不可能である．定理10の証明により，ラッセルの逆理は，ここでの立場からは「$x\varepsilon x$ とならないような集合 x の全てから成る集合」の非存在の証明にすぎない，と考えることができる．

23) [訳注] 集合 X の冪集合（英：power set，独：Potenzmenge）は，現代では通常 $\mathfrak{P}(X)$ や $\mathcal{P}(X)$ などと表される．これに対し，本論文では $\mathfrak{B}X$ と表されている集合 X の要素の積集合には通常，$\prod X$ という記号があてられる．

合」)で，T の要素の要素の全てを要素として含み，それ以外は要素として含まないようなものが存在する．

(和集合の公理)

11. T のどの要素も 0 と異なる集合ではない時には，当然 $\mathfrak{S}T=0$ と成る．$T=\{M, N, R, \cdots\}$ で，$M, N, R, \cdots$ が全て集合である時，$\mathfrak{S}T=M+N+R+\cdots$ とも書く事にして，これらの集合 $M, N, R, \cdots$ が共通の要素を持つかどうかにかかわらず，$\mathfrak{S}T$ の事を「集合 $M, N, R, \cdots$ の和」とよぶ事にする．$M=M+0=M+M=M+M+\cdots$ が常に成り立つ．

12. 今定義した集合の「和」に関して「可換則」と「結合則」が成り立つ：

$$M+N = N+M, \quad M+(N+R) = (M+N)+R.$$

最後に，「和」と「共通部分」(No. 8) に対して，二つの種類の「分配則」が成り立つ：

$$[M+N, R] = [M, R]+[N, R],$$
$$[M, N]+R = [M+R, N+R].$$

証明は，Ⅰを用いて，全ての左辺の集合の要素が，右辺の集合の要素にも成っている事と，その逆を示す事で，出来る[24]．

13. **積の導入**．M を 0 と異なる集合として a を任意のその一つの要素とすると，$M=\{a\}$ であるかそうでないか

---

24) このような「論理的な和と積算」の，ここでのような理論の完全なものは E. シュレーダーの『論理代数 1』(E. Schröder, „Algebra der Logik", Bd. 1) に見る事が出来る．

は，No. 5 により確定的である．**つまり，与えられた集合が唯一つの要素から成るかそうでないかは常に確定的である**．

T を集合で，その要素 $M, N, R, \cdots$ は全て（互いに要素が素な）集合であるようなものとして S_1 をその「和集合」のある部分集合とする．この時 T の各要素 M に対して，平均 $[M, S_1]$ が唯一つの要素から成るかそうでないかは確定的である．したがって，T の要素で，S_1 とちょうど一つの要素を共通に持つようなもの全ては T のある部分集合 T_1 の要素全体と成る．よって $T_1 = T$ であるかそうでないかは再び確定的である．したがって，Ⅲにより，部分集合 $S_1 \in \mathfrak{S} T$ で T の各要素とちょうど一つの要素を共通に持つようなもの全体は，ある集合 $P = \mathfrak{P} T$ の要素と成っていて，この集合はⅢとⅣにより $\mathfrak{U} \mathfrak{S} T$ の部分集合としてとれるが，これは「T に属す接続集合」あるいは「集合 $M, N, R, \cdots$ の積」とよばれるべきものである[25]．$T = \{M, N\}$

---

25) 〔訳注〕ここで，積の概念が，互いに要素が素な集合族にのみ定義されているのは，集合の積を順序対でなく集合対（$\langle\{a\}, \{a, b\}\rangle$ の形の集合）の集合として導入しているからである．この論文では，まだ順序対の扱いが導入されていない．順序対の概念は，本論文が下敷としているデデキントの『数とは何かそして何であるべきか？』では明確に現れているので，そのアイデアがツェルメロの公理的集合論の扱いに盛りこまれていないのは不思議である．順序対はその後ハウスドルフなどによって何通りかのやりかたで導入されており，現在標準的に用いられる，a と b の順序対 $\langle a, b \rangle \coloneqq \{\{a\}, \{a, b\}\}$（またはこれのバリエーション）として導入する，というやり方は 1921（大正 10）年にクラトフスキーに

あるいは，$T=\{M, N, R\}$ の時には略記して $\mathfrak{P}T=MN$ あるいは $=MNR$ と書く事にする．

複数の集合の積が消滅する（つまり零集合と等しく成る）のは，因子の一つが消滅する時に限る[26]，という主張を成り立たせるために，更に一つの公理が必要に成る．

公理VI. T を，その要素が全て0と異なり，それらが互いに要素が素であるような集合とする時，この集合の和 $\mathfrak{S}T$ は，少なくとも一つの部分集合 S_1 で，T の各要素と唯一つの共通の要素を持つようなものを持つ．

（選択公理）

この公理は，T の要素 $M, N, R, \cdots$ の各々から，一つずつ要素 $m, n, r, \cdots$ を選択して，それらの要素を一つの集合 S_1 にまとめる事が出来る[27]，という言い方で表現する事も出来る．

　　よって導入されている．現代では，二つの集合 X, Y の積を，$\langle a, b \rangle : a \in X, b \in Y$ として定義し，有限個の集合の積はこの積の繰り返しにより導入する．一方二つの集合 X と Y の積の部分集合として X から Y への写像が定義できるので（これも本論文では，§2で X と Y が互いに素で写像が全単射の場合のみに，対を用いて導入されている (No. 15)）これを用いて任意の集合族 X の積を，X から X の和への写像のうち X の要素をその要素の要素に移すようなものの全体として定義する．なお149ページの訳注23も参照されたい．

26) ［訳注］つまりこの集合の集合の要素の一つが空集合である時に限る．

27) この公理の正当性については，私の Math. Ann. Bd. 65, p. 107-128 の論文を参照されたい．この論文の§2, p. 111 ff. には関連する文献についても述べられている．

これから見る事に成るように，一般集合論の全ての本質的な定理を導出するには，これまでの公理で十分である[28]．しかし「無限」集合の存在を保証するために，デデキント氏による[29] 本質的な内容に由来する，次の公理が必要に成る．

公理Ⅶ． 集合Zで，零集合を要素として含み，その各々の要素aに対し，更なる要素で$\{a\}$の形のものが対応しているようなもの，あるいは，各要素aに対し，対応する集合$\{a\}$も要素として含むようなものを，領域は少なくとも一つは含んでいる．

(無限の公理)

$14_{Ⅶ}$[30]．ZをⅦで要請したような性質を持つ任意の集合とする時，その部分集合Z_1に対し，それがこの同じ性質

---

28) ［訳注］実際には，この論文より十数年後に，A. フレンケルによって導入されることになる「置換公理」も「一般集合論」で必要となることが知られている．古典的な数学を展開するために置換公理が必要となることはほとんどないと言っていいが，20世紀以降の数学では（集合論的な議論以外の場所でも）この公理が必要に成る事がある．現代の集合論での通常の公理系に含まれる公理で，この論文で述べられていないものには，フォン・ノイマンによって導入されることになる基礎の公理もある（付録C, §8を参照）．

29) 『数とは何かそして何であるべきか？』，§5 No. 66 ［訳注］本書第Ⅱ部）．ここでデデキント氏によって試みられているこの原理の「証明」は，「考えられるもの全てから成る集合」をもとにしているが，我々の立場からは，No. 10により領域$\mathfrak{B}$はそれ自身集合でないため，この証明には問題がある．

30) 定理の番号の添字ⅥまたはⅦは，そこで公理ⅥまたはⅦが明示的にあるいは隠伏的に応用されている事を表している．

を持つか持たないかは確定的である．なぜなら，a を Z_1 のある要素とする時，$\{a\} \varepsilon Z_1$ かそうでないか，は確定的なので，そうであるような Z_1 の要素 a の全体はある部分集合 Z_1' の要素を成すが，この Z_1' に対して，$Z_1' = Z_1$ かそうでないかも，確定的だからである．よって，ここで考察している性質を持つ部分集合 Z_1 の全体は部分集合 $T \in \mathrm{u}Z$ を成し，これに対応する平均 (No. 9) $Z_0 = \mathfrak{D}T$ はやはり同じ性質を持つ集合と成る．なぜなら，まず，0 は T の全ての要素 Z_1 の共通の要素と成り，したがって Z_0 の要素と成るが，他方，a が全ての T の要素 Z_1 の共通の要素なら，$\{a\}$ も全てに共通と成り，したがって，やはり Z_0 の要素と成るからである．

ここで Z' を何か別の，この公理で要請された性質を持つ集合とすると，Z_0 が Z と対応したのと全く同じ仕方で，ここで考察している性質を持つ最小の部分集合 Z_0' が Z' に対応する．ところが，この時 Z_0 と Z_0' の共通の部分集合である平均 $[Z_0, Z_0']$ も Z や Z' と同じ性質を持ち，したがって Z の部分集合として Z_0 を部分として含み，Z' の部分集合として Z_0' を部分として含む．したがって I により，$[Z_0, Z_0'] = Z_0 = Z_0'$ でなくてはならない事が分るから，Z_0 は，Z と同じ性質を持つ集合の全てが集合を成すわけではないにもかかわらず，**Z と同じ性質を持つ全ての集合の共通部分**と成る．集合 Z_0 は，0, $\{0\}$, $\{\{0\}\}$ 等々を要素として持ち，この集合の要素は数として扱う事が出来る事から，Z_0 を「数の列」とよぶ事が出来る．この集合は「可算無限

な」集合（No. 36）の最も簡単な例と成る．

§2.
同等性の理論．

二つの集合の同等性[31]は我々の立場からは，まず集合が互いに「要素が素」（No. 3）の場合について定義され，その後で一般の場合に拡張される事に成る．

15. **定義A．** 二つの要素が素な集合 M と N は，それらの積（No. 13）MN が少なくとも一つの部分集合 Φ で，$M+N$ のどの要素も，ちょうど一つの Φ の要素 $\{m, n\}$ に要素として現れるようなものを持つ時，「直接的に同等である」，$M \sim N$ と言う．このような性質を持つ集合 $\Phi \in MN$ は「M から N の上への写像」と言い，Φ のある要素に結びつけられて現れる二つの要素 m, n は，「互いに写像される」，「互いに対応する」，これらの片方はもう片方の「像」である，などと言う[32]．

16. Φ を MN の任意の部分集合，つまり $\mathfrak{U}(MN)$ の要素とし，x を $M+N$ のある要素とする時，x を含む Φ の要素の全てが，唯一つの要素から成る集合を形成するかそうでないか，は確定的である（No. 13）．したがって，$M+N$

---

31) カントルの，Math. Annalen Bd. 46, p. 483 を参照．
32) ［訳注］現在では「写像」という用語はより広い意味で用いられている（訳注 25 も参照）．ここでの「写像」は，現代の用語では「定義域と値域が互いに素である場合の全単射」と表現できるものに対応している．写像に関しての現代的な用語については，付録Cの脚注74を参照されたい．

の全ての要素 x がこの性質を持つかどうか，つまり Φ が M の N の上への「写像」を表現するものに成っているかそうでないか，も確定的である．よって，全てのこのような写像 Φ は，Ⅲ により，ある $\mathfrak{U}(MN)$ の部分集合 Ω の要素の全体と成り，Ω が 0 と異なるかそうでないか，も確定的である．**したがって，二つの要素が素な集合 M, N に対し，それらが同等であるかそうでないか，も確定的である．**

17. 要素が素な二つの同等な集合 M, N が Φ によって互いに写像されている時，全ての部分集合 $M_1 \in M$ は Φ の部分集合と成るような写像 Φ_1 により，同等な部分集合 $N_1 \in N$ に対応する．

というのは，Φ の全ての要素 $\{m, n\}$ に対し，$m \varepsilon M_1$ かそうでないか，は確定的だから，このような意味で M_1 に属すような Φ の要素全体は一つの部分集合 $\Phi_1 \in \Phi$ を形成する．ここで，N_1 で $\mathfrak{S}\Phi_1$ と N の平均 (No. 8) を表す事にすると，$M_1 + N_1$ のそれぞれの要素は唯一つの Φ_1 の要素に現れる．もしそうでなかったとすると，そのような要素は Φ の複数の要素に現れる事になってしまうからである．したがって No. 15 により $M_1 \sim N_1$ である．

18. 二つの要素が素な集合 M と N が同一の三番目の集合 R と同時に要素が素で同等な時，あるいは，$M \sim R$, $R \sim R'$, $R' \sim N$ で，それぞれの隣接した二つの集合が要素が素である時，常に $M \sim N$ が成り立つ．

$\Phi \in MR$, $X \in RR'$, $\Psi \in R'N$ を，それぞれ M を R に，R を R' に，R' を N に移すような「写像」(No. 15) とする．

この時, $\{m, n\}$ を MN の任意の要素とする時, 要素 $r \varepsilon R$ と要素 $r' \varepsilon R'$ で, $\{m, r\} \varepsilon \Phi$, $\{r, r'\} \varepsilon \mathrm{X}$, $\{r', n\} \varepsilon \Psi$ が同時に成り立つようなものが存在するかそうでないか, は確定的である. このような性質を持つような $\{m, n\}$ の全ては, したがって, ある集合 $\Omega \in MN$ の要素の全体と成り, この集合は M から N への写像と成る. なぜなら, m を M の任意の要素とすると, 唯一の R の要素 r, 唯一の R' の要素 r', したがって, 唯一の $n \varepsilon N$ でこの性質も持つものが対応する. 同様の事は N の要素に対しても成り立つ. したがって, $M+N$ の各要素に Ω の唯一の要素 $\{m, n\}$ が対応する事に成るから, $M \sim N$ である.

19. **定理.** M と N を任意の二つの集合とする時, 集合 M' で, これらのうちの一つ M と同等で, 他の N とは要素が素と成るものが常に存在する.

証明. $S = \mathfrak{S}(M+N)$ とする. Vにより, これは $M+N$ の要素の要素を集めた集合である. No. 10 により, r を $M+S$ の要素でないような事物とする. この時, 集合 M と $R = \{r\}$ は要素が素で, したがって積 $M' = MR$ はこの定理で要請された性質を持つ. 実際, この時 M' の全ての要素は No. 13 により $m \varepsilon M$ として $m' = \{m, r\}$ の形を持つ集合だから, $M+N$ の要素とは成り得ない. そうでなければ, r は $M+N$ の要素の一つの要素と成ってしまい, したがってVにより S の要素の一つと成ってしまい仮定に反するからである. よって M' と N とは要素が素な二つの集合と成っている.

更に，M の各要素 m に対し，ちょうど一つの要素 $m' = \{m, r\}$ が対応し，逆に，r は M の要素ではないから，各 m' は唯一つの M の要素 m を含む．したがって，全ての $M + N$ の要素は，ちょうど一つの MM' の要素 $\{m, m'\}$ で $m' = \{m, r\}$ と成っているものに対応し，このような対 $\{m, m'\}$ の全体を集めた部分集合 $\Phi \in MM'$ を作れば，No. 15 により，Φ は M の M' への写像と成り，したがって $M \sim M'$ である．

我々のこの定理から，**ある空でない集合と同等な集合の全ては，ある集合 T の要素の全体とはなり得ない**事が分る．なぜなら，T を任意の集合とすると，集合 $M' \sim M$ で和 $\in T$ と要素が素に成るようなものが必ず存在するが，したがって，これは T の要素とは成らないからである．

20. M と N を任意の二つの集合とする時，ある集合 R で M と N に対し，同時に要素が素で同等に成るようなものが存在するかそうでないか，は確定的である．

なぜなら M' を No. 19 により M と同等で $M + N$ と要素が素に成るようなものとすると，No. 16 により，$M' \sim N$ かそうでないかは確定的である．もしこれが成り立つなら，$R = M'$ は求めるような性質を持つものと成るし，そうでなければ，No. 18 により，$M' \sim M$，$M \sim R$ と $R \sim N$ から $M' \sim N$ が導かれなくてはならなくなってしまうが，これは仮定に矛盾し，したがって，このような集合 R はそもそも存在し得ない．

上の定理を No. 18 と組み合わせると，次のような定義

Aの拡張の，妥当性の保証が得られる：

21. **定義B．** 任意の二つの（要素が素ではない）集合 M と N は，ある三番目の集合 R で，これら二つと要素が素で，定義Aの意味で，それらと「直接的に同等」であるものが存在する時，「間接的に同等」であると言う．

このように R によって「仲介された」二つの集合 M と N の同等性は二つの同時な「写像」$\Phi \in MR$ と $\Psi \in NR$ によって与えられるが，二つの要素 $m \varepsilon M$ と $n \varepsilon N$ は一つの同一の要素 $r \varepsilon R$ に対応する時，つまり，$\{m, r\} \varepsilon \Phi$ と $\{n, r\} \varepsilon \Psi$ が同時に成り立つ時，「対応する」あるいは「互いに写像し合う」と言う．このような仲介された写像では No. 17 でと同様に，M の部分集合 M_1 は同等な R の部分集合 R_1 に，したがって，同等な部分集合 $N_1 \in N$ に対応する．

No. 18 により，この定義Bは要素が素な集合 M, N にも適用する事が出来，No. 20 により，任意の二つの集合がこの定義の意味で同等かそうでないかは，常に確定的である．

22. 全ての集合はそれ自身と同等である．二つの集合 M, N が三番目の集合 R と同等なら，それらは互いに同等である．

なぜなら No. 19 により，M' を M と要素が素で同等なものとすると，$M \sim M'$ と $M' \sim M$ が同時に成り立つから，No. 21 により，実際 $M \sim M$ である．

更に，集合 M と R の同等性が M' によって仲介されて

おり，R と N の同等性が N' により仲介されているとする．この時，M' は M と R と要素が素で，N' も N と R と要素が素であるが，No. 19 により，六番目の集合 R' を $\sim R$ で $M+N+R$ と要素が素であるように選ぶと，No. 18 により，

$$M \sim M' \sim R \sim R', \text{ したがって } M \sim R'$$

また，

$$N \sim N' \sim R \sim R', \text{ したがって } N \sim R'$$

と成るから，No. 21 により，M と N の同等性が R' により仲介される事が分る．

23. 零集合はそれ自身とのみ同等である．$\{a\}$ という形をした集合は他の同じ形の全ての集合 $\{b\}$ と同等と成り，そうでない集合とは同等でない．

なぜなら，積 $0 \cdot M$ は常に $=0$ と成るから，どの集合 $M \neq 0$ も No. 15 の意味で，零集合と（直接的に）同等と成らず，したがって，どの集合 M' も No. 21 の意味で零集合と「間接的に」同等でない．

更に $\{a\}$ を M と要素が素とする時，つまり a が εM でない時，積 $\{a\}M$ の全ての要素は，$\{a, m\}$ という形をしているから，もし M が m の他にも更に要素 p を含むなら，$\{a, m\}$ と $\{a, p\}$ は要素が素でないが，これは No. 15 で全ての「写像」$\Phi \in \{a\}M$ に対して要請されている事に反する．これに対し，$\{a\} \cdot \{b\} = \{a, b\}$ は常に $\{a\}$ から $\{b\}$ への写像である[33]．

24. **定理**．$M \sim M'$ かつ $N \sim N'$ で，M と N および M'

と N' はそれぞれ要素が素の時,
$$M+N \sim M'+N'$$
が常に成り立つ.

証明. まず, $M+N$ と $M'+N'$ が, 要素が素である場合を考える. この時には, $M \sim M'$ と $N \sim N'$ の両方の同等性に定義 No. 15 を適用すると, 二つの写像 $\Phi \in MM'$ と $\Psi \in NN'$ が得られるが, これらの和 $\Phi+\Psi$ は求めているような $M+N$ の $M'+N'$ への写像と成っている. なぜなら, $p \varepsilon (M+N)$ とすると, $p \varepsilon M$ または $p \varepsilon N$ だが, $[M, N]=0$ だから, 両方が同時に成り立つ事はない. 一方の場合には Φ に, もう一方の場合には Ψ に唯一の $\{p, q\}$ という形をした要素が含まれる. 同様に, $M'+N'$ の各要素 q にも唯一の $\Phi+\Psi$ の要素で $\{p, q\}$ の形をしたものが対応するからである.

$M+N$ と $M'+N'$ が要素が素でない場合には, No. 19 により, ある集合 $S'' \sim M'+N'$ で, 和 $M+N+M'+N'$ と要素が素に成るものが存在する. $M'+N'$ の S'' への写像 X は No. 17 により, 両方の部分 M' と N' を同等な要素が素な S'' の部分 M'' と N'' に対応させる. ここで $M+N$ と $M''+N''$ は要素が素だから, 既に示した事から,
$$M+N \sim M''+N'' = S'' \sim M'+N'$$
と成り, したがって, この場合にも

---

33) [訳注] 厳密には, $\{a\} \cdot \{b\} = \{\{a, b\}\}$ なので, 「$\{a\} \cdot \{b\} = \{a, b\}$ は……」とあるのは, たとえば「$\{a, b\} \varepsilon \{a\} \cdot \{b\}$ は……」とすべきである.

$$M+N \sim M'+N'$$

である.

25. **定理.** 集合 M がその部分 M' と同等なら,この集合は,M' を構成部分として含むどの他の部分 M_1 とも同等に成る.

証明.

$$M \sim M' \in M_1 \in M \quad \text{かつ} \quad Q = M_1 - M'$$

とする.仮定した同等性 $M \sim M'$ から,No. 21 のような,例えば M'' によって仲介された M から M' への写像 $\{\Phi, \Psi\}$ が存在する.ここで A を,M の任意の部分集合とすると,ここでの写像により M' の確定した部分集合 A' がこれに対応し,$A' \in A$ であるかそうでないか,は確定的である.したがって $\mathfrak{U}M$ の要素 A で,$Q \in A$ と $A' \in A$ が同時に成り立つようなもの全体はIIIにより,ある集合 $T \in \mathfrak{U}M$ の要素と成り,例を挙げると M 自身は T の要素である.この時 T の全ての要素の共通部分 (No. 9) $A_0 = \mathfrak{D}T$ は次の性質を持つ:1) $Q \in A_0$.なぜなら,Q は全ての $A \varepsilon T$ の共通の部分集合だからである.2) $A_0' \in A_0$.なぜなら,A_0 の全ての要素 x は全ての要素 $A \varepsilon T$ の共通の要素だから,その像 $x' \varepsilon A' \in A$ も全ての A の共通の要素と成るからである.1)と2)により,$A_0 \varepsilon T$ でもある.最後に,3) $A_0 = Q + A_0'$ である.これはなぜかといえば,$A_0' \in A_0$ で,同時に $\in M' \in M - Q$ だから,まず $A_0' \in A_0 - Q$ が言える.他方,$A_0 - Q$ の全ての要素 r は A_0' の要素だから,$A_0 - Q \in A_0'$ である.実際,r が $\varepsilon A_0'$ でなかったとすると,$A_1 =$

$A_0-\{r\}$ も A_0' を，したがって当然 A_1' を部分として含み，Q は依然としてこれに含まれているから，A_1 は T の要素でなくてはならないが，A_1 は $A_0=\mathfrak{D}T$ の部分[34]でしかないので矛盾である．したがって，
$$M_1 = Q+M' = (Q+A_0')+(M'-A_0') = A_0+(M'-A_0')$$
だが，右側の和は共通の要素を持たないものになっている．ここで，$A_0 \sim A_0'$ で，$M'-A_0'$ は自分自身と同等だから，No. 24 により，
$$M_1 \sim A_0'+(M'-A_0') = M' \sim M$$
である．つまり，主張していたように $M_1 \sim M$ が成り立つ．

26. 帰結. 集合 M がその部分[34] M' と同等なら，M から一つの要素をとり除くか付け加えるかして出来る集合 M_1 とも同等と成る．
$$M \sim M' = M-R \text{ かつ } M_1 = M-\{r\}$$
で，$r \varepsilon R$ とする時，
$$M' = M-\{r\}-(R-\{r\}) \Subset M-\{r\} = M_1$$
だから，前出の定理により $M \sim M_1$ である．

更に，
$$M_2 = M-\{a\}, \text{ ただし } a \varepsilon M'=M-R$$
として，$M_0 = M-\{a, r\}$,
とすると，No. 23 と 24 により，
$$M_2 = M_0+\{r\} \sim M_0+\{a\} = M_1 \sim M$$

---

34) ［訳注］6. を参照．そこでの訳注 16（145 ページ）でも述べたように，ここで「部分」と言っているのは現代の用語で「空でない真部分集合」の意味である．

と成る．したがって，この場合も $M_2 \sim M$ である．

最後に，
$$M_3 = M + \{c\}$$
で，c は εM でないとすると，$M \sim M'$ から，再び No. 24 により，
$$M_3 = M + \{c\} \sim M' + \{c\} = M - R + \{c\} = M_3 - R$$
と成り，上で証明した事から，
$$M = M_3 - \{c\} \sim M_3$$
と成る．これにより主張が完全に証明された事に成る．

27. **同等性定理**．二つの集合 M, N のどちらも，もう片方の部分集合と同等な時，M と N 自身も同等と成る．

$M \sim M' \in N$ で $N \sim N' \in M$ とする．この時 No. 21 により，N のこの部分集合 M' は，同等な部分集合 $M'' \in N' \in M$ に対応し，$M \sim M' \sim M''$ であるから，定理 No. 25 により，$M \sim N' \sim N$ でもある．q.e.d.[35]

---

35) ここで，No. 25 と 27 で与えた（私の 1906 年 1 月の書簡での情報による，H. ポアンカレ氏の Revue de Métaphysique et de Morale t. 14, p. 314 で最初に発表された）「同等性定理」の証明は，デデキントの連鎖の理論（『数とは何かそして何であるべきか？』§4）のみに基づき，E. シュレーダーや F. ベルンシュタインの古い証明や J. ケーニッヒの最近の証明（Comptes Rendus t. 143, 9 Ⅶ 1906）などとは異なり順序型 ω の順序列や完全帰納法の原理などへの参照を全く行なわないものとなっている．これと非常に似た証明を G. ペアノ氏はほぼ同時に発表している（"Super Teorema de Cantor-Bernstein", Rendiconti del Circolo Matematico XXI および Revista de Mathematica Ⅷ, p. 136）．後者のノートと H. ポアンカレ氏のものでは私の証明に対する批判が述べられている．私のノート（Math. Ann. Bd. 65, p. 107-128,

28. **定理.** T を，その要素 $M, N, R, \cdots$ が全て集合であるような任意の集合とする時，これらの要素を全て同時にそれぞれ同等な集合 $M', N', R', \cdots$ に写像して，それらの全体は新しい集合 T' を成し，それら全てが互いにも，また与えられた集合 Z とも要素が素に成るように出来る．

証明. Vにより，$S = \mathfrak{S}T = M + N + R + \cdots$ を T の全ての要素の和とし，No. 19 に従って T'' を T と同等で，和 $T + S + \mathfrak{S}(S + Z)$ と要素が素であるようなものとし，ある写像 Ω により，T の各要素 $M, N, R, \cdots$ に T'' の要素 $M'', N'', R'', \cdots$ が対応しているものとする．この時，積 (No. 13) ST'' の任意の要素は，$\{s, M''\}$ という形をしている．ここに，$s \varepsilon S$ で $M'' \varepsilon T''$ である．そのような要素の各々に対し，M を Ω により M'' に対応する T の要素として，つまり，No. 15 に従って $\{M, M''\} \varepsilon \Omega$ であるとして，$s \varepsilon M$ であるかどうか，は確定的である．そのような性質を持つ積の要素の全てはⅢにより，ある ST'' の部分集合 S' の要素の全体と成り，この集合 S' は $S + Z$ と要素が素である：そうでなければ，ある $M'' \varepsilon T''$ が $\{s, M''\}$ の要素として，$S + Z$ の要素の要素，つまり，Vにより $\mathfrak{S}(S + Z)$ の要素と成ってしまうが，これは T'' に対する仮定に矛盾するからである．更に M を T の任意の要素として，M'' を対応する T'' の要素とすると，M'' を要素として含むような S' の要素 $\{s, M''\}$ の全体はⅢにより，ある部分集合

---

§2b）を参照されたい．

$M' \in S'$ を成し，ある写像 $\mathsf{M} \in MM' \in SS'$ で，M の要素 m に M' のある要素 $m' = \{m, M''\}$ が対応し，逆の対応も成り立つようなものにより，$M' \sim M$ である．同様に，他の各要素 $N \varepsilon T$ に対しても同等な部分集合 $N' \in S'$ と，写像 $\mathsf{N} \in NN' \in SS'$ でそれにより N の要素 n が N' の要素 $\{n, N''\}$ に対応するようなものが取れる．T の異なる要素 M と N に属すこれらの部分集合 M' と N' は常に要素が素である．なぜなら，例えば，

$$\{m, M''\} = \{n, N''\}$$

を M' と N' の共通の要素だとすると，M'' は $\{n, N''\}$ の要素として，$=N''$ または $=n$ でなくてはならないが，前者の場合には $M = N$ と成ってしまうし，後者の場合には T'' と S が要素が素でなくなってしまい，仮定に反するからである．写像 $\mathsf{M}, \mathsf{N}, \mathsf{R}, \cdots$ により T の要素 $M, N, R, \cdots$ と同等に成る S' の部分集合 $M', N', R', \cdots$ は，したがって，互いに要素が素で，また，S' がそうである事から，集合 Z とも要素が素である．最後に，ある要素 $\{s, M''\}$ を含むような全ての部分集合 $S_1' \in S'$ に対し，それが対応する集合 M' と等しいかそうでないか，は常に確定的だから，そのような集合 $M', N', R', \cdots$ の全てはⅢとⅣによりある集合 $T' \in \mathfrak{U}S'$ の要素の全体と成る．これによって定理は完全に証明された．

29ᵥᵢ. **一般選択原理．** 集合 T を，その要素 $M, N, R, \cdots$ が全て零集合と異なる集合であるようなものとする時，集合 P で，ある確定した規則により T の各要素 M にその要

素の一つ $m \varepsilon M$ を一意に対応させるようなものが存在する.

証明. T に, $Z=0$ として前の No. 28 で与えた手続きを適用する. この時, 全ての集合 $M, N, R, \cdots$ は, 互いに要素が素な, ある集合 T' の要素を成す集合 $M', N', R', \cdots$ に同時に写像される. VI により P を $\mathfrak{S}T'$ の部分集合で T' の各要素に対しちょうど一つの要素を共通に持つようなものとすると, P は求めるような対応を惹き起こす. なぜなら, M を T のある要素として, M' を対応する T' の要素とすると, P は唯一の M' の要素 m' を含み, これは更に一意に確定する M の要素 m に対応するからである[36].

30$_{\text{VI}}$. **定理.** 二つの同等な集合 T と T' が, それぞれの要素 $M, N, R, \cdots$ および $M', N', R', \cdots$ は互いに要素が素で, 片方の要素 M がもう片方のこれと同等な要素 M' に対応するように互いに写像されている時, これらに属す和 $\mathfrak{S}T$ と $\mathfrak{S}T'$, および, 対応する積 $\mathfrak{P}T$ と $\mathfrak{P}T'$ もそれぞれ互いに同等である.

証明. まず最初に $S=\mathfrak{S}T$ と $S'=\mathfrak{S}T'$ が要素が素であると仮定して定理を証明する. この場合には, 勿論 T の各要素は T' の各要素とも要素が素に成る. $M \sim M'$ から, No. 15 により, $\mathfrak{U}(MM')$ の 0 と異なる部分集合 A_M で, M から M' への全ての可能な写像 $\mathsf{M}, \mathsf{M}', \mathsf{M}'', \cdots$ を要素の全

---

[36] [訳注]「No. 28 で与えた手続きを適用する」とあるようにここでは, $M', N', R', \cdots$ の具体的な構成の仕方から, $M, N, R, \cdots$ の各々から $M', N', R', \cdots$ の各々への対応を与える自然な写像が与えられていることが用いられている.

体として持つものが存在する．同様に，他のどの T の要素 N に対しても，全ての N から N' への写像から成る集合 $A_N \in \mathfrak{u}(NN')$ が対応し，ここでも A_N は $\neq 0$ である．これらの写像の集合 $A_M, A_N, A_R, \cdots$ は全て $\mathfrak{u}(SS')$ の部分集合だから，IIIとIVにより，これらの全体は，ある部分集合 $T \in \mathfrak{uu}(SS')$ を成す．T のこれらの要素は全て 0 と異なる集合で，互いに要素が素だから（MM' と NN' が要素が素である事から，それらの各々の部分集合も要素が素である事が導かれる），公理VIにより，積 $\mathfrak{P}T$ も $\neq 0$ である．任意の $\mathfrak{P}T$ の元 Θ は $\Theta = \{M, N, P, \cdots\}$ という形をした集合で，集合 $A_M, A_N, A_R, \cdots$ の各々に対し，ちょうど一つの要素を含むようなものである．このような「写像の組」の存在は，もっと手短かには定理 No. 29 から導く事も出来る．ここで，Vにより，和
$$\Omega = \mathfrak{S}\Theta = M + N + P + \cdots \in SS',$$
を取れば，Ω は求めるような S から S' への写像と成っている．なぜなら，S の各要素 s は，ちょうど唯一つの T の要素，例えば M に要素として属すから，唯一つの対応する写像 M の要素の中に要素として現れ，他の和の構成要素 N, P, $\cdots$ は M の要素を一つも含まない．同様の事は，S' の各要素 s' についても言え，したがって，定義 No. 15 により実際 $S \sim S'$ と成るからである．

ここでの Ω とその部分集合によって，No. 17 により S の各部分集合 p はそれと同等な S' の部分集合 p' に写像される．特に $p = \{m, n, \cdots\}$ が No. 13 の意味で $P = \mathfrak{P}T$ の要

素なら、これに対応する S' の部分集合 $p'=\{m', n', \cdots\}$ も $\mathfrak{P}T'$ の要素と成る。なぜなら、M' を T' の任意の要素とし、M を対応する T の要素とすると、p はちょうど唯一つの要素 $m \varepsilon M$ を含み、p' は対応する要素 $m' \varepsilon M'$ を含み、やはり他の M' の要素は含まない。もしそのようなものがあればそれは、p での M の二つ目の要素に対応してしまうからである。同様に、各要素 $p' \varepsilon \mathfrak{P}T'$ にちょうど一つの $p \varepsilon \mathfrak{P}T$ が対応するから、ある確定した部分集合 $\Pi \in \mathfrak{P}T \cdot \mathfrak{P}T'$ が $\mathfrak{P}T$ から $\mathfrak{P}T'$ への写像として得られた事に成る。

次に S と S' が要素が素ではなかった時には、No. 19 により、三番目の集合 S'' で、S' と同等で $S+S'$ とは要素が素であるようなものを取る事が出来る。この時 No. 17 と、M', N', R', $\cdots$ が互いに要素が素である事から、対応する M'', N'', R'', $\cdots$ についてもそうである。更に、S'' の各要素 s'' は S' の要素 s' に対応するが、これは集合 M', N', R', $\cdots$ のどれか一つに属すから、S'' はこれら M'', N'', R'', $\cdots$ 全ての和と成っていて、後者の全体はある部分集合 $T'' \in \mathfrak{U}S''$ を成す。ところがここで、$M \sim M' \sim M''$, $N \sim N' \sim N''$, $\cdots$; が成り立っているので、T の各要素 M も対応する T'' の要素 M'' と同等である。ここで $S''=\mathfrak{S}T''$ は、両方の和 $S'=\mathfrak{S}T'$ と $S=\mathfrak{S}T$ は要素が素だから、上で示した事から、

$$\mathfrak{S}T \sim \mathfrak{S}T'' \sim \mathfrak{S}T' \text{ かつ } \mathfrak{P}T \sim \mathfrak{P}T'' \sim \mathfrak{P}T'$$

と成り、これで定理は完全に証明された。

31. **定義.** ある集合 M が集合 N のある部分集合と同等

だが,逆に N は M の部分集合とは同等でない時, M は「N より小さな濃度を持つ」と言い,これを $M<N$ と略記する.

帰結. a) No. 21 により,任意の二つの集合に対し,それらが同等であるかそうでないか,は確定的だから,M が $\mathfrak{U}N$ の少なくとも一つの要素と同等であるかどうか,および N が $\mathfrak{U}M$ のどれかの要素と同等かどうかも確定的である.したがって,$M<N$ であるかそうでないかは,常に確定的である.

b) 三つの関係 $M<N$, $M\sim N$, $N<M$ は互いに排他的である.

c) $M<N$ で,$N<R$ または $N\sim R$ なら,常に $M<R$ も成り立つ.

d) M が N のある部分集合と同等なら,$M\sim N$ か $M<N$ のどちらかである.これは,「同等性定理」No. 27 からの帰結である.

e) 零集合は他のどの集合より小さな濃度を持つ.また,一つの要素だけから成る集合 $\{a\}$ は,真の部分を持つような集合 M より小さな濃度を持つ.No. 23 を参照.

32. カントルの定理. M を任意の集合とする時,常に $M<\mathfrak{U}M$ が成り立つ.全ての集合は,その部分集合全体の集合より小さな濃度を持つ.

証明. M の各要素 m には部分集合 $\{m\}\in M$ が対応する.ここで,どの部分集合 $M_1\in M$ に対しても,それが唯一つの要素だけを含んでいるかどうかは確定的だから (No. 13),$\{m\}$ の形をした部分集合の全ては,ある集合 U_0

$\varepsilon \mathfrak{U} M$ の要素の全体と成り，$M \sim U_0$ である．

もし逆に $U = \mathfrak{U} M$ がある部分集合 $M_0 \in M$ と同等だったとすると，ある U の M_0 への写像により，各部分集合 $M_1 \in M$ にある確定した M_0 の要素 m_1 が対応し，$m_1 \varepsilon M_1$ かそうでないかは常に確定的である．M_0 の要素 m_1 で，$m_1 \varepsilon M_1$ が成り立たないようなものの全ては，したがって，ある部分集合 $M' \in M_0 \in M$ の要素全体と成るが，これも U の要素である．この集合 $M' \in M$ は，しかしながら M_0 のどの要素 m' とも対応しない．なぜなら，[訳者補足] m' が M' に対応していたとして）$m' \varepsilon M'$ とすると，これは M' の定義に矛盾である．ところが m' が $\varepsilon M'$ でないとすると，同じ定義から，M' は要素 m' を含まなくてはならなく成り，仮定に矛盾である．したがって，U は M のどの部分集合とも同等ではあり得ない事が分り，最初に証明した事と合わせると $M < \mathfrak{U} M$ である．

この定理は，全ての集合 M に対し成り立つ．例えば，$M = 0$ に対してもである．実際

$$0 < \{0\} = \mathfrak{U}(0)$$

である．また，全ての a に対し，

$$\{a\} < \{0, \{a\}\} = \mathfrak{U}\{a\}.$$

である．

最後にこの定理から，集合 $M, N, R, \cdots$ から成る任意の集合 T に対し，それらの全てより大きな濃度の集合が存在する．例えば，集合

$$P = \mathfrak{U} \mathfrak{S} T > \mathfrak{S} T \gtreqless M, N, R, \cdots$$

がこのような性質を持つものと成る.

33$_{VI}$. 定理. 二つの同等な集合 T と T' が, それぞれの要素 $M, N, R, \cdots$ および $M', N', R', \cdots$ は互いに要素が素で, T の各要素 M が対応する T' の要素 M' より小さな濃度を持つように互いに写像されている時, T の全ての要素の和 $S=\mathfrak{S}T$ も T' の全ての要素の積 $P'=\mathfrak{P}T'$ より小さな濃度を持つ.

証明. 両方の和 $S=\mathfrak{S}T$ と $S'=\mathfrak{S}T'$ が要素が素である場合に定理を証明すれば, 十分である. 一般の場合への拡張は, 定理 No. 30 でと同様に, 第三の集合 $S''\sim S$ で S' と要素が素であるようなものを仲介させる事で出来る.

まず, S が P' のある部分集合と同等に成る事を示す. $M<M'$ により, 0 と異なる部分集合 $A_M \in \mathfrak{U}(MM')$ で, 全ての要素 $\mathsf{M, M', M''}, \cdots$ は, M の, M' の部分集合 $M'_1, M'_2, \cdots$ への写像であるようなものが存在する. このような写像の集合 $A_M, A_N, A_R, \cdots$ は, T と T' の対応する要素の組 $\{M, M'\}, \{N, N'\}, \{R, R'\}, \cdots$ ごとに存在し, それらの積 $\mathfrak{P}T = A_M \cdot A_N \cdot A_R \cdots$ の各要素 $\Theta=\{\mathsf{M, N, P,} \cdots\}$ は, No. 30 でと同様に, T の要素の全て $M, N, R, \cdots$ の, 対応する同等な T' の部分集合 $M'_1, N'_1, R'_1, \cdots$ への同時な各々の写像を与える. したがって $\Omega=\mathfrak{S}\Theta \in SS'$ により, S の各要素 s は S' のある要素 s' に写像される. 逆に S' の全ての要素が S の要素に写像されるわけではないのではあるが.

ここで補集合 $M'-M'_1, N'-N'_1, R'-R'_1, \cdots$ を考えるとこれらは, ある集合 $T'_1 \in \mathfrak{U}S'$ の要素を成すが, これらは

全て 0 と異なる．$M<M'$ により，$M\sim M_1'=M'$ とは成り得ないからである．したがって，これらの積も $\mathfrak{P}T_1'\neq 0$ で，少なくとも一つの集合 $q\varepsilon\mathfrak{P}T_1'$ で $q=\{m_0', n_0', r_0', \cdots\}\in S'$ という形をしていて，$M'-M_1'$, $N'-N_1'$, $\cdots$ の各集合と，ちょうど一つの要素を共通に持ち，したがって P' の要素となっているようなものが，存在する．

ここで s を S の任意の要素として，s' を Ω によりこれに対応する S' の要素とすると，これらに $q\in S'$ の要素 s_0 で[37]，s' と s_0' が T' の同じ要素に属すようなものが対応する．例えば，$s\varepsilon M$ なら，常に $s_0'=m_0'$ である．$s'\varepsilon M_1'$ の場合には，常に $s_0'\varepsilon(M'-M_1')$ だから，s' と s_0' は常に互いに異なる．ここで q から s_0' を s' で置き換えて，集合
$$q_s = q-\{s_0'\}+\{s'\},$$
を作ると，これは再び P' の要素，つまり S' の部分集合で M', N', R', $\cdots$ のうちの各々の集合とちょうど一つの要素を共通に持つようなものに成っている．全体として部分集合 $P_0'\in P'$ を形成するこれらの P' の要素 q_s たちは，全て互いに異なる．なぜなら，例えば m_1 と m_2 を二つの異なる同じ $M\varepsilon T$ の要素とすると，これらは，M_1' の要素 m_1' と m_2' に対応して，これらが s' の場所を占めているが，互いに異なるものとなっている．したがって，q は m_0' 以外には M' と共通の要素を持たないから，
$$q_{m_1} = q-\{m_0'\}+\{m_1'\} \neq q-\{m_0'\}+\{m_2'\} = q_{m_2}$$

---

37) ［訳注］"s_0" は "s_0'" の誤植であろう．

である。m と n が S の異なる要素で，異なる M と N に属す時には，$q_m = q - \{m_0'\} + \{m'\}$ は M' と M_1' の要素 m' を共通に持つが，これに対して $q_n = q - \{n_0'\} + \{n'\}$ は M' と要素 $m_0' \varepsilon (M' - M_1')$ のみを共通に持つから，これらの集合は互いに異なる。これにより，対 $\{s, q_s\}$ の全体は，ある集合 $\Phi \in SP_0'$ を形成し，この集合は No. 15 の意味で写像の性質を持つ。この事から $S \sim P_0' \in P'$ である。

他方，P' は S のどの部分集合 S_0 とも同等ではあり得ない。もし同等性が成り立ったとして，ある写像 $\Psi \in S_0 P' \in SP'$ により各要素 $s \varepsilon S_0$ が要素 $p_s \varepsilon P'$ に対応しているとしてみよう。特に，平均 $M_0 = [M, S_0]$ の要素 m たちに対応する要素 p_m を考える。ここで，これら p_m の各々は，P' の要素としての p_m が M' と共通に持つ要素 $m'' \varepsilon M'$ を含む。ただし，異なる m に属す m'' は必ずしも異なるとは限らない。いずれにしても，M_0 の要素 m に属すような全ての m'' はある M' の部分集合 M_2' を成すが，これは M' とは異なるものに成っている。もしそうでなければ M' はある部分集合 $M_0 \in M$ と同等に成ってしまい[38] $M < M'$ の仮定に反するからである。同様に，T の全ての要素 $M, N, R, \cdots$ は対応する T' の要素 $M', N', R', \cdots$ の部分集合 $M_2', N_2', R_2', \cdots$ に属す事に成る。これらに対応する補集合 $M' - M_2', N' - N_2', R' - R_2', \cdots$ は全て 0 と異なり，ある集合 $T_2' \in \mathfrak{U} S'$ の要素の全体を成す。ここで p_0' を $\mathfrak{P} T_2'$

---

38) ここでも選択公理 VI が用いられている。

≠0 の任意の要素とすると、これは P' の要素でもあるが、これは前に固定した写像 Ψ によってどの S_0 の要素 s にも対応しない. もし、例えば、$p_0' = p_m$ とすれば、つまり p_0' が M_0 の要素に対応していたとすれば、仮定から、p_0' は M' とある要素 $m'' \varepsilon M_2'$ を共通に持つが、しかし実際には、p_0' は M' とは $M' - M_2'$ の要素を一つ共通に持つだけである. 同様に、p_0' は N_0, R_0, … のどの要素とも対応する事は出来ないから、$S_0 \in S$ のどの要素とも対応しない事に成り、$S_0 \in S$ の仮定から矛盾が導かれた事に成る. これにより $S < P'$ の証明が完了した.

上の (1904 年の終りにゲッティンゲン数学会に私が報告した) 定理は、今までに知られている濃度の大小に関する定理のうち最も一般的なもので、この定理から他の全てを導出する事ができる. この証明は、J. ケーニッヒ氏が特殊な場合 (以下を参照) に応用した手法の一般化に基づいている.

34 VI. **帰結 (ケーニッヒの定理)**. T を、その各要素は、全て互いに要素が素であるような集合として、T がその部分集合 T' に、全ての T の要素 M が T' の要素 M' でより大きな濃度のもの ($M < M'$) に対応付けられるように写像されている時、$\mathfrak{P}T \neq 0$ なら[39]、$\mathfrak{S}T < \mathfrak{P}T$ である.

定理 No. 33 により、この場合には $\mathfrak{S}T < \mathfrak{P}T'$ と成るから、ここで $\mathfrak{P}T'$ が $\mathfrak{P}T$ の部分集合と同等である事が示せ

---

[39] J. König, Math. Ann. Bd. 60, p. 177 で T の要素がそれらの濃度に関して、順序型 ω の列を成す場合について示されている.

れば十分である。$T=T'$ の時にはこれは自明である。そうでない場合には，$\mathfrak{P}(T-T')\neq 0$ である。そうでなければⅥにより零集合が $T-T'$ の要素と成っていなければならないが、この事から仮定に反して $\mathfrak{P}T=0$ と成ってしまうからである。しかし q を $\mathfrak{P}(T-T')$ の任意の要素として，$p'\,\varepsilon\,\mathfrak{P}T'$ とすると，$p'+q$ は $\mathfrak{P}T$ の要素である，つまり $\mathfrak{S}T'+\mathfrak{S}(T-T')=\mathfrak{S}T$ のある部分集合で，T' の各要素とも $T-T'$ の各要素ともちょうど一つの要素を共通に持つようなものに成っている。したがって，q を固定すると，$\mathfrak{P}T'$ のどの要素 p' も $\mathfrak{P}T$ の確定した要素 $p'+q$ が対応する事に成り，このような $p'+q$ の全ては，ある $\mathfrak{P}T$ の部分の部分集合 P_q の要素全体と成るが，これは $\sim\mathfrak{P}T'$ である。

35. カントルの定理 No. 32 も定理 No. 33 の特殊な場合として得る事が出来る。

M を任意の集合として，No. 19 により M' を M と同等で M と要素が素な集合とし，$\Phi\in MM'$ を任意の M の M' の上への「写像」とする。M の各要素 m はある Φ の要素 $\{m,m'\}$ に一意に対応し，No. 31e により，常に

$$\{m\}<\{m,m'\}.$$

である。これらの集合 $\{m\}$ はまた，ある集合 $T\sim M$ の要素の全体と成り[40]，No. 33 により，

$$M=\mathfrak{S}T<\mathfrak{P}\Phi$$

である。したがって，$\mathfrak{P}\Phi\sim\mathfrak{U}M$ と成る事を示せば十分で

---

[40] ［訳注］T は $\mathfrak{U}M$ の部分集合として分出公理を用いて作れる。

ある．ここで $\mathfrak{P}\Phi$ の要素は，M_1 をある M の部分集合とし，M_1' を対応する M' の部分集合として，$M_1+(M'-M_1')$ という形をしている．よって，$\mathfrak{U}M$ の各要素は，$\mathfrak{P}\Phi$ のちょうど一つの要素に対応し，逆の対応も成り立つ．したがって，主張していたように，

$$M < \mathfrak{P}\Phi \sim \mathfrak{U}M$$

である．

36_VII. **定理．**「数の列」Z_0.（No. 14）は「無限」集合である．つまり，その部分と同等であるような集合である．逆に任意の「無限」集合 M は部分集合 M_0 で「可算無限」なもの，つまり，数の列と同等であるようなものを含む．

証明． Z を任意の集合で，VII でのように，要素 0 を含み，各要素 a に対し，対応する要素 $\{a\}$ も含むようなものとし，この集合が No. 19 の意味で写像 $\Omega \in ZZ'$ でそれと同等で，それと要素が素な集合 Z' に写像されているとする．ここで $\{z, x'\}$ を ZZ' の任意の要素として，$\{x, x'\}$ を同じ x' に対する Ω の要素とすると，$z = \{x\}$ であるかそうでないかは常に確定的である．そのような ZZ' の要素 $\{\{x\}, x'\}$ の全ては，III により，ある部分集合 $\Phi \in ZZ'$ の要素の全体と成り，Φ は，Z' から $Z_1 \in Z$ の上への「写像」と成る．ここに，Z_1 は $z = \{x\}$ の形をしている要素の全てである．実際，各 $x' \varepsilon Z'$ はある $\{x\} \varepsilon Z_1$ に対応し，逆の対応も成り立つ．つまり，$Z_1 + Z'$ の各要素は，ちょうど唯一つの Φ の要素に現れる．したがって，No. 21 により $Z \sim Z' \sim Z_1$ で，Z_1 は要素 0 を含まないから，Z の真の部分である．また，

Z のような性質を持つ全ての集合は、したがって Z_0 も、「無限」である。

定理の後半を証明するために、任意の「無限な」集合 M を考える事にするが、No. 19 を考慮すると、一般性を失う事なく、この集合は Z_0 と要素が素であると仮定してよい。よって $M \sim M' = M - R$ で、r は $R \neq 0$ の任意の要素とし、$\{\Phi, \Psi\}$ は No. 21 の意味での写像で、これにより各要素 $m \varepsilon M$ がある $m' \varepsilon M'$ に対応しており、逆の対応も成り立っているとする。更に、A を MZ_0 の部分集合で、次の性質を持つものとする：1) A は要素 $\{r, 0\}$ を持つ；2) $\{m, z\}$ を A の要素とする時、A は更なる要素 $\{m', z'\}$ を持つ。ここに m' は m に対応する M' の要素で $z' = \{z\}$ は No. 14 によりやはり Z_0 の要素と成っている。ここで $A_0 = \mathfrak{D}T$ を A と同じ性質を持つ MZ_0 の部分集合――このような集合の全体は、Ⅲ、Ⅳにより、ある集合 $T \in \mathfrak{U}(MZ_0)$ の要素全体を形成する――の共通部分とすると、A_0 も同じ性質 1) と 2) を有する事はすぐに見て取れるから、やはり T の要素である。更に $r, 0$ だけを例外として、A_0 の全ての要素は、$\{m', z'\}$ の形をしている。なぜなら、そうでなかったとすると、この要素を除いた時、A_0 の残りの部分も性質 1) と 2) をまだ持っている事に成るが、T の要素は、全て A_0 を部分として持っているはずなのに、これは A_0 を構成部分として持っていない。この事から、まず、要素 $\{r, 0\}$ は A_0 の他の全ての要素と要素が素である事が分る。$r = m' \varepsilon M'$ でも $0 = \{z\} = z'$ でもないので、$\{m', z'\}$ のこれら

の要素，したがって，その要素の全てはrの要素も0の要素も含みようがないからである．更に，A_0の要素$\{m, z\}$が，他のどれとも要素が素なら，同じ事が，対応する要素$\{m', z'\}$に対しても成り立つ．$\{m', z_1\}$あるいは$\{m'_1, z'\}$の形をした要素があったとすると，要素$\{m, z_1\}$あるいは$\{m_1, z\}$も属さなくてはならなくなってしまうからである[41]．A_0の要素で他の全ての要素と要素が素なものの全体は，A_0の部分集合A'_0で1)と2)を満たすようなものを形成する．したがって，Tの要素として逆にA_0を部分集合として含む．つまりA_0と等しい．この事から，M_0とZ_∞で，それぞれ$\mathfrak{S}A_0$のMあるいはZ_0との共通部分を表す事にして，

$$\mathfrak{S}A_0 = M_0 + Z_{00} \Subset M + Z_0,$$

の各要素は，ちょうど一つのA_0の要素に対応する．したがって（No. 15 により）$M_0 \sim Z_{00}$である．ところが，Z_{00}はZ_0の部分集合で0を含み，その各要素zに対して対応する$z' = \{z\}$も含むから，Z_{00}は No. 14 により数の列Z_0の全体を構成部分として含んでいなければならない．つまり，$Z_{00} = Z_0$である．よって，主張していたように$Z_0 \sim M_0 \Subset M$である．

1907年[42] 7月30日，シュジエールにて．

---

41) ［訳注］この部分の議論には綻びがあるように見えるが，容易に正しい議論で置き換えることができる．

42) ［訳注］明治40年．

付録C. 現代の視点からの数学の基礎付け

訳　者

§1.
数学の基礎付けとしての論理

この付録では，現代の視点から見た数学の基礎付けについて補足する．ただし，証明の細部をすべて丁寧に説明するだけの余裕はないので，ここでは，紹介する必要のある結果についての意味の説明に重点を置いて，読者が証明の細部を自力で再構成できる可能性をぎりぎりのところで残している，というような線をねらった簡素な記述のみを与えることにする[1]．

ここでの記述は，主に数学的内容についてのもので，歴史に関する注意は最小限にとどめる．ここで述べたこと

---

1) この付録C，特に§1〜§6は訳者が神戸大学の学部と大学院で2011年から毎年行なっている二つの講義に基づいている．この講義の講義録 [15] は2013年5月現在後半は未完成であるが，§1〜§5に関連する事項に関しては，証明の細部が書かれている．

訳者は，本書の，訳出／執筆と前後して，この付録Cや後述の「訳者による解説とあとがき」の内容とも関連のある，[16]，[17], [19] を執筆しているが，これらの論説には，本書では触れることのできなかった記述や注意もいくつか含まれている．

に関連する，1930年代前後を中心とした歴史的背景については，たとえば，林‒八杉[20]で読むことができる．ただし，この本に書かれている数学史的事実の捉え方は，訳者のそれとは異なるところもある．[19]で，訳者は，この異差の分析を試みている．

本書の第I部と第II部に訳出したデデキントの『連続性と無理数』および『数とは何かそして何であるべきか？』が書かれたのは，（数学で用いられる）論理に関する数学的研究（数理論理学）がごく初期の段階にあった時代であり，これらの著作での数学の基礎付けは，『数とは何かそして何であるべきか？』の前書きにもあるように，「健全な理性とよばれるところのもの」を前提とし，この「健全な理性」が何であるかに関しては不問とする，という立場で書かれている．しかしながら，数学が本当に矛盾を含まないことを保証したり，数学で何が証明できて何が証明できないのか，などについての究極的な判定をしようとすると，そもそも数学の命題とは何なのか，また数学の命題に関する操作としての数学的論証とは何なのか，などを明確に規定しておくことが必要になってくる．もちろんこの規定は恣意的なものでよいわけではなく，この規定に含まれるものは数学の論理として正しく（健全性），かつ実際に我々の数学的な遺産や我々がこれから発展させるであろう新しい数学の理論をすべて包含するようなものになっていること（完全性）の何らかの保証が必要になるだろう．この付録では，述語論理とよばれる，そのような体系の一つ[2]を導入

して，それを用いて，どうやって全数学が定式化されるのか，また，それに対し，どのようなことが成り立つことが知られているのかを概観することにする．

§2.
述語論理の論理式

以下で，**述語論理（または1階の述語論理）**とよばれる体系の一つ[2]の導入を行なう．

数学での論理を分析するためには，まず，数学で考察される可能性のある主張（命題）とは何かを規定する必要がある．これまでに扱ったことのある一つ一つの具体的な命題が数学の命題として適当であることが経験としてわかっているだけでは，「すべての数学の命題に対し……が成り立つ」というようなタイプの（数学の論理に対する）主張を証明することができないからである．このために数学的主張（命題）の形式的な表現としての論理式の概念を導入する．

ある数学理論での議論を考えると，そこで用いられる関

---

[2] ここで導入することになる体系は，与えられた言語 L に対する，項，論理式とよばれる記号列の定義と，これらの記号列に関する，証明の概念（以下で導入される $\vdash_{K^*}$）の組からなるものである．そのようなものの一つと言ったのは，証明の概念の導入にいくつかの異なる方法があるからだが，これらの異なる方法は，どの数学的命題が何から形式的に証明されるか，ということに関しては同じ結果を導く，という意味で互いに同値であることが知られているものである．

数や定数や関係が固定されていることに気付く．たとえば，『数とは何かそして何であるべきか？』での議論を思い出してみると，自然数の理論では，数1が基本的な定数として用いられており，関数としては，四則演算や，ある数の次の数を返す1変数の関数が用いられる．基本的な関係としては，等号で表される同等性の関係や大小関係が必要となるだろう．このような理論に依存する定数や関数や関係を表す記号を集めたもの L を**言語**とよぶことにする．ただし，等号については，どの理論でも「等しい」という固定した意味で用いられるので，これは別格扱いにして言語には含めないことにする．

普通の数学の議論を行なおうとすると，いずれにしても変数記号が必要になるであろうことは容易に想像がつく．しかも，変数記号はいくらでも多く必要になる可能性があるので，あらかじめ無限個の記号の集まり Var を用意しておき，これに属する記号を変数記号とする．

言語 L を一つ定めたときには，L の記号や変数記号を使って考察の対象を表すことができるようになる．たとえば，L が自然数の理論のための言語で，上で述べたような記号を持っているときには，

(1)　$1+1$ や，$((1+1)+((x \cdot y)+1))$

などは，この言語の範囲で表現できる数学的議論の（可能な）対象を表す表現になっている，と考えてよい．ただし，二番目の表現での x, y は Var の要素である．この二番目の表現は，x と y が含まれていることから"解釈"が確定

しておらず，x と y の解釈を固定するごとに解釈が決まる，という意味での，ある種の関数を表す表現になっている，と考えることができる．

（1）でのような表現のことを，**L-項**とよぶ．より厳密には，L-項は，次のような帰納的な定義によって導入される[3]．

（2） L の定数記号（からなる長さ1の記号列）は L-項である；

（3） **Var** の要素（つまり変数記号）（からなる長さ1の記号列）は L-項である；

（4） $t_1, ..., t_n$ が L-項で f が L の n-変数関数記号のとき，$f(t_1, ..., t_n)$ は L-項である；

（5） L-項は，以上の規則を何回か適用して得られる記号列のみである．

注意しておかなくてはいけないのは，ここでは L-項（の全体）は単に記号列の集まりとして指定されただけで，それらの記号列の意味がここで規定されたわけではない，とい

---

[3] （4）では $f(t_1, ..., t_n)$ が L-項であることの判定に，この表現の部分となっている $t_1, ..., t_n$ が L-項であることの判定を用いている．このような形の定義を "再帰的な定義" とよんで "帰納的" という言い方と厳格に区別をする人もいるのだが，（5）の書き方でも強調したように，このような再帰は逐次的（帰納的）な判定に翻訳できるので，あえて帰納的という表現で統一することにする．これは C などのプログラム言語で書いた再帰的なプログラムが，コンパイルされたときにはスタックの操作による逐次的な計算によって実行されるのと対応する状況と言うこともできるだろう．

うことであろう．もちろんこれらの記号列の想定された意味はあるわけだが，それは，後で述べることになる，項の，構造での解釈を規定することで，初めて指定されることになる．

上の L-項の定義では，たとえば，2変数の関数記号 $+$ と変数記号 x, y に対し，$+(x, y)$ が L-項となる．しかし，このような数学で日常的に用いられる記号に対しては，以下の説明などでは，通常の記法を使って，たとえば $+(x, y)$ を $x+y$ と略記することにする．ただし，これはあくまでも可読性のための略記で，正式には記号列 $+(x, y)$ が用いられていると考える．

L-項と L の関係記号や等号 $\equiv$ を使うことで[4]，等式や不等式の一般化になっている **L-原子論理式**が次のように定義される：

(6) r が L の n-変数の関係記号であるか，または（$n=2$ 変数の）等号 $\equiv$ で，$t_1, ..., t_n$ が L-項のとき，記号列 $r(t_1, ..., t_n)$ を L-原子論理式とよぶ．

上の定義では，項 t_1, t_2 の表す対象が等しいことを表現する（ことを想定して導入している）記号列としての原子論理式は $\equiv(t_1, t_2)$ となるが，このような場合も，通常の記法での $t_1 \equiv t_2$ で代用することが多い．同様に，たとえば，$\leq(t_1, t_2)$ と書かずに，$t_1 \leq t_2$ とも書いたりもすることにす

---

[4] 等号に記号 '$=$' でなく '$\equiv$' を割り当てているのは，記号としての等号 $\equiv$ と，数学的な対象が等しいことを表すのに使う $=$ を区別するためである．

る.

このような記法は，項でのときと同じように，可読性のための非公式の略記である，と考える.

以上の準備をすると，**L-論理式**を次のようにして定義できる：

(7) L-原子論理式は L-論理式である；

(8) φ と ψ が L-論理式のとき，$(\varphi \longrightarrow \psi)$ も $\neg \varphi$ も L-論理式である；

(9) φ が L-論理式で，x が Var に属す変数記号のとき，$\exists x \varphi$ は論理式である；

(10) L-論理式は，以上の規則(7)〜(9)の繰り返し適用によって得られる表現のみである.

上の(8)での $(\varphi \longrightarrow \psi)$ と $\neg \varphi$ の想定されている解釈は，それぞれ，"φ なら ψ である"，"φ でない"である．「論理」を習ったことのある人は，"φ かつ ψ である"や"φ または ψ である"に対応する表現を導入しなくてよいのか，と疑問に思うかもしれない．これらの論理結合子は通常それぞれ $(\varphi \wedge \psi)$，$(\varphi \vee \psi)$ と表記されるが，$\longrightarrow$ と $\neg$ を論理結合子として導入しておくと，これらを古典的な解釈で考えているときには，$(\varphi \wedge \psi)$ と $(\varphi \vee \psi)$ は，それぞれ，

(11) $\neg(\varphi \longrightarrow \neg \psi)$ と

(12) $(\neg \varphi \longrightarrow \psi)$

によって表現できる．以下では $(\varphi \wedge \psi)$ や $(\varphi \vee \psi)$ という表現を断りなしに用いて，これらは，それぞれ，(11)と(12)の略記のことだと思うことにする[5].

上の(9)での $\exists x \varphi$ の想定されている解釈は "ある x が存在して，この x に対して φ が成り立つ" である． "すべての x に対して φ が成り立つ" と解釈されるべき記号列（現代では通常 $\forall x \varphi$ と表される）も導入されることが多いが，これも論理式の通常の解釈では，論理式 $\neg \exists x \neg \varphi$ で代用できるので，$\forall x \varphi$ は，この（上の定義での正規の L-論理式になっているところの）記号列の略記だと思うことにする．

また，$\neg t_1 \equiv t_2$ や，$\neg t_1 \leq t_2$ などを，これも数学の通常の慣習に合せて $t_1 \not\equiv t_2$ や $t_1 \not\leq t_2$ などと書くこともあるが，これも可読性のための非公式の記法にすぎない．

上の(8)で "$(\varphi \longrightarrow \psi)$" として括弧をつけた形の論理式が導入されているのは，次の意味での論理式の構成の一意性を成り立たせるためである：

補題 1. L をある言語として φ をある L-論理式とする．L-論理式 ψ, ψ', η, η' により φ が $(\psi \longrightarrow \eta)$ また $(\psi' \longrightarrow \eta')$ と表されるとき，$\psi \equiv \psi'$ かつ $\eta \equiv \eta'$ である．

これは一見あたりまえに見えるが，きちんと証明するのは結構面倒である．ただし，この括弧も，読みやすいように適当に省略して書くことがある．

上の補題でのように，ある論理式 ψ が他の論理式 φ の部分列になっているとき，ψ は φ の**部分論理式**であるとい

---
5) 同様の略記として，$((\varphi \longrightarrow \psi) \wedge (\psi \longrightarrow \varphi))$ の略記としての $(\varphi \longleftrightarrow \psi)$ も頻繁に用いられる．

う．ただし，φ 自身も φ の部分論理式と考えることにする．

論理式 φ に現れるある変数記号 x が，そのすべての φ での出現箇所について，φ の部分論理式で $\exists x\eta$ の形をしたものに含まれているとき[6]，x は φ で**束縛されている**，あるいは，x は φ の**束縛変数**であるという．そうでないとき，x は φ の**自由変数**である，という．自由変数を 1 つも含まない L-論理式を，***L*-文**とよぶ．

t を L-項として，t に現れる変数記号がすべて，（互いに異なる）変数記号からなるリスト $x_1, ..., x_n$ に含まれているとき，この事実を $t = t(x_1, ..., x_n)$ と表す．この記法では，$x_1, ..., x_n$ の中に実際には t の中に現れない変数記号が交じっていてもよいが，そう決めておくことで，たとえば後出の L-項の L-構造での解釈の帰納的定義を見通しよく行なうことができるようになる．同様に，L-論理式 φ について，φ の自由変数がすべて，（互いに異なる）変数記号のリスト $x_1, ..., x_n$ に含まれているとき，この事実を $\varphi = \varphi(x_1, ..., x_n)$ と表すことにする．ここでも，$x_1, ..., x_n$ の中には実際には φ には自由変数として現れないダミーが入っていてもよいことにする．両方の場合とも，$x_1, ..., x_n$ は互いに異なるものであるとする．

ここまでの話は，記号列が与えられたときに，それが L-項であるかどうかの判定条件，あるいは，それが L-論理式であるかどうかの判定条件などが与えられただけで，少な

---

[6] ここでは，$\forall x\cdots$ の形の表現はすべて本来の $\neg\exists x\neg\cdots$ に展開されているものとして考えている．

くとも公式には，これらの記号列がどんな役割を果たすかについては何も言っていなかった．これらの記号列の数学的構造での解釈を導入することによって，これらの記号列を使って何をしたいかが規定されることになる．

しかし，数学の基礎付けのために，L-項やL-論理式を導入している，という我々の立場からは，このことは循環論法に陥ってしまっているようにも思われる：すぐに見ることになるように，言語Lに対応するL-構造は，集合の概念を用いて構成されることになるのだが，この集合の概念を含む数学の基礎が，まさにL-項やL-論理式などを用いて，我々の基礎付けしたいことだからである．

一方，これから導入することになる，L-論理式に関する形式的証明の体系の§1で言った意味での「健全性」や「完全性」は，ここで導入している体系の意味付け（解釈）を考えなければ，意味を持ちえない概念である．

そこで，ここでは，とりあえず，ある種のフィクションとして，以下での議論に必要最小限の性質を持つ，集合からなる世界が"存在"することを仮定して，そこで議論を進めてみることにする．

そのような世界で議論して，§5で導入することになる形式的証明の体系が（この集合の世界での構造への解釈に関して）健全で完全であることを示すが，これを行なった後は，この健全性と完全性の証明により，§5で導入される証明の体系が十分に妥当なものになっていることの（実験的な）論証が十分になされたものと看做し，形式的証明の

体系での証明の変形や証明の可能性などの性質を，再び記号列の有限的な操作に関しての有限的な議論のみにより考察することにする[7]．

形式的証明の体系で展開できる数学理論のうちの一番強いものの一つに§8〜§10で考察することになる公理的集合論がある．公理的集合論をここで導入したような1階の述語論理の形式的体系での理論として展開すると，その中で，記号列や§3や§4で扱うことになる論理式の構造での解釈の議論などを再び展開することができるようになる．そこでは，§5の意味での妥当性（健全性）や完全性は（集合論の中で展開される"普通の"）数学の定理になる．たとえば，現代の数理論理学の一分野であるモデル理論では，この意味での完全性定理（定理12）や，その系として得られるコンパクト性定理（定理16）が積極的に用いられる．

「形式的証明の体系での証明の変形や証明の可能性などの性質を，((仮想的な) 紙の上に書かれた)[8] 記号列の有限

---

7) ここでは意図的に過度に図式的な説明をしている．実際には，数学の基礎やそれに関連する思索を進めるためには，述語論理の完全性が確立された後も，記号列の操作だけに関する有限的な議論のみを行なう立場と，その数学的構造での解釈も考える立場の間を頻繁に行き来しながら議論をすることが必要になってくることがある．

8) ここでの「仮想性」は，一つには，記号を書きこむ紙が有限の大きさを持っていることや，有限の操作が物理的に実行可能な時間内に終了するかどうかなどについては，とりあえず考えていないことにある．

的な操作に関しての有限的な議論のみにより考察する」，という立ち位置は**有限の立場**とよばれることがある．証明の体系での有限的な操作は，数学の議論に対応しているが，有限の立場での証明の変形や証明の可能性などに関する議論は，この数学を外から見て扱っていることになる．そこで，このような立場での議論を，**超数学**，または**メタ数学**などと呼ぶことがある．

§3.
L-構造

L を言語とする．特に L の定数記号，関数記号，関係記号は，それぞれ，c_i, $i \in I$, f_j, $j \in J$, r_k, $k \in K$ として与えられているとする[9]．ただし，添字集合 I, J, K のうちのいくつか（あるいはすべて）は空集合でもよい．また，関数記号 f_j と関係記号 r_k の変数の数はそれぞれ，l_j, m_k だとする．$\mathfrak{A}$ が **L-構造**であるとは，$\mathfrak{A}$ が $\langle A, c_i^{\mathfrak{A}}, f_j^{\mathfrak{A}}, r_k^{\mathfrak{A}} \rangle_{i \in I, j \in J, k \in K}$ という形をしていることとする．ただし，ここで，

(13) A は空でない集合である；

(14) 各 $i \in I$ に対し，$c_i^{\mathfrak{A}} \in A$；

---

[9] "$i \in I$" は i が I の要素であることを表している．付録Bで訳出した [57] では，これは $i \varepsilon I$ と表されていたが，ここでは，要素関係を $\in$ で表し，§8で見ることになる集合論の形式的体系で用いられる要素関係を表す記号を ε と書いて区別することにする．

(15) 各 $j \in J$ に対し,$f_j^{\mathfrak{A}}$ は A に値をとる A 上の l_j 変数の関数である;

(16) 各 $k \in K$ に対し,$r_k^{\mathfrak{A}}$ は A 上の m_k 変数の関係である.

A は L-構造 $\mathfrak{A}$ の**台集合**とよばれることもある.(15)で与えた,関数記号の解釈 $f_j^{\mathfrak{A}}$ のような関数を台集合 A 上の(A への l_j 変数の)関数,と言うことにする.

 t が L-項で $t = t(x_1, \ldots, x_n)$ のとき,A に値をとる A 上の n-変数関数 $\mathrm{f}_{t(x_1, \ldots, x_n)}^{\mathfrak{A}}$ を t の構成に関する帰納法によって次のように定義する.

(17) t が変数記号 x_k ($1 \leq k \leq n$) のとき,$\mathrm{f}_{t(x_1, \ldots, x_n)}^{\mathfrak{A}}$ は,$a_1, \ldots, a_n \in A$ に対し,$\mathrm{f}_{t(x_1, \ldots, x_n)}^{\mathfrak{A}}(a_1, \ldots, a_n) = a_k$ で定義される関数とする;

(18) t が定数記号 c_i のとき,$\mathrm{f}_{t(x_1, \ldots, x_n)}^{\mathfrak{A}}$ は定値 $c_i^{\mathfrak{A}}$ をとる定値関数とする;

(19) t が $f_j(t_1, \ldots, t_{l_j})$ なら,L-項 $t_1, \ldots, t_{l_j}$ は,$t_1 = t_1(x_1, \ldots, x_n), \ldots, t_{l_j} = t_{l_j}(x_1, \ldots, x_n)$ となっている.ここで,$\mathrm{f}_{t_1(x_1, \ldots, x_n)}^{\mathfrak{A}}, \ldots, \mathrm{f}_{t_{l_j}(x_1, \ldots, x_n)}^{\mathfrak{A}}$ がすでに定義されているとき,$a_1, \ldots, a_n \in A$ に対し,

$$\mathrm{f}_{t(x_1, \ldots, x_n)}^{\mathfrak{A}}(a_1, \ldots, a_n) = f_j^{\mathfrak{A}}(\mathrm{f}_{t_1(x_1, \ldots, x_n)}^{\mathfrak{A}}(a_1, \ldots, a_n), \ldots, \mathrm{f}_{t_{l_j}(x_1, \ldots, x_n)}^{\mathfrak{A}}(a_1, \ldots, a_n))$$

として $\mathrm{f}_{t(x_1, \ldots, x_n)}^{\mathfrak{A}}$ を定義する.

上の定義は,一見複雑に見えるが,よく読むと,L-項の L-構造 $\mathfrak{A}$ での解釈として自然なものになっていることが理解できるはずである.$t = t(x_1, \ldots, x_n)$ という記法でダミ

一の変数を許していることが，(19)で生かされていることに注意しておく．ただし，厳密には次のことを証明しておかなければならないだろう．

補題 2. $x_1, ..., x_n$ を Var の要素として，t を L-項とする．$m \leq n$ として，$0 \leq i_1 < \cdots < i_m \leq n$ で，$t = t(x_{i_1}, ..., x_{i_m})$ となっているとするとき，$t = t(x_1, ..., x_n)$ でもあるが，すべての $a_1, ..., a_n \in A$ に対して，$\mathfrak{f}^{\mathfrak{A}}_{t(x_1, ..., x_n)}(a_1, ..., a_n) = \mathfrak{f}^{\mathfrak{A}}_{t(x_{i_1}, ..., x_{i_m})}(a_{i_1}, ..., a_{i_m})$ が成り立つ．

この補題は t の構成に関する帰納法で容易に証明できる．

上で与えた L-項の L-構造の台集合上の関数としての解釈を用いると，L-構造 $\mathfrak{A} = \langle A, \cdots \rangle$ と L-論理式 $\varphi = \varphi(x_1, ..., x_n)$，$\mathfrak{A}$ の台集合の要素 $a_1, ..., a_n \in A$ に対して，直観的には "$x_1, ..., x_n$ を $a_1, ..., a_n$ と解釈したときに φ が $\mathfrak{A}$ で成り立つ" という主張になっているような関係 $\mathfrak{A} \vDash \varphi(a_1, ..., a_n)$ が次のようにして論理式の構成に関する帰納法で[10] 定義できる[11]：

(20) φ が原子論理式のとき，

---

10) (20)〜(23)は，論理式の定義(7)〜(10)に対応するものになっていることに注意する．

11) $\mathfrak{A} \vDash \varphi(a_1, ..., a_n)$ という表現では，どの変数に，$a_1, ..., a_n$ のどれが対応をするかの指定を省略しているため，曖昧な記法になっている．この曖昧さの回避のためには，項の解釈のときと同様に，$\mathfrak{A} \vDash \varphi_{x_1, ..., x_n}(a_1, ..., a_n)$，$\mathfrak{A} \vDash \varphi(a_1/x_1, ..., a_n/x_n)$，$\mathfrak{A} \vDash \varphi(x_1, ..., x_n)[a_1, ..., a_n]$ などのような対応する変数のリストを明示する書き方をとるべきだが，煩雑になるため，ここでは，あえてこの曖昧さの残る記法を採用している．

(a) φ が $t \equiv t'$ の形をしているなら，$\mathfrak{A} \vDash \varphi(a_1, ..., a_n) :\Longleftrightarrow \mathsf{f}_{t(x_1, ..., x_n)}(a_1, ..., a_n) = \mathsf{f}_{t'(x_1, ..., x_n)}(a_1, ..., a_n)$ とする[12]．

(b) φ が m 変数の L の関係記号 r により，$r(t_1, ..., t_m)$ と表されるなら，$\mathfrak{A} \vDash \varphi(a_1, ..., a_n) :\Longleftrightarrow r^{\mathfrak{A}}(\mathsf{f}_{t_1(x_1, ..., x_n)}(a_1, ..., a_n), ..., \mathsf{f}_{t_m(x_1, ..., x_n)}(a_1, ..., a_n))$ とする．

(21) φ が $(\psi \longrightarrow \eta)$ の形をしているとき，$\mathfrak{A} \vDash \varphi(a_1, ..., a_n) :\Longleftrightarrow \mathfrak{A} \vDash \psi(a_1, ..., a_n)$ なら，$\mathfrak{A} \vDash \eta(a_1, ..., a_n)$ となる，とする[13]．

(22) φ が $\neg \psi$ の形をしているとき，$\mathfrak{A} \vDash \varphi(a_1, ..., a_n) :\Longleftrightarrow \mathfrak{A} \vDash \psi(a_1, ..., a_n)$ でない，とする．

(23) φ が，$\exists x \psi$ の形をしているとき，

(a) 変数記号 x がある x_i $(1 \leq i \leq n)$ の場合，$\mathfrak{A} \vDash \varphi(a_1, ..., a_n) :\Longleftrightarrow$ ある $a \in A$ に対し，$\mathfrak{A} \vDash \psi(a_0, ...,$

---

[12] "$A :\Longleftrightarrow B$" で "A が成り立つことを B が成り立つことで定義する"，という主張を表す．これに対し，"$A \Longleftrightarrow B$" と書いたときには，"A が成り立つことと B が成り立つことは同値である" という主張を表している．これらの記号は，(ここでは略記として導入されている) 論理記号 $\longleftrightarrow$ と異なり，我々が超数学で用いている自然言語での "A が成り立つことを B が成り立つことで定義する" 等の略記である．

[13] "$\mathfrak{A} \vDash \psi(a_1, ..., a_n)$ なら，$\mathfrak{A} \vDash \eta(a_1, ..., a_n)$ となる" は，数学ないし数理科学での「なら」(あるいは「ならば」) という言葉の使い方から，"$\mathfrak{A} \vDash \psi(a_1, ..., a_n)$ でないか，または，$\mathfrak{A} \vDash \eta(a_1, ..., a_n)$ が成り立つかのどちらか少なくとも片方が成り立つ" という主張である．

$a_{i-1}, a, a_{i+1}, ..., a_n)$ が成り立つ,とする.

(b) 変数記号 x は $x_1, ..., x_n$ に含まれていない場合,$\psi = \psi(x_1, ..., x_n, x)$ と見て,$\mathfrak{A} \vDash \varphi(a_1, ..., a_n)$:⇔ ある $a \in A$ に対し,$\mathfrak{A} \vDash \psi(a_0, ..., a_n, a)$ が成り立つ,とする.

ここでも,上の定義の整合性を保証するためには,補題2と同様の次の補題を示す必要がある:

補題 3. $x_1, ..., x_n$ を Var の要素として,φ を L-論理式とする.$m \leq n$ で,$0 \leq i_1 < \cdots < i_m \leq n$ かつ,$\varphi = \varphi(x_{i_1}, ..., x_{i_m})$ となっているとするとき,$\varphi = \varphi(x_1, ..., x_n)$ でもあるが,すべての $a_1, ..., a_n \in A$ に対して,$\mathfrak{A} \vDash \varphi(a_1, ..., a_n)$ と $\mathfrak{A} \vDash \varphi(a_{i_1}, ..., a_{i_m})$ は同値である.

証明はここでも φ の構成による帰納法により容易に行なうことができる.

L-論理式 φ が L-構造 $\mathfrak{A}$ で成り立つかどうかの議論を,φ の**意味論** (semantics) とよぶことがある.これに対して,論理式を純粋に記号列として考察する立場は**形式論** (syntax) とよばれる.

L-論理式のうち,自由変数をまったく持たないもの(つまり,$\varphi = \varphi()$ となっているもの)を L-文とよぶのだった.(上の補題3により)φ が L-文の場合には,$\mathfrak{A}$ で φ が成り立つかどうかが(A の要素 $a_1, ...$ を代入する操作なしに)議論できることになる.この意味で φ が $\mathfrak{A}$ で成り立つこと(上の記法では $\mathfrak{A} \vDash \varphi()$)を単に $\mathfrak{A} \vDash \varphi$ と書くことにす

る．$\mathfrak{A} \models \varphi$（または $\mathfrak{A} \models \varphi(a_1, ..., a_n)$）でないことを，$\mathfrak{A} \not\models \varphi$（または $\mathfrak{A} \not\models \varphi(a_1, ..., a_n)$）と書くことにする．(22)から，これは，$\mathfrak{A} \models \neg \varphi$（または $\mathfrak{A} \models \neg \varphi(a_1, ..., a_n)$）と同値である．

すべての L-構造 $\mathfrak{A}$ に対し，$\mathfrak{A} \models \varphi$ が成り立つような L-文 φ を，**恒真**であると言うことにする．恒真な L-文は"論理的に正しい"論理式と考えることができるが，恒真な L-文の全体は，以下の§5で導入されるような形式的証明の体系での有限的な"証明"によって生成される"定理"の全体と一致することが示されることになる．

演習問題 4. $\varphi = \varphi(x_1, ..., x_n)$ を L-論理式として $\mathfrak{A} = \langle A, \cdots \rangle$ を L-構造とするとき，以下の (24) と (25) は同値である：

(24) すべての $a_1, ..., a_n \in A$ に対して $\mathfrak{A} \models \varphi(a_1, ..., a_n)$ が成り立つ．

(25) $\mathfrak{A} \models \forall x_1 \cdots \forall x_n \varphi$ が成り立つ[14]．

上の(24)（または(25)）がすべての L-構造に対して成り立つとき，φ を恒真な L-論理式と言うことにする．これは恒真な L-文の定義の拡張になっている．

L-文の集まり Γ を **L-理論**とよぶことにする．L-構造

---

[14] ここで，$\forall x_1 \cdots \forall x_n$ は，188ページで述べたような略記として導入されている記号 $\forall$ を使った表現である．L-論理式 $\varphi = \varphi(x_1, ..., x_n)$ に対し，$\forall x_1 \cdots \forall x_n \varphi$ を φ の **$\forall$-閉包**とよぶことにする．

$\mathfrak{A}$ が L-理論 Γ のモデルである,とは,すべての Γ の要素 φ に対し $\mathfrak{A} \models \varphi$ が成り立つこととする.このことを $\mathfrak{A} \models \Gamma$ とも表すことにする.

$\varphi = \varphi(x_1, \ldots, x_n)$ を L-論理式として,すべての Γ のモデル $\mathfrak{A}$ に対して $\mathfrak{A} \models \forall x_1 \cdots \forall x_n \varphi$ が成り立つとき,これを $\Gamma \models \varphi$ と表し,φ は理論 Γ の意味論的な帰結である,と言うことにする.

例1. L を2変数関数記号 $\circ$ と定数記号 e のみを持つ言語として,L-理論 Γ を

(26) $\forall x \forall y (x \circ y) \equiv (y \circ x)$;

(27) $\forall x \forall y \forall z ((x \circ y) \circ z) \equiv (x \circ (y \circ z))$;

(28) $\forall x (x \circ e) \equiv x$;

(29) $\forall x \exists y (x \circ y) \equiv e$

の四つの L-文からなるものとする.このとき,L-構造 $\mathfrak{A} = \langle A, \circ^A, e^A \rangle$ が Γ のモデルとなるのは,$\mathfrak{A}$ が演算 $\circ^A$ に関して e^A を単位元とするアーベル群となるちょうどそのときである.

群論の初歩で習うように,群では,すべての要素の逆元は一意に定まる.アーベル群では,ことは,次の L-論理式の $\forall$-閉包 φ で表現できる:

(30) $(((x \circ y) \equiv e \land (x \circ y') \equiv e) \longrightarrow y \equiv y'$).

したがって,特に,$\Gamma \models \varphi$ である.

§4. 命題論理のトートロジー

与えられた論理式が恒真であることを示すのは，一般には簡単なことではない．特に§6で述べることから，論理式が恒真であるかどうかを判定する一般のアルゴリズムは存在しないことが証明できる．

しかし，以下で定義する，命題論理のトートロジーから得られた恒真な論理式については，論理式が与えられたときに，それが「命題論理のトートロジーから得られた恒真な論理式」であるかどうかを判定するアルゴリズムが存在する．

命題論理の定義のためにまず，命題変数とよばれる無限個の変数記号の集まり PropVar を用意しておく．ここで記号列 φ が**命題論理の論理式**である，ということを次のようにして帰納的に定義する：

(31) PropVar の要素（命題変数）は命題論理の論理式である．

(32) φ と ψ が命題論理の論理式のとき，$(\varphi \longrightarrow \psi)$ と $\neg \varphi$ も命題論理の論理式である．

(33) 命題論理の論理式は，以上の規則(31)と(32)を何回か適用して得られる記号列のみである．

以下では，§2での L-論理式でと同様に，述語論理の論理式に関しても，$(\varphi \vee \psi), (\varphi \wedge \psi), \ldots$ などと書いたときには，それぞれを，$(\neg \varphi \longrightarrow \varphi), \neg(\varphi \longrightarrow \neg \varphi), \ldots$ などの略

記として考えることにする.

§2での L-項や L-論理式での記法と同様に，命題論理の論理式 φ の命題変数がすべて（互いに異なる）命題変数のリスト $A_1, ..., A_n$ に含まれているとき，この事実を $\varphi = \varphi(A_1, ..., A_n)$ で表すことにする.

2で集合 $\{0, 1\}$ を表すことにする[15]. φ を命題論理の論理式として，$\varphi = \varphi(A_1, ..., A_n)$ とするとき，φ の**関数解釈** $f_{\varphi(A_1, ..., A_n)} : 2^n \longrightarrow 2$ を次のように帰納的に定義する[16]：

(34) φ が命題変数 A_i のとき $(1 \leq i \leq n)$，すべての $(b_1, ..., b_n) \in 2^n$ に対し，$f_{\varphi(A_1, ..., A_n)}(b_1, ..., b_n) = b_i$ とする.

(35) φ が $(\psi \longrightarrow \eta)$ のとき，すべての $(b_1, ..., b_n) \in 2^n$ に対し，
$$f_{\varphi(A_1, ..., A_n)}(b_1, ..., b_n)$$
$$= \begin{cases} 0, & f_{\psi(A_1, ..., A_n)}(b_1, ..., b_n) = 1 \text{ かつ} \\ & f_{\eta(A_1, ..., A_n)}(b_1, ..., b_n) = 0 \text{ のとき;} \\ 1, & \text{それ以外のとき} \end{cases}$$
とする.

(36) φ が $\neg \psi$ のとき，すべての $(b_1, ..., b_n) \in 2^n$ に対し，

---

[15] 1と0は，それぞれ，真と偽，あるいは on と off などを表していると考えておくとよい.

[16] $f : A^n \longrightarrow B$ で，f は，"集合 A から集合 B への n 変数の関数である"を表す．つまり，$f : A^n \longrightarrow B$ とは，f が，A の任意の n 個の要素（互いに等しくない必要はない）$a_1, ..., a_n$ に対し，ある B の要素（これを $f(a_1, ..., a_n)$ と表す）を対応させるようなものになっていることである.

$$f_{\varphi(A_1, \ldots, A_n)}(b_1, \ldots, b_n)$$
$$= \begin{cases} 0, & f_{\phi(A_1, \ldots, A_n)}(b_1, \ldots, b_n) = 1 \text{ のとき}; \\ 1, & \text{それ以外のとき} \end{cases}$$

とする.

上の(35)と(36)は, 1と0をそれぞれ真と偽と解釈して, $\longrightarrow$ と $\neg$ をそれぞれ (数学での論理での) "ならば", "…でない" と解釈したときの論理式の真偽をこの解釈にそって規定するようなものになっていることに注意する.

ここでも, 上の定義が整合性のとれたものになっていることを見るには, 次のような (ほとんど自明な) 補題を示しておく必要がある:

補題 5. $A_1, \ldots, A_n$ を PropVar の要素として, φ を命題論理の論理式とする. $m \leq n$ で, $0 \leq i_1 < \cdots < i_m \leq n$ かつ, $\varphi = \varphi(A_{i_1}, \ldots, A_{i_m})$ となっているとき, $\varphi = \varphi(A_1, \ldots, A_n)$ でもあるが, 任意の $b_k \in 2$, $1 \leq k \leq n$ に対し, $f_{\varphi(A_1, \ldots, A_n)}(b_1, \ldots, b_n) = f_{\varphi(A_{i_1}, \ldots, A_{i_m})}(b_{i_1}, \ldots, b_{i_m})$ が成り立つ. □

この補題の証明も, φ の構成に関する帰納法で容易に行なうことができる.

命題論理の論理式 φ の関数解釈 $f_{\varphi(A_1, \ldots, A_n)} : 2^n \longrightarrow 2$ のとる値は, 真偽値表を作ることによって計算できる. たとえば, φ を $((A \longrightarrow B) \longrightarrow \neg C)$ とするとき,

A	B	C	$f_{A\to B}$	$f_{\neg C}$	$f_{\varphi(A,B,C)}$
0	0	0	1	1	1
0	0	1	1	0	0
0	1	0	1	1	1
0	1	1	1	0	0
1	0	0	0	1	1
1	0	1	0	0	1
1	1	0	1	1	1
1	1	1	1	0	0

などとして,$f_{\varphi(A,B,C)}$ のとる値が求められる.

定理 6. $\varphi=\varphi(A_1, ..., A_m)$ を命題論理の論理式として,L-論理式 $\psi=\psi(x_1, ..., x_n)$ は φ の命題変数 $A_1, ..., A_m$ にそれぞれ L-論理式 $\psi_1=\psi_1(x_1, ..., x_n), ..., \psi_m(x_1, ..., x_n)$ を代入して得られるものとする.$\mathfrak{A}=\langle A, ...\rangle$ を L-構造として,$a_1, ..., a_n \in A$ とする.$b_k \in 2$, $1 \le k \le m$ を,
$$b_k = \begin{cases} 1, & \mathfrak{A} \vDash \psi_k(a_1, ..., a_n) \text{ のとき}; \\ 0, & \text{そうでないとき} \end{cases}$$
と定義すると,$\mathfrak{A} \vDash \psi(a_1, ..., a_n) \iff f_{\varphi(A_1, ..., A_m)}(b_1, ..., b_n) = 1$ である. □

上の定理の証明も,φ の構成に関する帰納法で容易に行なえる.

命題論理の論理式 $\varphi=\varphi(A_1, ..., A_m)$ が**トートロジー**であるとは,$f_{\varphi(A_1, ..., A_m)}$ がどの変数の組に対しても恒等的に値 1 を返す関数となっていることとする.次の系は,定理

6から直ちに導ける：

系 7. ϕ が命題論理のトートロジーの命題変数に L-論理式を代入して得られる L-論理式のとき，ϕ は恒真である． □

上の系のような L-論理式を，**命題論理のトートロジーから得られた恒真論理式**，または単に（述語論理の）**トートロジー**とよぶことにする．

L-論理式 ϕ が与えられたときに，それが命題論理のトートロジーから得られた恒真論理式であるかどうかを判定するアルゴリズムが存在することに注意しておく：ϕ を，命題論理の論理式 φ と L-論理式 $\psi_1, ...$ によって $\varphi(\psi_1, ...)$ と表すやり方は有限個しかないから，それらの一つ一つについて，そこでの φ が命題論理のトートロジーになっているかどうかを真偽値表を用いてしらみつぶしに調べてゆけばよいからである．

L-論理式 $\varphi = \varphi(x_1, ..., x_n)$ と $\varphi' = \varphi'(x_1, ..., x_n)$ が**意味論的に同値**であるとは，すべての L-構造 $\mathfrak{A} = \langle A, ... \rangle$ と $a_1, ..., a_n \in A$ に対し，$\mathfrak{A} \vDash \varphi(a_1, ..., a_n) \iff \mathfrak{A} \vDash \varphi'(a_1, ..., a_n)$ が成り立つこと，とする．φ と φ' が意味論的に同値とは，$(\varphi \longleftrightarrow \varphi')$ の $\forall$-閉包が恒真となることである．

系 8. 命題論理の論理式 $\psi = \psi(A_1, ..., A_m)$，$\psi' = \psi'(A_1, ..., A_m)$ を，$(\psi \longleftrightarrow \psi')$ がトートロジーとなるようなものとする．$\varphi_1, ..., \varphi_m$ を L-論理式として，φ と φ' をそれぞれ，ψ と ψ' の命題変数 $A_1, ..., A_m$ に $\varphi_1, ..., \varphi_m$ を代入し

て得られる L-論理式とすると，φ と φ' は意味論的に同値になる． □

§5.
述語論理の証明体系，その健全性と完全性

述語論理の形式的証明の体系 K^* を次のようにして導入する[17]．ここでも言語 L を一つ固定して，それに関して議論する．

以下では，曖昧さが生じないときには，$(\varphi \longrightarrow \psi)$ という論理式の表現でカッコを省略して $\varphi \longrightarrow \psi$ と書くことにする．さらに，$\varphi_1, \varphi_2, ..., \varphi_n$ が L-論理式のとき，$\varphi_1 \longrightarrow \varphi_2 \longrightarrow \cdots \longrightarrow \varphi_n$ で論理式

(37) $(\varphi_1 \longrightarrow (\varphi_2 \longrightarrow (\cdots \longrightarrow (\varphi_{n-1} \longrightarrow \varphi_n)\cdots)))$

を表すことにする．この略記で，$\varphi_2 \longrightarrow \varphi_3 \longrightarrow \cdots \longrightarrow \varphi_n$ を ψ とよぶことにすると，$\varphi_1 \longrightarrow \varphi_2 \longrightarrow \cdots \longrightarrow \varphi_n$ は，$\varphi_1 \longrightarrow \psi$ となることに注意しておく．

また，$\varphi_1 \longrightarrow \varphi_2 \longrightarrow \cdots \longrightarrow \varphi_n$ は，$(\varphi_1 \wedge \varphi_2 \wedge \cdots \wedge \varphi_{n-1}) \longrightarrow \varphi_n$ と意味論的に同値である．

まず，K^* の**論理公理**を以下のように定義する：

(38) (**トートロジー**) トートロジーから得られた恒真な L-論理式は，すべて K^* の公理である．

(39) (**等号の公理**) $x, y, z, x_1, x_2, ..., y_1, y_2, ...$ を任意

---

[17] K^* はここで導入する体系につけた仮の名前である．文字 K を使ったのはドイツ語の "述語論理演算系" を表す語である „Prädikatenkalkül" にちなんでいる．

の変数記号とするとき，次の形の論理式は K^* の公理である：

(a) $x \equiv x$;

(b) $x \equiv y \longrightarrow y \equiv x$;

(c) $x \equiv y \longrightarrow y \equiv z \longrightarrow x \equiv z$;

(d) $x_1 \equiv y_1 \longrightarrow \cdots \longrightarrow x_n \equiv y_n$
$\longrightarrow f(x_1, ..., x_n) \equiv f(y_1, ..., y_n)$,
ただし f は L の n 変数関数記号；

(e) $x_1 \equiv y_1 \longrightarrow \cdots \longrightarrow x_n \equiv y_n$
$\longrightarrow r(x_1, ..., x_n) \longrightarrow r(y_1, ..., y_n)$,
ただし r は L の n 変数関係記号．

(40) (**代入公理**) φ を L-論理式として，$x \in \mathsf{Var}$ とし，t を L-項とする．φ に変数記号 x が自由変数として現れるすべての個所について，t に現れる，ある変数 y に対して $\exists y \psi$ という形の φ の部分論理式に含まれないとき[18]，$\varphi(t/x) \longrightarrow \exists x \varphi$ は K^* の公理である[19]．

次に K^* の**推論規則**を次のような図式のすべてとする：

(41) (**三段論法**) すべての L-論理式 φ, ψ に対し，$\dfrac{\varphi, \varphi \longrightarrow \psi}{\psi}$ は K^* の推論規則である；

---

[18] このことを，t は φ で x に対し自由であるという．

[19] $\varphi(t/x)$ で論理式 φ に自由変数として現れる x をすべて L-項 t で置き換えて得られる論理式を表す．ただし，この書き方をしたときには $\varphi = \varphi(x)$ は仮定せず，φ は x 以外の自由変数を含んでいてもよいとする．

(42) (**存在推論**) すべての L-論理式 φ, ψ と $x \in \mathsf{Var}$ に対し, $\dfrac{\varphi \longrightarrow \psi}{\exists x \varphi \longrightarrow \psi}$ は K^* の推論規則である. ただし, x は ψ には自由変数として現れないものとする.

ここで, L-論理式の集合 Γ と L-論理式 φ に対し, L-論理式の列 $P = \langle \varphi_1, ..., \varphi_n \rangle$ が φ の Γ からの K^* での**証明**である, とは次の(43)と(44)が成り立つこととする:

(43) $\varphi_n = \varphi$;

(44) すべての $1 \leq i \leq n$ に対し, 次が成り立つ:

  (a) $\varphi_i \in \Gamma$ であるか, または,

  (b) φ_i は K^* の論理公理であるか, または

  (c) $1 \leq j, k < i$ が存在して, $\dfrac{\varphi_j, \varphi_k}{\varphi_i}$ が三段論法(41)になっているか, または,

  (d) $1 \leq j < i$ が存在して, $\dfrac{\varphi_j}{\varphi_i}$ が存在推論(42)になっているかのいずれかである.

P が φ の Γ からの K^* での証明である, ということを $\Gamma \vdash^P_{K^*} \varphi$ と書くことにする. また $\Gamma \vdash_{K^*} \varphi$ とは, φ の Γ からの K^* での証明が存在すること, つまり $\Gamma \vdash^P_{K^*} \varphi$ となる証明 P が存在すること, とする. また, $\Gamma \vdash^P_{K^*} \varphi$ となるような, 長さが n の証明 P が存在することを, $\Gamma \vdash^n_{K^*} \varphi$ と書くことにする. Γ が空集合のときには, $\Gamma \vdash_{K^*} \varphi$, $\Gamma \vdash^P_{K^*} \varphi$, $\Gamma \vdash^n_{K^*} \varphi$ などを, それぞれ, $\vdash_{K^*} \varphi$, $\vdash^P_{K^*} \varphi$, $\vdash^n_{K^*} \varphi$ などと書くことにする.

n に関する帰納法, つまり証明 P の長さに関する帰納法は, $\vdash_{K^*}$ の性質を示すときの強力な(というより, むしろ, ほとんど唯一の)手段となる.

この証明の概念は上に導入したK^*の論理公理と推論規則に依存するものであるが，K^*の添字を毎回書くのは煩雑なので，以下では$\Gamma \vdash^P_{K^*} \varphi$，$\Gamma \vdash_{K^*} \varphi$，$\Gamma \vdash^n_{K^*} \varphi$，$\vdash_{K^*} \varphi$などと書かず，それぞれ単に$\Gamma \vdash^P \varphi$，$\Gamma \vdash \varphi$，$\Gamma \vdash^n \varphi$，$\vdash \varphi$などと書くことにする．また，$\Gamma \vdash \varphi$でないとき，つまり，$\Gamma$からの$\varphi$の$K^*$での証明が存在しないときには，$\Gamma \nvdash \varphi$と書くことにする．

　この形式的証明の体系は次のような意味で妥当なものになっている：

定理9（健全性定理）．Lをある言語として，ΓをL-文の集合とし，φをL-論理式とする．このとき，$\Gamma \vdash \varphi$なら，$\Gamma \vDash \varphi$が成り立つ． □

　この定理の証明は，固定した言語Lに対して，
(45)　すべてのL-文の集合ΓとL-論理式φに対し，
　　　$\Gamma \vdash^n \varphi$なら$\Gamma \vDash \varphi$である
という主張をn（$n=1, 2, 3, \ldots$）に関する帰納法で示すことで得られる．

　次の演繹定理として知られる補題やその類型は，ここで与えた証明の体系K^*や類似の体系を調べるときの重要な鍵になる．以下ではΓをL-論理式の集まりとして，φをL-論理式とするとき，$\Gamma \cup \{\varphi\}$をΓ, φとも表すことにする．特に，$\Gamma, \varphi \vdash \psi$と書いて$\Gamma \cup \{\varphi\} \vdash \psi$を表す．

補題10（演繹定理）．（α）任意のL-理論ΓとL-論理式φ,

ψ に対し, $\Gamma \vdash (\varphi \longrightarrow \psi)$ なら $\Gamma, \varphi \vdash \psi$ である.

(β) 上で, さらに φ が L-文なら, $\Gamma, \varphi \vdash \psi \Longleftrightarrow \Gamma \vdash (\varphi \longrightarrow \psi)$ が成り立つ.

証明のスケッチ. (α) は, $\Gamma \vdash^P (\varphi \longrightarrow \psi)$ で, $P = \langle \varphi_1, ..., \varphi_n \rangle$ のとき, 定義から φ_n は $(\varphi \longrightarrow \psi)$ だから,

(46) $\varphi ^\frown P ^\frown \psi = \langle \varphi, \varphi_1, ..., \varphi_n, \psi \rangle$

は, 最後の推論が三段論法になっている $\Gamma \cup \{\varphi\}$ から ψ の証明になっていることからよい.

(β) の "$\Longleftarrow$" は (α) からよいが, "$\Longrightarrow$" の証明はもう少し複雑なものになる. 証明の細部は省略するが, この証明では,

(47) φ が L-文で $\Gamma, \varphi \vdash^n \psi$ なら $\Gamma \vdash (\varphi \longrightarrow \psi)$ となる

ことを, n に関する帰納法で示せばよい. □(補題10)

演繹定理の応用例として次の補題をあげておく. K^* に関する議論の一例として, ここでは, 例外的に証明の細部も見てみることにする.

任意の論理式 φ と φ の $\forall$-閉包との意味論的な関係は, 演習問題4ですでに見ていた. 以下の補題は同様の関係が導出関係 $\vdash$ に関しても成り立つことを示している.

補題11. Γ を L-論理式の集合として φ を L-論理式として, $x_1, ..., x_n$ を任意の変数記号とするとき, $\Gamma \vdash \varphi \Longleftrightarrow \Gamma \vdash \forall x_1 \cdots \forall x_n \varphi$ が成り立つ.

証明. $n=1$ のときについて示せば十分である. $\forall x \varphi$ はこ

こでは ¬∃x¬φ の略記だったことを思い出しておく.

"⟹": Γ⊢φ として, y を $φ$ に現れない変数記号とする. このとき, Γ, ∀y y≡y⊢φ だから, 演繹定理により, Γ⊢∀y y≡y ⟶ φ である. (∀y y≡y ⟶ φ) ⟶ (¬φ ⟶ ¬∀y y≡y) はトートロジーから得られた恒真な論理式だから, 三段論法により, Γ⊢¬φ ⟶ ¬∀y y≡y となることがわかる. したがって, 存在推論から,

(48)　Γ⊢∃x¬φ ⟶ ¬∀y y≡y

となる. ここで,

(49)　(∃x¬φ ⟶ ¬∀y y≡y) ⟶ (∀y y≡y ⟶ ¬∃x¬φ)

はトートロジーから得られた恒真な論理式だから, (48)の証明と, この論理式からの三段論法により,

(50)　Γ⊢∀y y≡y ⟶ ¬∃x¬φ

がわかる. ∀y y≡y は等号の公理(39), (a)を使うと導けるので, (50)の証明に, この論理式の証明と論理式 ¬∃x¬φ を繋げたものは, 最後の推論を三段論法とするような証明となっている. したがって Γ⊢¬∃x¬φ, つまり, Γ⊢∀xφ である.

"⟸": Γ⊢∀xφ とする. このとき, y を任意の変数記号として, Γ, ∀y y≡y⊢¬∃x¬φ だから, 演繹定理により, Γ⊢∀y y≡y ⟶ ¬∃x¬φ である. (∀y y≡y ⟶ ¬∃x¬φ) ⟶ (∃x¬φ ⟶ ¬∀y y≡y) はトートロジーから得られた恒真な論理式だから, 三段論法により, Γ⊢∃x¬φ ⟶ ¬∀y y≡y となる. したがって, 代入公理 ¬φ ⟶ ∃x¬φ とトートロジー(¬φ ⟶ ∃x¬φ) ⟶ (∃x¬φ ⟶

$\neg \forall y\, y \equiv y) \longrightarrow (\neg \varphi \longrightarrow \neg \forall y\, y \equiv y)$ から,三段論法を2回使って,$\Gamma \vdash \neg \varphi \longrightarrow \neg \forall y\, y \equiv y$. よって,トートロジー $(\neg \varphi \longrightarrow \neg \forall y\, y \equiv y) \longrightarrow (\forall y\, y \equiv y \longrightarrow \varphi)$ から,三段論法により,$\Gamma \vdash \forall y\, y \equiv y \longrightarrow \varphi$ となり,"$\Longrightarrow$" の証明の最後と同様に,$\Gamma \vdash \varphi$ が導ける. □(補題11)

ここで導入した形式的証明の体系 K^* は,定理9の意味で,"正しい結論"を導くようなものになっているが,この体系がすべての"正しい結論"を導けるものになっているかどうかは,一見しただけでは不明である.

むしろ,このような証明の体系を最初に見たときの多くの人の感想は,数学的な推論や論法で,対応する形式的推論としてこの体系の中にまだ盛りこめていないものが沢山残っているのではないか,というものではないだろうか.

しかし,実際には,この形式的体系 K^* はすでに数学的な推論として我々が必要とするものをすべて含んだものになっていることが,次のような定理からわかる:

定理12(ゲーデルの完全性定理[20]**,1929(昭和4)).** L を任意の言語として,Γ を L-理論とし,φ を L-論理式とす

---

[20] ゲーデルは対応する定理を,1929年の論文で発表しているが,そこでゲーデルが扱っている推論の体系は,ここで導入した K^* とは異なる.もちろん健全性定理と完全性の成り立つ二つの体系は(本質的には)同値であるが,この同値性は,知られている推論体系ではさらに,記号列の操作による,片方の体系での証明の,もう片方の体系の証明への"翻訳"のアルゴリズムの存在によって示すことができる.

る．もし $\Gamma \models \varphi$ なら，$\Gamma \vdash \varphi$ である．つまり，このときには φ の K^* での Γ からの証明が存在する．

この定理の証明は，次の定理 14 を介して行なうことができる．L-理論 Γ が（体系 K^* で）**無矛盾**である，とは，$x \not\equiv x$ の Γ からの K^* での証明が存在しないこととする．

Γ が無矛盾でないとき，Γ は**矛盾する**，ということにする．

$x \equiv x$ が K^* の論理公理に含まれていること（(39), (a) を参照）を思い出すと，K^* での証明の定義，特に，三段論法から，次は容易に示せる．

補題 13. 任意の言語 L と L-理論 Γ に対し，次は同値である：
  (a) Γ は矛盾する．
  (b) L-文 φ で $\Gamma \vdash \varphi$ かつ $\Gamma \vdash \neg \varphi$ となるものがある．
  (c) すべての L-論理式 φ に対し $\Gamma \vdash \varphi$ である． □

定理 14. 任意の無矛盾な L-理論 Γ に対し，Γ のモデルとなっているような L-構造が存在する．

定理 14 も完全性定理とよばれることがあるが，この定理から完全性定理（定理 12）を導くことは容易である：定理 14 が成り立っているものとして，定理 12 の命題の対偶を示すことにする．そのために，$\Gamma \not\vdash \varphi$ と仮定する．このとき，必要なら φ を φ の $\forall$-閉包で置き換えることで，φ は L-文だとしてよい[21]．

このとき，特に Γ は無矛盾だが，$\Gamma \cup \{\neg\varphi\}$ も無矛盾である[22]．したがって，定理14から $\Gamma \cup \{\neg\varphi\}$ のモデル $\mathfrak{A}$ が存在するが，$\mathfrak{A} \models \Gamma$ で，$\mathfrak{A} \not\models \varphi$ だから，$\Gamma \not\vdash \varphi$ がわかる．

定理14の証明は，多少大がかりなものになるため，ここでは子細を述べるだけの余裕がないが，大筋のアイデアは，無矛盾な L-理論 Γ が与えられたとき，L に新しい定数記号を無限個加えて得られる言語 $\tilde{L}$ を考え，Γ を，モデルに関する情報を十分に含んでいるような，ヘンキン理論とよばれる無矛盾な $\tilde{L}$ 理論 $\tilde{\Gamma}$ に拡張して，$\tilde{L}$ で新しく加えた定数記号の同値類を台集合として，$\tilde{\Gamma}$ に含まれている情報を用いて $\tilde{\Gamma}$ のモデルを作る．このモデルの L の解釈の部分だけを考えると，それが Γ のモデルとなる L-構造となっている，というものである．

もう少し詳しい説明をすることにする．Hconst $= \{c_1, c_2, \ldots\}$ を L に含まれない変数記号の無限集合（**ヘンキン定数の集合**）として[23]，$\tilde{L}$ を L に Hconst を合せて得られ

---

21) 演習問題4と補題11を参照．
22) もし，$\Gamma \cup \{\neg\varphi\}$ が矛盾するとすれば，(矛盾する公理からは何でも証明できるから，特に) Γ, $\neg\varphi \vdash \varphi$ である．したがって演繹定理から $\Gamma \vdash (\neg\varphi \rightarrow \varphi)$ である．$((\neg\varphi \rightarrow \varphi) \rightarrow \varphi)$ は，トートロジーから得られた恒真論理式なので，$\Gamma \vdash^P (\neg\varphi \rightarrow \varphi)$ とすると，$P^\frown ((\neg\varphi \rightarrow \varphi) \rightarrow \varphi)^\frown \varphi$ は K^* での φ の Γ からの証明になっているが，これは $\Gamma \not\vdash \varphi$ の仮定に矛盾する．
23) ここでは，言語や論理式などは数学の外で我々が紙に書きつける本物の記号や記号列などであることを想定しているので，それらは高々可算個しか存在しないと考えてよいが，後で集合論の中で同じ構成を再度展開するときには，L が非可算で，Γ も非可

る言語とする．このような L とその拡張 $\tilde{L}$ に対し，次が成り立つ：

補題 15 (ヘンキン理論の補題). Γ を無矛盾な L-理論とするとき，Γ の拡張となっている無矛盾な $\tilde{L}$-理論 $\tilde{\Gamma}$ で，次の (51)〜(53) を満たすものが構成できる：

(51)　すべての $\tilde{L}$-文 φ に対し，$\varphi \in \tilde{\Gamma}$ または $\neg\varphi \in \tilde{\Gamma}$ のどちらかが成り立つ；

(52)　すべての $\tilde{L}$-文 φ に対し，$\tilde{\Gamma} \vdash \varphi$ なら，$\varphi \in \tilde{\Gamma}$ となる；

(53)　$\exists x \varphi \in \tilde{\Gamma}$ なら，ある $c \in \mathsf{Hconst}$ に対し $\varphi(c/x) \in \tilde{\Gamma}$ である．

この補題は，Γ から出発して，順次 $\tilde{L}$-文 $\varphi_1, \varphi_2, \ldots$ を付加していって，最終的に $\tilde{\Gamma} = \Gamma \cup \{\varphi_1, \varphi_2, \ldots\}$ が (51)〜(53) を満たすようにできることを示すことで証明できる[24]．

算個の論理式の集まりであることもありえる．この場合には，Hconst として，L のサイズと同じサイズの無限集合をとっておく必要がある．

[24]　ここでの構成は，各 φ_n の選択方法は具体的に指定できるものになっていて，論理式の無限列を生成しなくてはいけない点を除くと，構成的である．

これに対して，同様の構成を非可算な Γ に対して集合論の中で行なうときには，超限帰納法を使った構成が必要となり，そのためには，あらかじめ $\tilde{L}$ を整列しておくことが必要になる．したがって，一般的な証明には選択公理が必要になる．

実は，完全性定理（の必ずしも可算とは限らない理論に対する拡張形）自身は，選択公理より弱い**ブール代数の素イデアル定理**とよばれる原理と，選択公理を含まない集合論上で同値になることが知られている（本付録の §10 を参照）．

上の補題 15 でのような $\tilde{\Gamma}$ は Γ のヘンキン拡大[25]とよばれる.

定理 14 の証明は,ヘンキン拡大が次のような典型的なモデル(ヘンキン・モデル)を持つことを示して完了できる:まず,Hconst の要素 c, d に対して,同値関係 $c \sim_{\tilde{\Gamma}} d$ を $c \equiv d \in \tilde{\Gamma}$ で定義する.これが同値関係になっていることは,K^* の論理公理に含まれている等号の公理を使って示すことができる.$c \in$ Hconst の $\sim_{\tilde{\Gamma}}$ に関する同値類を $[c]$ と表すことにする.つまり,$[c] = \{d \in \text{Hconst} : c \sim_{\tilde{\Gamma}} d\}$ である.

$A = \{[c] : c \in \text{Hconst}\}$ として,A を台集合とする $\tilde{L}$-構造 $\mathfrak{A}$ を次のように定義する.c が $\tilde{L}$ の定数記号のとき,$c^{\mathfrak{A}} = [d]$ とする.ただし,d は Hconst の要素で,$c \equiv d \in \tilde{\Gamma}$ となるものとする.このような d が必ず存在することは,(53) からよい[26].f が $\tilde{L}$ の l 変数の関数記号のとき,$[c_1]$, ..., $[c_l] \in A$ に対し,$f^{\mathfrak{A}}([c_1], ..., [c_l]) = [d]$ として $f^{\mathfrak{A}}$ を定義する.ただし,d は Hconst の要素で,$f(c_1, ..., c_l) \equiv d \in \tilde{\Gamma}$ となるものとする.このような d が必ず存在することも上と同じように示せ,この定義が A の要素となってい

---

25) この名前は L. ヘンキン (1921 (大正 10)-2006 (平成 18)) にちなむ.完全性定理は,現在の数理論理学の教科書では,ゲーデルのオリジナルな証明ではなく,ここでスケッチを与えたようなヘンキンによる改良された証明で導入されることが多い.

26) $\vdash \exists x\, c \equiv x$ であることに注意して (53) をこの論理式に適用する.d の同値類が d の選び方によらないことは,(39), (c) から導かれる.

る同値類の代表元に依存しないものになっていることは，等号の公理(39), (d)を用いて示せる．また，rが$\tilde{L}$のm変数の関係記号のとき，$[c_1], ..., [c_m] \in A$に対し，$r^{\mathfrak{A}}([c_1], ..., [c_m])$を，$r(c_1, ..., c_m) \in \tilde{\Gamma}$となること，として定義する．この定義が$A$の要素となっている同値類の代表元に依存せずに決まることは，等号の公理(39), (e)を用いて示せる．

以上で$\tilde{L}$-構造$\mathfrak{A}$が定義できたが，この構造に対し，

(54) 任意の$c_1, ..., c_n \in \mathsf{Hconst}$に対し，$\mathfrak{A} \models \varphi([c_1], ..., [c_n]) \Longleftrightarrow \varphi(c_1, ..., c_n) \in \tilde{\Gamma}$となる

ことが，$\tilde{L}$-論理式$\varphi = \varphi(x_1, ..., x_n)$の構成に関する帰納法で証明できる．このことから，特に$\mathfrak{A} \models \tilde{\Gamma}$となるから，$\mathfrak{A}^-$で$\mathfrak{A}$からヘンキン定数の解釈を取り除いて得られる$L$-構造を表すことにすると，$\mathfrak{A}^- \models \Gamma$である． □ (定理14)

完全性定理の系として直ちに導かれる次の定理は，現代の数理論理学，特に集合論やモデル理論では，いたるところで用いられる基本的な定理である．

定理16 (コンパクト性定理). 任意の理論Tがモデルを持つのは，Tのすべての有限部分がそれぞれモデルを持つ，ちょうどそのときである． □

§6.
ペアノ公理系と不完全性定理

前節で導入された形式的体系K^*(あるいはそれと本質的には同値であることが知られている他の体系)の上に数

学をどのように展開できるかについて見てゆくことにする.

まず,この節では,初等的数論を展開できる体系であるペアノ算術と,ペアノ算術をめぐるいくつかの状況について概観する.

最初に**ペアノ算術**(PA)を導入する. $L_{PA}=\{0, S, +, \cdot\}$ とする. ここに, 0 は定数記号, S は 1 変数関数記号で, $+$ と $\cdot$ は 2 変数関数記号である. 直観的には, $S(x)$ は数 x の次の数, つまり $x+1$ を与える関数である. 以下に定義される p_1, p_2, p_3, 等($\forall$-閉包)により,

(55) $PA = \{p_1, p_2, p_3, a_1, a_2, m_1, m_2\}$

$\cup \{p_\varphi : \varphi = \varphi(x, x_1, \ldots)$ は L_{PA}-論理式$\}$

として定義される L_{PA}-理論 PA をペアノ算術と呼ぶ. PA は初等的な算術を公理化するものとなっている. 直観的には, $\mathfrak{N} = \langle \mathbb{N}, 0, +1, +, \cdot \rangle$ が PA のモデルである. こう考えることは理解の助けにはなるが, 以下に述べることの本質的な部分は K^* での形式的な証明体系のみに関する形式的な議論として, 無限構造という"フィクション"にはまったくふれずに議論できることに注意する[27].

---

27) ここで"フィクション"という言い方をしたのは,無限構造などは考えない,という表明ではない:数学を記述するベースとしての形式的体系を考えているときには,そこで扱われているのは,記号の有限列や,記号列の有限列の有限列などであり,それらについての議論をしているレベルではすべての議論は有限的であるべきであろう.一方,次節で見るように K^* 上で形式化された集合論の理論を展開することもできるが,その理論の中で

$p_1 : x \not\equiv y \longrightarrow S(x) \not\equiv S(y)$　　$p_3 : x \not\equiv 0 \longrightarrow \exists y\, S(y) \equiv x$
$p_2 : 0 \not\equiv S(x)$

$a_1 : x+0 \equiv x$　　　　　　$m_1 : x \cdot 0 \equiv 0$
$a_2 : x+S(y) \equiv S(x+y)$　　$m_2 : x \cdot S(y) \equiv (x \cdot y)+x$

PA の定義の最後にある p_φ は $\varphi = \varphi(x, x_1, \ldots,)$ の体現する性質に関する帰納法が成り立つことを主張する論理式で,

$p_\varphi : \varphi(0, x_1, \ldots) \longrightarrow \forall x\, (\varphi(x, x_1, \ldots) \longrightarrow \varphi(S(x), x_1, \ldots))$
$\longrightarrow \forall x\, \varphi(x, x_1, \ldots)$

と定義される[28]。

『数とは何かそして何であるべきか?』(本書第Ⅱ部) での対応する場所 (60) を見てみると,「連鎖 A_0 のすべての要素がある性質 $\mathfrak{E}$ を持つ……」となっていて, この「ある性質」はどこから来ているのかが曖昧なまま残っている表現となっていたが[29], PA の定義では, これが「すべての

　　は, ほとんど無制限にすべての数学的議論を展開することができ, 特にそこでの議論の中では, 無限構造を自由に扱うことができるようになる.

28) この p_φ の定義では (37) の前後で与えた "$\longrightarrow$" に関する略記法が用いられていることに注意する.

29) もちろん, 第Ⅱ部の 60 でも述べられているように, これは, A_0 のある部分集合 $\mathfrak{E}$ と言い換えてもよいわけだが, この表現も, 集合の概念も含めての数学の基礎付けを目論んでいるという立場からは, これからまだ基礎付けをしなくてはならない集合の概念が使われている, という意味での循環論法になってしまっている.

　　ペアノ算術に対応する理論を集合論の中で展開することもできる. このときには, すべての集合 $\mathfrak{E}$ に対する帰納法の公理を考えることができるが, そのような理論はペアノ算術よりはるか

L_{PA}-論理式 φ に対し」、と言い換えられていて曖昧さを含まないものになっている。

0 に関数記号 S を k-回施して得られる L_{PA}-項を $S^k(0)$ と表すことにする。つまり

(56) $S^k(0) = \underbrace{S(\cdots(S(0))\cdots)}_{k\,回\qquad k\,回}$

である。$S^k(0)$ は、数 k を表す数表記（(英) numeral, (独) Numerale）である。ただし、$k=0$ のときには、$S^k(0)$ は、定数記号 0 のこととする。

PA は一見すると、表現力の乏しい理論のようにも見える。しかし、実は、初等的な数論の定理は（ほとんど）すべてを[30]、この理論の枠で記述したり証明したりすることができることが知られている[31]。特に、計算可能な関数 f

---

に強いものになる。§7以降で導入することになる概念や結果を用いてしまうことにすると、すべての集合 $\mathfrak{E}$ に対する帰納法を公理として認める公理系で証明できる L_{PA}-文 φ の全体は、ZFC $\vdash$「$\mathfrak{N} \models \ulcorner \varphi \urcorner$」となる L_{PA}-文の全体と一致し、たとえば、後述の $consis_{PA}$ はこのような L_{PA}-文の中に含まれることになる。

30) "初等的"という範囲の確定しない指定がしてあることでどうにでもとれる言葉の幅があるので、念のため「ほとんど」と書いてはいるが、この言葉のごく素直な解釈では、「すべて」、と言いきってしまってもよいだろう。

31) この節の最後で触れるように、現在では、PA の 249 ページで定義することになる保守拡大になっている、という意味で PA と同等の表現力を持つような理論で、古典的な[32] 数学が（ほとんど）すべて展開できることもわかっている。この意味で PA は数学の基礎付けに関して非常に重要な位置をしめる理論となっている、と言うことができる。

32) この"古典的"もまた範囲の確定しない曖昧な表現ではある

は，すべて，PA で**表現可能**である．ただし，ここで，$f: \mathbb{N}^n \longrightarrow \mathbb{N}$ が表現可能とは，ある L_{PA} 論理式 $\varphi = \varphi(x_1, \ldots, x_n, y)$ に対し，

(57) すべての自然数 $m_1, \ldots, m_n, m$ に対し，

$m = f(m_1, \ldots, m_n)$ なら

$PA \vdash \varphi(S^{m_1}(0), \ldots, S^{m_n}(0), S^m(0))$,

かつ

$m \neq f(m_1, \ldots, m_n)$ なら

$PA \vdash \neg \varphi(S^{m_1}(0), \ldots, S^{m_n}(0), S^m(0))$

が成り立つことである．このとき φ は f を**表現する**，または φ は f の**表現式**であるということにする．

特に，PA では，指数関数（対応 $(m, n) \longmapsto m^n$ を与える関数）は表現可能である[33]．

PA の標準的なモデル $\mathfrak{N} = \langle \mathbb{N}, 0, +1, +, \cdot \rangle$ の存在を認める立場では，関数 f が定義可能であるということを，あ

が，感覚としては少なくとも 20 世紀初頭くらいまでに行なわれていた数学は全部含むもの，というようなニュアンスで理解してもらいたい．また，大学の教養の数学や，（数学科以外で）学部の講義で出てくる可能性のあるすべての数学は多少の例外を除けば，ここに全部含まれている，というような範囲である．

33) このことの証明はそれほど簡単ではない．これの自然な証明の一つは，ゲーデルの不完全性定理に関する論文（巻末の文献表のゲーデル [23]）でのような，中国の剰余定理を用いるものだろう．なお，田中 [49] は，この中国の剰余定理の解説を含め，[23] の精読を再現して，多くの註釈の加えられたものになっている．なお，ここでの表現可能性に関する，より子細な議論は，たとえばエンダートン [12] で見ることができる．

る論理式 φ が存在して,
(58) すべての自然数 $m_1, ..., m_n, m$ に対し,
$m = f(m_1, ..., m_n)$ なら,
$\mathfrak{N} \models \varphi(S^{m_1}(0), ..., S^{m_n}(0), S^m)$,
かつ,
$m \neq f(m_1, \cdots, m_n)$ なら,
$\mathfrak{N} \models \neg \varphi(S^{m_1}(0), ..., S^{m_n}(0), S^m)$

が成り立つこと, として導入することができる. 健全性定理（定理 9）により, PA の標準的なモデル $\mathfrak{N} = \langle \mathbb{N}, 0, +1, +, \cdot \rangle$ の存在を認める立場では, 関数 f が表現可能なら, 定義可能であるが, 逆は必ずしも成り立たない（後出の不完全性定理により, 定義可能だが表現可能でないような関数の存在が示せる）.

指数関数が PA で表現可能であるという事実を使うと, 次のようにして記号列（たとえば論理式）φ や, 記号列の列（たとえば K^* での証明）P などに, これらをコードする数 $\#(\varphi)$ や, $\#(P)$ を一定の法則で (PA の中で扱えるような仕方で) 対応させ, 記号列や記号列の列に関する PA の外での（つまり超数学での）議論を,（PA がその"対象"として記述している）数に関する PA の中での議論に翻訳することができるようになる. しかも, この翻訳は, 以下のような意味で, 十分な逆翻訳もできるようなものになっていることが示せる.

このようなコードの具体的な導入の方法は色々なバリエーションがありえる. ここで述べるものは, 説明が比較的

やりやすい，という観点のみから選ばれたそのうちの一つである．

まず，ここで使うことになる各記号のすべてを，変数記号として使う記号，$\wedge$，$\vee$ などの論理記号，定数記号として使う記号，各 n に対し n 変数の関数記号として使う記号，などのカテゴリーごとに数字で番号付けをしておき，m 番目のカテゴリーに属す n 番目の記号 c に $2^0 \cdot 3^m \cdot 5^n$ という数を割り振って，これを $\#('c')$ と表すことにする[34]．

このとき，たとえば，2 番目のカテゴリーとして変数記号が割り振られていたとすれば，"k が n 番目の変数記号をコードする数である" は，"k は $3^2 \cdot 5^n$ である" を表す L_{PA}-論理式で表現することができることになる．

素数の列 $2, 3, 5, 7, \ldots,$ を考えて[35]，たとえば記号列 $x \equiv x$ や $\neg x \equiv y$ をそれぞれ

(59) $\quad \#(x \equiv x) = 2^1 \cdot 3^{\#('x')} \cdot 5^{\#('\equiv')} \cdot 7^{\#('x')}$

(60) $\quad \#(\neg x \equiv y) = 2^1 \cdot 3^{\#('\neg')} \cdot 5^{\#('x')} \cdot 7^{\#('\equiv')} \cdot 11^{\#('y')}$

などとして，数にコードする．

記号列の列についても，たとえば，$\langle x \equiv x, \neg x \equiv y \rangle$ という列を，

---

34) $2^0 = 1$ なので，このコードは $3^m \cdot 5^n$ と書いても同じだが，後で 2^1 や 2^2 を因数に持つ数を，それぞれ記号列や記号列の列のカテゴリーに属す対象のコードとしてとってくることになるため，それらにそろえるためにこのように書いている．

35) 指数関数が PA で表現可能であることから，数 n に n 番目の素数 p_n を対応させる関数も表現可能であることが容易に示せる．

(61) $\#(\langle x \equiv x, \neg x \equiv y \rangle) = 2^2 \cdot 3^{\#(x \equiv x)} \cdot 5^{\#(\neg x \equiv y)}$

などとして数にコードすることができる[36]. これらのコードは, (56)でのような数表記により, L_{PA}-項として表現できる. 記号列 t に対し, 「t」$=S^{\#(t)}(0)$ とし, 記号列の列 P に対し, 「P」$=S^{\#(P)}(0)$ とする.

任意の数 m が与えられたとき, 因数分解をすることで, この数が記号列をコードするものになっているか, またもしなっているなら, どの記号列をコードしているかは, 一意に決定できる.

L_{PA}-論理式 $\varphi = \varphi(x)$ を

"x は 2 で割りきれるが, 2^2 では割りきれない. x は x より小さな素数 p で割りきれれば p より小さなすべての素数でも割りきれる. x は x より小さな p^k の形の数で割りきれて, p^{k+1} では割りきれないときには, k を割切る k より小さな素数は 3 か 5 のみである"

を自然に表すようなものとすると, すべての数 k に対し,

(62) ある記号列 t があって $k = \#(t)$ となっていれば, $\mathsf{PA} \vdash \varphi(S^k(0))$ となり,

(63) どの記号列 t に対しても $k = \#(t)$ とならなければ, $\mathsf{PA} \vdash \neg \varphi(S^k(0))$ が成り立つ.

---

[36] このコーディングは, すぐに現実的には扱えないような大きな数になってしまうので, たとえば記号のコーディングとして計算機に実装できる, というような種類のものではない. しかし, ここで (とりあえず) 問題にしているのは, 以下で述べるような意味での良いコーディングが可能であることで, その現実的な計算機科学などでの応用の可能性ではないことに注意しておく.

このようなとき，L_{PA}-論理式 $\varphi = \varphi(x)$ は，k が記号列のコードであることを（PAで）表現する，と言うことにする．この主張は，すべての計算可能な関数が表現可能である，というここでは検証を省略した事実から導かれる．

k が記号列の列のコードであることを PA で表現する L_{PA}-論理式も同様に作ることができる．

同様の議論を §2 で導入した概念の一つ一つについて積み重ねてゆくことで，"k は L_{PA}-項のコードである" を PA で表現する論理式 $\mathrm{Term}(x)$ や，"k は L_{PA}-論理式のコードである" を PA で表現する論理式 $\mathrm{Fml}(x)$[37]，"x は L_{PA}-論理式の列をコードし，y は L_{PA}-論理式をコードし，x は y でコードされた論理式の PA からの証明のコードになっている" を PA で表現する，L_{PA}-論理式 $B(x, y)$ を作ることができる[38]．

---

[37] $\mathrm{Term}(x)$ や $\mathrm{Fml}(x)$ などを表現する論理式の導入では，L-項や L-論理式の定義が再帰的になされているので，この処理には多少の工夫が必要になるが，これは『数とは何かそして何であるべきか？』，125 でと同様のアイデアを用いることで解決できる：$\mathrm{Term}(x)$ の場合には，x が記号列をコードしていて x の項の構造木に相当する記号列の列をコードする数が存在することを主張する論理式を考えればよい．このような論理式が x が項をコードする数になっていることを定義するだけでなく，それを表現するものになっていることを見るには，x の構造木に相当する記号列の列をコードする数の上限の評価のできることが確認できればよい．

[38] "B" はドイツ語の動詞 beweisen（証明する）の頭文字に由来する記号で，$B(x, y)$ はドイツ語では „x beweist y" と読み下せるだろう．ゲーデルのオリジナル論文でも似たような記号の使

ここでも, $B(x, y)$ が "…" を PA で表現している, とは, 前と同じように, すべての自然数 l, m について,

(64)　$\mathsf{PA} \vdash^{P} \varphi$ となる, ある P, φ に対し, $\#(P) = l$, $\#(\varphi) = m$ となっているなら, $\mathsf{PA} \vdash B(S^{l}(0), S^{m}(0))$ が成り立ち, そのような P, φ がとれないなら, $\mathsf{PA} \vdash \neg B(S^{l}(0), S^{m}(0))$ が成り立つ

ということが証明できる, ということである.

また $\mathrm{Bew}(y)$ を, $\exists x B(x, y)$ のこととすると, $\mathrm{Bew}(y)$ は "y に対応する L_{PA}-論理式は PA で証明可能である" ことを表明している述語と考えることができる[39]. ここで $\mathrm{Bew}(x)$ は, (64)のような意味では, "x に対応する L_{PA}-論理式は PA で証明可能である" を表現しているということが言えるわけではないことに注意する. すべての自然数 m に対し,

(65)　$m = \#(\varphi)$ で, $\mathsf{PA} \vdash \varphi$ なら, $\mathsf{PA} \vdash \mathrm{Bew}(S^{m}(0))$ である

ということは, (64)から導けるが[40], (64)の後半に対応する主張の証明は見当らないからである[41]. 実際, 後で, こ

　い方がなされている. 現代の英語の文献では, これを, $\mathrm{pr}(x, y)$ や $\mathrm{proof}(x, y)$ などで表すこともある.

39)　ここでの "Bew" はドイツ語の「証明可能」という形容詞 beweisbar に因むものである.

40)　$\mathsf{PA} \vdash \varphi$ なら, ある証明 P に対し, $\mathsf{PA} \vdash^{P} \varphi$ となっているから, (64)から, $\mathsf{PA} \vdash B(\ulcorner P \urcorner, \ulcorner \varphi \urcorner)$ となる. したがって, $\mathsf{PA} \vdash \exists x B(x, \ulcorner \varphi \urcorner)$ つまり, $\mathsf{PA} \vdash \mathrm{Bew}(\ulcorner \varphi \urcorner)$ である. また, $m = \#(\varphi)$ なら, $\ulcorner \varphi \urcorner = S^{m}(0)$ だから, $\mathsf{PA} \vdash \mathrm{Bew}(S^{m}(0))$ である.

41)　$\mathsf{PA} \vdash \exists x B(x, S^{m}(0))$ のとき, $\mathsf{PA} \vdash B(S^{l}(0), S^{m}(0))$ となるよ

れが（PAが無矛盾である限り）一般には成り立たないことが証明される．

以上の，議論の細部の多くを省略して説明した事実を用いると[42]，（第1，および第2）不完全性定理とよばれる，数学の基礎付けに対する制約の存在を示す二つの定理を証明することができるようになる．

不完全性定理の現代的な証明は，Diagonal Lemma あるいは Fixed Point Theorem などと呼ばれることもある，ゲーデルの不完全性定理のオリジナルの証明から抽出された，カルナップによる次の定理を経由して行なわれることが多い：

定理 17（**Diagonal Lemma**, R. Carnap, 1934（昭和9））．任意の L_{PA} の論理式 $\beta = \beta(v_1)$ に対し，L_{PA}-文 σ で，$\mathsf{PA} \vdash \sigma \longleftrightarrow \beta(\ulcorner \sigma \urcorner)$ となるものが存在する．

証明． $f^* : \mathbb{N}^2 \longrightarrow \mathbb{N}$ を，自然数 m, n に対して，

$$(66) \quad f^*(m, n) = \begin{cases} \#(\alpha(S^n(0))), & \text{ある } L_{\mathsf{PA}}\text{-論理式} \\ & \alpha = \alpha(v_1) \text{ に対し,} \\ & m = \#(\alpha) \text{ のとき；} \\ 0, & \text{そうでないとき} \end{cases}$$

として定義する．f^* は計算可能だから，f^* の表現式 $\theta =$

うな数表記 $S^l(0)$ が見つかる，という保証は，一般には，（少なくとも直接的には）どこにも与えられていないことに注意する．

42) これらの議論の細部は，たとえば，エンダートン [12] の Chapter 3 で見ることができる．

$\theta(v_1, v_2, v_3)$ が存在する. 特に, すべての自然数 m, n に対し, $k = f^*(m, n)$ として,

(67) $\mathsf{PA} \vdash \forall v_3(\theta(S^m(0), S^n(0), v_3) \longleftrightarrow v_3 \equiv S^k(0))$

が成り立つ[43]. $q = \#(\forall v_3(\theta(v_1, v_1, v_3) \longrightarrow \beta(v_3)))$ として,

(68) $t = \ulcorner \forall v_3(\theta(v_1, v_1, v_3) \longrightarrow \beta(v_3)) \urcorner$

とする. $t = S^q(0)$ である.

ここで,

(69) $\sigma = \forall v_3(\theta(t, t, v_3) \longrightarrow \beta(v_3))$

として, この σ が求めるようなものであることを示す.

f^* の定義 (66) と, (68), (69) から,

(70) $f^*(q, q) = \#(\forall v_3(\theta(t, t, v_3) \longrightarrow \beta(v_3)))$
$\qquad = \#(\sigma)$

である. $S^{\#(\sigma)}(0) = \ulcorner \sigma \urcorner$ だから, (70) と (67) から,

(71) $\mathsf{PA} \vdash \forall v_3(\theta(t, t, v_3) \longleftrightarrow v_3 \equiv \ulcorner \sigma \urcorner)$

である. したがって, (69) と (71) から,

(72) $\mathsf{PA} \vdash \sigma \longrightarrow \beta(\ulcorner \sigma \urcorner)$

である[44].

一方, $\beta(\ulcorner \sigma \urcorner) \longrightarrow \theta(t, t, v_3) \longrightarrow \beta(\ulcorner \sigma \urcorner)$ は, トートロジー

---

43) このことが表現式を持つ関数に対して一般に成り立つことを, 表現式の概念の定義から導くには, 多少の議論が必要となる. たとえば, エンダートン [12] の Section 3.3 を参照されたい.

44) (69) から, $\sigma \vdash \theta(t, t, \ulcorner \sigma \urcorner) \longrightarrow \beta(\ulcorner \sigma \urcorner)$ だが, (71) により, $\mathsf{PA} \vdash \theta(t, t, \ulcorner \sigma \urcorner)$ だから, 三段論法により, $\mathsf{PA}, \sigma \vdash \beta(\ulcorner \sigma \urcorner)$ である. したがって, 演繹定理 (定理 10, (β)) により, $\mathsf{PA} \vdash \sigma \longrightarrow \beta(\ulcorner \sigma \urcorner)$ である.

から得られた恒真論理式なので，演繹定理（定理10, (α)）から，PA, $\beta(\ulcorner\sigma\urcorner) \vdash \theta(t, t, v_3) \longrightarrow \beta(\ulcorner\sigma\urcorner)$ である．したがって，補題11により，

(73)　PA, $\beta(\ulcorner\sigma\urcorner) \vdash \forall v_3(\theta(t, t, v_3) \longrightarrow \beta(\ulcorner\sigma\urcorner))$

である．(73)の $\vdash$ の右辺は σ だから，PA, $\beta(\ulcorner\sigma\urcorner) \vdash \sigma$ である．このことと演繹定理（定理10, (β)）から，

(74)　PA $\vdash \beta(\ulcorner\sigma\urcorner) \longrightarrow \sigma$

となることがわかる．

(72)と(74)から，

(75)　PA $\vdash \sigma \longleftrightarrow \beta(\ulcorner\sigma\urcorner)$

が導けるので，このσが実際に求めるようなものであることが示せた． □（定理17）

PAを含む，ある言語 $L \supseteq L_{\mathrm{PA}}$ での L-理論 T が **ω-無矛盾**であるとは，すべての L-論理式 $\alpha \equiv \alpha(x)$ に対し，すべての自然数 n で，$T \vdash \alpha(S^n(0))$ が成り立つなら，$T \not\vdash \exists x \neg\alpha(x)$ となることである．

T が ω-無矛盾なら，T は無矛盾である：$\alpha(x)$ として，$x \equiv x$ を考えれば，この論理式は，等号の公理(39), (a)だから，これを(39), (d)や三段論法と組み合わせると，$\vdash S^n(0) \equiv S^n(0)$ がすべての自然数 n に対して成り立つことが示せる．特にすべての自然数 n に対し $T \vdash S^n(0) \equiv S^n(0)$ である．したがって，T が ω-無矛盾なら，$T \not\vdash \exists x\, x \not\equiv x$ となる．これは T が無矛盾であるということである．

以上で第1不完全性定理の説明に必要な道具はすべてそ

ろった．まず，この定理を PA に限定した形の次の定理を示す．

定理 18（**第 1 不完全性定理の特殊形**）．PA が ω-無矛盾だとすると，L_{PA}-文 σ で，PA $\not\vdash \sigma$ かつ PA $\not\vdash \neg\sigma$ となるようなものが存在する．

証明． Diagonal Lemma（定理 17）により，

(76) PA $\vdash \sigma \longleftrightarrow \neg\mathrm{Bew}(\ulcorner\sigma\urcorner)$

となるような L_{PA}-文 σ がとれる．この σ が求めるようなものであることを示す．

まず，PA $\not\vdash \sigma$ を示す：もし PA $\vdash \sigma$ だったとすると，(65)により，

(77) PA $\vdash \mathrm{Bew}(\ulcorner\sigma\urcorner)$ である．

一方，(76)と PA $\vdash \sigma$ の仮定から，

(78) PA $\vdash \neg\mathrm{Bew}(\ulcorner\sigma\urcorner)$

となり，これと(77)により PA は矛盾することになってしまうが，これは PA が ω-無矛盾である，という仮定に矛盾である．

次に，PA $\not\vdash \neg\sigma$ を示す．もし

(79) PA $\vdash \neg\sigma$

だったとすると，(76)から，PA $\vdash \mathrm{Bew}(\ulcorner\sigma\urcorner)$，つまり，

(80) PA $\vdash \exists x\, B(x, \ulcorner\sigma\urcorner)$

である．ところが，(79)と PA が無矛盾であることから，各々の自然数 m に対し，PA $\not\vdash B(S^m(0), \ulcorner\sigma\urcorner)$ となることが示せる[45]が，これは，(80)と合せると PA が ω-無矛盾

であることに矛盾である.　　　　　　　　□（定理18）

L を（そこで現れる記号が自然数でコードできている）ある言語とするとき，L-理論 T が**計算可能**とは，L の記号コーディングを (59)〜(61) のやりかたで拡張したときに $\{\#(\varphi) : \varphi$ は T に含まれる$\}$ が計算可能になること，とする．特に PA はこの意味で計算可能である．

T が計算可能で，PA を含んでいる L-理論なら[46]，$\{\#(\varphi) : \varphi \in T\}$ を表現する論理式 $\psi = \psi(x)$ がとれるので，「ψ」がとれる．これを T のコードだと思って「T」と書くことにすると,「T」を使って，"k は T の言語の論理式のコードである" を T で表現する L_{PA}-論理式 $\mathrm{Fml}_T(x)$ や，"x は L-論理式の列をコードし，y は L-論理式をコードし，x は y でコードされた論理式の T からの証明のコードになっている" を T で表現する，L_{PA}-論理式 $B_T(x, y)$ を作ることができる[47]．また，$\mathrm{Bew}_T(y)$ を $\exists x\, B_T(x, y)$ のこととし導入すると，これは，"y に対応する L-論理式は T で証明可能である" ことを表明している述語と解釈できる．

---

45)　もし，ある自然数 m に対し，$\mathsf{PA} \vdash B(S^m(0),$「$\sigma$」$)$ となっていたとすると，$\#(P) = m$ となる証明 P に対し，$\mathsf{PA} \vdash^P \sigma$ となるが，このことと (79) から PA が矛盾することが帰結できてしまう．
46)　特に，このときには L は L_{PA} を含んでいることに注意する．
47)　$\{\#(\varphi) : \varphi \in T\}$ を表現する論理式は PA でとることができるので，$B_T(\cdots)$ や $\mathrm{Bew}_T(\cdot)$ は L_{PA}-論理式としてとることができる．またこれらの述語で T をそれを表現する論理式のコードの数表記で置き換えて考えることにより，T も $B_T(\cdots)$ や $\mathrm{Bew}_T(\cdot)$ での変数として扱うこともできるようになる．

PA, $B(\cdots)$, Bew($\cdot$) をそれぞれ T, $B_T(\cdots)$, Bew$_T(\cdot)$ で置き換えて，これらに対して定理 18 の証明を繰り返すことができるので，定理 18 は次のように拡張できることがわかる：

定理 19（**第 1 不完全性定理**，K. Gödel, 1931（昭和 6））．T を PA を含む計算可能で ω-無矛盾な L-理論とするとき，L-文 σ で $T \not\vdash \sigma$ かつ $T \not\vdash \neg\sigma$ となるようなものが存在する． □

L を任意の言語として，L-理論 T が**完全**であるとは，すべての L-文 σ に対して，$T \vdash \sigma$ か $T \vdash \neg\sigma$ のどちらかが成り立つことである．完全でない理論は不完全であると言うことにすると，第 1 不完全性定理は，「PA を含む計算可能で ω-無矛盾な理論はすべて不完全である」と言いなおすことができる．

また，L-文 σ が $T \not\vdash \sigma$ かつ $T \not\vdash \neg\sigma$ を満たすとき，σ は T から**独立**であるという．この言い方を用いると，第 1 不完全性定理は，「T を PA を含む計算可能で ω-無矛盾な L-理論とするとき，T から独立な文が必ず存在する」と言いなおすことができる．

ゲーデル自身は，彼の定理の名称として，上の定理や次の第 2 不完全性定理など，「不完全」という言葉を含む呼び方を避けていた節がある[48]．このことは不完全性という言

---

48) たとえば田中 [51] にこれに関した議論がある．[19] も参照されたい．

葉の持つ否定的な響きにひきずられて、この定理を不必要に否定的な定理として捉えてしまう人が多いように思えることと関係があるのかもしれない.

第1不完全性定理の数学に対して与えるインパクトについては、以下で述べるロッサーによる第1不完全性定理の拡張の後でさらに論じることにする.

第1不完全性定理(定理19)での、T が ω-無矛盾である、という条件は、いささか場違いな印象を受ける. 第1不完全性定理の他の部分は、証明の体系に関する有限的な性質や概念に関する有限的な議論であるのに、ω-無矛盾性では、すべての論理式 φ に対し、「すべての自然数 n に対し $T \vdash \varphi(S^n(0))$ なら……」、という一般には有限的な手段で確かめられる保証のない条件が関与しているからである.

実は、ゲーデルによる第1不完全性定理の5年ほど後に、ロッサーによって、この定理の「T が ω-無矛盾なら」という条件は、「T が無矛盾なら」に改良できることが証明されている. ただし、T から独立な L-文は定理19でのものより若干複雑なとり方をしなくてはならなくなる.

定理20(**ゲーデル‐ロッサーの不完全性定理**, B. Rosser, 1936(昭和11)). T を PA を含む計算可能で無矛盾な L-理論とするとき、L-文 ρ で $T \not\vdash \rho$ かつ $T \not\vdash \neg \rho$ となるようなものが存在する.

まず、いくつかの準備をしておく. PA の言語 L_{PA} には

数の大小関係を表す述語記号はもともとは入っていないが，$x \leq y$ を，$\exists z\, y \equiv x+z$ の略記と考え，$z<y$ を $\exists z\, y \equiv x+S(z)$ の略記と考えることにすると，これらは通常の数の大小を表現するものとなる[49]．

また，ある言語 L を固定したときに，次のような関数 $neg: \mathbb{N} \longrightarrow \mathbb{N}$ を，すべての自然数 n に対し，

(81) $neg(n)=\begin{cases} \#(\neg\varphi), & \text{ある } L\text{-論理式 } \varphi \text{ に対し，} n=\#(\varphi) \text{ のとき；} \\ 0, & \text{それ以外のとき} \end{cases}$

として定義すると，neg は計算可能だから，neg は PA で表現可能である．その表現式を $\varphi=\varphi(x, y)$ として，たとえば，

(82) $\psi(\ldots, neg(x), \ldots)$

という表現は，論理式 $\exists u(\varphi(x, u) \wedge \psi(\ldots, u, \ldots))$ あるいは，論理式 $\forall u(\varphi(x, u) \longrightarrow \psi(\ldots, u, \ldots))$ の略記だと思うことにする．

定理 20 の証明． L-論理式 $B_T^* = B_T^*(x, y)$ を，

(83) $B_T(x, y) \wedge \neg\, \exists z(z \leq x \wedge B_T(z, neg(y)))$

のこととして定義する．$\neg B_T^*(x, y)$ は，

(84) $B_T(x, y) \longrightarrow \exists z(z \leq x \wedge B_T(z, neg(y)))$

と論理的に同値であることに注意する[50]．また $\mathrm{Bew}_T^*(y)$

---

49) ここで"表現"と言っているのも (57) でと同様の意味である．
50) 論理式 φ, ψ が論理的に同値とは，$\vdash \varphi \longleftrightarrow \psi$ となることのことである．φ と ψ が L-文のときには，演繹定理から，このことは，$\varphi \vdash \psi$ かつ $\psi \vdash \varphi$ と同値である．

を $\exists x\, B_T^*(x, y)$ のこととする.

Diagonal Lemma（定理 17）により,
(85) $\quad T \vdash \rho \longleftrightarrow \neg \mathrm{Bew}_T^*(\ulcorner \rho \urcorner)$

となるような L-論理式 ρ がとれる．この ρ が求めるようなものであることを示す．

まず，$T \nvdash \rho$ を示すために，$T \vdash \rho$ だったと仮定して，このことから矛盾が導かれることを示す．

$T \vdash \rho$ と (85) から,
(86) $\quad T \vdash \neg \mathrm{Bew}_T^*(\ulcorner \rho \urcorner)$

である．一方 $T \vdash^P \rho$ となるような証明 P を一つとり，$n = \#(P)$ とすれば,
(87) $\quad T \vdash \forall x\, (x \leq S^n(0)$
$\longleftrightarrow (x \equiv S^0(0) \vee x \equiv S^1(0) \vee \cdots \vee x \equiv S^n(0)))$

と T の無矛盾性の仮定から，$T \vdash B_T^*(S^n(0), \ulcorner \rho \urcorner)$ である．したがって，$T \vdash \mathrm{Bew}_T^*(\ulcorner \rho \urcorner)$ となるが，これと (86) から（補題 13 により）T が矛盾することが示せてしまう．これは，T が無矛盾であるという仮定に矛盾である．

次に $T \nvdash \neg \rho$ を示すために,
(88) $\quad T \vdash \neg \rho$

だったと仮定して，このことから矛盾が導かれることを示す．

$T \vdash^P \neg \rho$ となる証明 P をとる．$n = \#(P)$ とすると,
(89) $\quad T \vdash \forall x\, (S^n(0) \leq x \longrightarrow \exists z\, (z \leq x \wedge B_T(z, neg(\ulcorner \rho \urcorner))))$

である．

一方，T が無矛盾であることと，この n に対する (87) か

ら,
(90) $T \vdash \neg \exists x (x \leq S^n(0) \land B_T(x, \ulcorner \rho \urcorner))$

が得られる. このことから, $T \vdash B_T(x, \ulcorner \rho \urcorner) \longrightarrow S^n(0) \leq x$
が示せるので, このことと(89)から,

(91) $T \vdash \forall x (B_T(x, \ulcorner \rho \urcorner) \longrightarrow \exists z (z \leq x \land B_T(z, neg(\ulcorner \rho \urcorner))))$

となる. このことと, (84)から, $T \vdash \neg \mathrm{Bew}^*_T(\ulcorner \rho \urcorner)$ となることがわかるが, 仮定(88)と, (85)から, $T \vdash \mathrm{Bew}^*_T(\ulcorner \rho \urcorner)$ でもあるので, 補題13により, T は矛盾する. これは, T が無矛盾という仮定に矛盾である. □(定理20)

上の第1不完全性定理は, T が PA を部分として含んでいなくても PA をその中で解釈することができるような理論に対しても同じように言うことができる. §8で導入される集合論の体系 ZFC やその計算可能な拡張はそのようなものになっているので, この理論, あるいはこの理論のどんな計算可能な拡張も, それが無矛盾なら, 不完全であることが言える. ZFC では, 現在までに行なわれている数学がすべて展開できるので[51], このことは, 数学は不完

---

51) グロタンディエク・ユニヴァースの存在のような, そのまま定式化すると ZFC を越えることの知られている仮定が用いられる数学理論も知られているので, ここで言っている「すべての数学」は多少言いすぎかもしれない[52]. しかし, 集合論固有の ZFC を本質的に越える数学的な議論を別にすると, 通常の数学の議論はすべて, ZFC のきわめて限定された有限部分で展開できる, と考えてよい.

52) グロタンディエク・ユニヴァースの扱いについては, §7の脚注68（250ページ）も参照されたい.

全である，と言い換えてもよいかもしれない．しかし，全数学を含む理論的枠組をどう設定しても，それが述語論理の理論として完全でない（つまりその体系から証明も否定の証明もできない命題がでてきてしまう）ということは，それ自体としては，数学に対して，なんら否定的な影響を与えるものでもないだろう．

むしろ，このことは，「数学の体系をどのように拡張したときにも，さらにどう拡張すべきかを議論する余地が常に残されている」という意味で，数学の"無尽蔵性"を示しているという積極的な解釈すら可能であろう．

一方，第1不完全性定理が数学の研究者に与えた心理的なダメージは小さくないはずである．第1不完全性定理によって，自分がいま結着をつけようとしている数学的予想が，実は数学から独立で，その真偽が数学的証明の形では決して解決できないものかもしれない，という不安が常につきまとうことになるからである．

このような凶兆や疫病神として第1不完全性定理を理解したときの，唯一の厄除けは，それがなかったふりをする，というものであろう．実際，マサイヤスが [35], [37] で分析しているように，かつてブルバキが不完全性定理に対してとった態度はまさにこのようなものであった．

こう書くと，ブルバキの態度が荒唐無稽な原始人のそれであると言っているように聞こえるかもしれないが，誰かが解こうとして一生をかけてもどうしても解けなかった問題が，その問題が後の世代の数学者によって解かれてから

振り返ってみると，それが昔に解けなかったのは，その当時まだその解決に必要な数学的な道具が用意されていなかったからだ，ということが判明する，という事例は，数学の歴史の中に多く見られる．

解決しようとしている数学的予想が，それを解決するのに必要な道具がまだ開発されていないために，現時点では決して解けないかもしれない，という不安は，数学研究では，数学者を常に苦しめることになるわけである．この不安を払拭する唯一の方法は，その数学的予想を解くための道具はすべて自分の手のうちにある，あるいは，自分で揃えることができる，と硬く信じることだろう．このことと，「第1不完全性定理がなかったことにする」，というおまじないの間の差はほとんどない，と言ってもよいように思える．

しかし，マサイヤス [35], [37] が問題にしているのは，ブルバキのメンバーたちが，このおまじないを working mathematicians としての各個人の研究上の箴言としてつらぬいただけでなく，ブルバキとして，あるいは各個人として書いた教科書や著作や論文の中でも主張し通したことであろう．このことの悪影響は様々な形で現代にまで受けつがれているように思える．

一方，この「第1不完全性定理がなかったことにする」というおまじないの，第1不完全性定理の後の時代にもう少し積極的に向き合う姿勢の感じられる改良版として，「数学の仮説は結着がつかなければ必ずその独立性が証明

できる」ことを信じる，というものがある．実際，コーエンによって ZFC からの独立性証明のための主要な手法である強制法が発明された 1960 年代以降，この研究姿勢からは多くの興味深い研究結果が得られている．

しかもこの独立性証明を含む新しい数学で，旧来の数学に対しても大きな影響を及ぼす結果が得られることも少なくない．たとえば，測度とカテゴリー[53]の双対性に関する知見は，1980 年代から現代にいたる**実数の集合論**とよばれる独立性証明を含む数学の一分野で得られた結果により，格段に豊かなものとなったと言えるだろう[54]．その他の多くの例をあげるだけの紙数の余裕がないのが残念だが，一般位相空間論や，最近の作用素環の理論のように，独立性証明を含む数学を積極的に受け入れるようになってきている数学の研究分野も出てきはじめている[55]．

とはいえ，「第 1 不完全性定理はなかったことにする」という呪術者たちにとっては，数学から独立な命題は，そもそも「見てはいけないもの」，「存在してはいけないもの」であり，独立性が現れた部位は，蜥蜴の尻尾のように彼等の「数学」から切り捨てられてしまうことさえ少なくない

---

53) ここでのカテゴリーはカテゴリー理論のカテゴリーではなく，ベールの範疇（カテゴリー）定理の意味のカテゴリーである．

54) 測度とカテゴリーの（非）双対性については，実数の集合論での主要な成果以外にも，§9 の定理 31 とその前後で述べたような結果も知られている．

55) 群や環などの代数構造に関する集合論的な議論や独立性の結果も少なくない．たとえば [11] を参照されたい．

ので、結果として、本来は21世紀の数学の一つの大きな潮流であるべきはずの独立性証明を含む数学が、未だに数学の「主流」から不当にマージナルな扱いを受けているように思える[56].

第2不完全性定理は、数学に対してもっと実質的なインパクトを持つものである。この節では、この定理の証明の概略を見て、次の§7でこの定理と関連する問題についてさらに議論することにする.

まず、次の補題を補足しておく：

補題 21. T を PA を含む計算可能で無矛盾な L-理論とし、φ, ψ を L-文とする。このとき次が成り立つ.

(α) $T \vdash \varphi$ なら、$T \vdash \mathrm{Bew}_T(\ulcorner \varphi \urcorner)$ である.

(β) $T \vdash \mathrm{Bew}_T(\ulcorner \varphi \urcorner) \longrightarrow \mathrm{Bew}_T(\ulcorner \varphi \longrightarrow \psi \urcorner) \longrightarrow \mathrm{Bew}_T(\ulcorner \psi \urcorner)$.

(γ) $T \vdash \mathrm{Bew}_T(\ulcorner \varphi \urcorner) \longrightarrow \mathrm{Bew}(\ulcorner \mathrm{Bew}_T(\ulcorner \varphi \urcorner) \urcorner)$.

証明. (α)：$T \vdash^P \varphi$ なら B_T の (64) に対応する性質から、$T \vdash B_T(\ulcorner P \urcorner, \ulcorner \varphi \urcorner)$ となるから、$T \vdash \mathrm{Bew}_T(\ulcorner \varphi \urcorner)$ である.

(β)：関数 $mp : \mathbb{N}^2 \longrightarrow \mathbb{N}$ を、自然数 m, n に対し、

---

56) 大震災での原発事故の起こる前の日本では、原発事故は「起こらないものである」とされていて、原子力発電の関連団体が、原子力発電に関連する事故予防のための技術開発に関連する研究をしようとしている大学などの研究者に圧力をかけて、研究をやめさせようとした事例すら少なくなかった、という話を聞いたことがある. 訳者には、これは「第1不完全性定理はなかったことにする」という一部の（つまり大多数の）数学者の思考パターンや、不完全性定理と関連する数学の研究に対する姿勢と同型のもののように思える.

(92) $mp(m, n)$
$$= \begin{cases} \#(P{}^\frown Q{}^\frown \psi), & m=\#(P), n=\#(Q) \\ & P はある L\text{-}文 \varphi の証明で, \\ & Q は \varphi \longrightarrow \psi の証明のとき \\ 0, & それ以外のとき \end{cases}$$

として定義すると,fは計算可能だから,ロッサーの不完全性定理(定理20)での証明でのnegと同様に,この関数の表現式を使った表現の略記として,関数記号$mp(x, y)$を体系の関数記号であるかのように使うことができるが[57],これに関して,

(93) $T \vdash B_T(x, \ulcorner\varphi\urcorner) \longrightarrow B_T(y, \ulcorner\varphi \longrightarrow \psi\urcorner)$
$\longrightarrow B_T(mp(x, y), \ulcorner\psi\urcorner)$

が成り立つ.このことから,$T \vdash \mathrm{Bew}_T(\ulcorner\varphi\urcorner) \longrightarrow \mathrm{Bew}_T(\ulcorner\varphi \longrightarrow \psi\urcorner) \longrightarrow \mathrm{Bew}_T(\ulcorner\psi\urcorner)$ が導かれる.

(γ):B_Tの(64)に対応する性質の証明を明示的に書きだして(α)の証明の細部をうめると,$T \vdash {}^p\varphi$ となる P から $T \vdash {}^q\mathrm{Bew}_T(\ulcorner\varphi\urcorner)$ となる Q を作るアルゴリズムが抽出できる.$P \longmapsto Q$ に対応する $\mathbb{N}$ から $\mathbb{N}$ への関数は計算可能だから,この関数の表現式がとれる.これを用いて(β)と同様に議論すればよい. □(補題21)

計算可能な PA を含む L-理論 T に対し,L-論理式 $consis_T$ を $\neg \mathrm{Bew}_T(\ulcorner \exists x\, x \not\equiv x \urcorner)$ と定義する.$consis_T$ は T

---

[57] "mp" はここで適当につけた名前であるが,modus ponens(三段論法)をもじったものである.

が無矛盾であることを主張する論理式になっていると考えることができる.

定理 22（第 2 不完全性定理, K. Gödel, 1931（昭和 6））. T が無矛盾で計算可能な PA を含む L-理論なら, $T \not\vdash consis_T$ である.

証明. Diagonal Lemma（定理 17）により, σ を
(94) $\quad T \vdash \sigma \longleftrightarrow \neg \mathrm{Bew}_T(\ulcorner \sigma \urcorner)$
となるような L-文とする. 定理 18 の証明で, $\mathsf{PA} \not\vdash \sigma$ の証明には, T が無矛盾であることしか使っていなかったことに留意すると, 同じ証明で, ここでの σ に対しても $T \not\vdash \sigma$ が示せることがわかる. したがって, $T \vdash consis_T \longrightarrow \sigma$ が示せればよい[58].

$consis_T$ の定義と (94) から, $consis_T \longrightarrow \sigma$ は
(95) $\quad \neg \mathrm{Bew}_T(\ulcorner \exists x\, x \not\equiv x \urcorner) \longrightarrow \neg \mathrm{Bew}_T(\ulcorner \sigma \urcorner)$
と同値だが, これは, $\mathrm{Bew}_T(\ulcorner \sigma \urcorner) \longrightarrow \mathrm{Bew}_T(\ulcorner \exists x\, x \not\equiv x \urcorner)$ と論理的に同値である. したがって,
(96) $\quad T \vdash \mathrm{Bew}_T(\ulcorner \sigma \urcorner) \longrightarrow \mathrm{Bew}_T(\ulcorner \exists x\, x \not\equiv x \urcorner)$
が示せればよい.

これは以下のようにして示せる：(94) により, $T \vdash \sigma \longrightarrow \neg \mathrm{Bew}_T(\ulcorner \sigma \urcorner)$ である. したがって, 補題 21, (α) により, $T \vdash \mathrm{Bew}_T(\ulcorner \sigma \longrightarrow \neg \mathrm{Bew}_T(\ulcorner \sigma \urcorner) \urcorner)$ が成り立つ. このことと補題 21, (β) および演繹定理により,

---

[58] これが示されたとして, もし $T \vdash consis_T$ だとすると, 三段論法により, $T \vdash \sigma$ が示せてしまい矛盾だからである.

(97) $T, \mathrm{Bew}_T(\ulcorner\sigma\urcorner) \vdash \mathrm{Bew}_T(\ulcorner\neg\mathrm{Bew}_T(\ulcorner\sigma\urcorner)\urcorner)$

である．$\neg\mathrm{Bew}_T(\ulcorner\sigma\urcorner) \longrightarrow (\mathrm{Bew}_T(\ulcorner\sigma\urcorner) \longrightarrow \exists x\, x \not\equiv x)$ はトートロジーだから，補題 21, (α) により，

(98) $\vdash \mathrm{Bew}_T(\neg\mathrm{Bew}_T(\ulcorner\sigma\urcorner) \longrightarrow (\mathrm{Bew}_T(\ulcorner\sigma\urcorner) \longrightarrow \exists x\, x \not\equiv x))$

である．(97), (98) と補題 21, (β) により，

(99) $T, \mathrm{Bew}_T(\ulcorner\sigma\urcorner) \vdash \mathrm{Bew}_T(\ulcorner\mathrm{Bew}_T(\ulcorner\sigma\urcorner) \longrightarrow \exists x\, x \not\equiv x\urcorner)$

である．

一方，補題 21, (γ) により，

(100) $T \vdash \mathrm{Bew}_T(\ulcorner\sigma\urcorner) \longrightarrow \mathrm{Bew}_T(\ulcorner\mathrm{Bew}_T(\ulcorner\sigma\urcorner)\urcorner)$

だから，演繹定理により，

(101) $T, \mathrm{Bew}_T(\ulcorner\sigma\urcorner) \vdash \mathrm{Bew}_T(\ulcorner\mathrm{Bew}_T(\ulcorner\sigma\urcorner)\urcorner)$

である．

(99) と (101) に補題 21, (β) を適用すると，

(102) $T, \mathrm{Bew}_T(\ulcorner\sigma\urcorner) \vdash \mathrm{Bew}_T(\exists x\, x \not\equiv x)$

がわかる．したがって，演繹定理により，(96) が得られる．

□ (定理 22)

§7.
数学の無矛盾性の証明

数学をこれまでに見てきたような形式的体系の中に定式化してみることの一つの大きな意義は，それによって数学が無矛盾かどうかを（数学的に）議論することが可能になる，ということであろう．

デデキントの晩年の 1900（明治 33）年前後の時期には，数学での「逆理」がいくつも発見されていて，これが数学

の基礎を脅かすものになっている可能性が「数学の危機」として認識されていた.デデキントが,1911年に書かれた『数とは何かそして何であるべきか?』の第3版の前書き(本書58ページ)で,「8年前に,当時既に売り切れに成っていた第2版を第3版で置き換える事を要請された時に,それを躊躇したのは,この間に私の見解の重要な基礎の確実性に疑念が生じたからであった.」と言っているのは,この「数学の危機」の文脈での疑念だったのだろうと想像される.

我々がここで導入した形式的証明の体系((1階の)述語論理)では,ある理論Tが無矛盾であることは,

(103) $T \vdash^P \exists x\, x \not\equiv x$ となるような証明 P が存在しないこと

として表現できるのだった.

付録Bで訳出した [57] で,ツェルメロは,デデキントが『数とは何かそして何であるべきか?』で整理してみせた集合(デデキントの用語では「システム」)の基本性質を公理ととらえなおすことによって,逆理として知られていた現象が生じないような体系を作ってみせている.後にブルバキが彼(ら)の「数学原論」の基礎に置いたのも,本質的には,この論文でのツェルメロの集合論の体系だった.次節で見るように,このツェルメロの公理系を含む,現在ツェルメロ-フレンケルの公理系(**ZF** あるいはこの体系に選択公理を加えた **ZFC**)として知られているツェルメロの体系をさらに拡張した体系は,我々の形式的証明

の体系(述語論理)での理論として定式化することができる.

ツェルメロ自身も,彼の公理系の無矛盾性証明の意義をはっきり意識していたことは,[57](付録B)での「非常に本質的であるはずの私の公理系の「無矛盾性」についてさえ,まだ厳密には証明出来ておらず,……」という表明(141ページ)からも窺える.

しかし前節で見た第2不完全性定理により,(103)のような意味での無矛盾性証明はまず不可能であることがわかる.もし,ZFCの無矛盾が,有限の立場の何らかの妥当な拡張で,しかも現行の数学的な直観にそった論法のもとで証明できたとすると,それは,いずれにしても記号列や記号列の列などに関するある意味で有限的な議論によるものであるはずなので,この議論は当然ZFCでの記号列や記号列の列などに関する形式的証明に翻訳できるはずである.したがって,この翻訳により,ZFC⊢$consis_{ZFC}$の形式的証明が得られることになるが,第2不完全性定理により,これは不可能である.あるいは,もう少し有限の立場よりの説明をするとすれば,第2不完全性定理の証明を検証すればわかるように,もし,ZFC⊢$^P consis_{ZFC}$となるような形式的証明Pがあれば,このPから出発してZFC⊢$^Q \exists x\, x \neq x$となるような証明Qが作れてしまう.

したがって,数学の全面的な無矛盾性証明は不可能なことがわかるが,もちろん,この事実は,数学が矛盾している,ということの表明ではない.また,無矛盾性の証明が

まったく不可能になってしまったわけでもない．実際，次の (a)，(b)，(c) で述べるような意味での部分的な無矛盾性証明の可能性が知られている：

(a)：第2不完全性定理は，PA を含む，あるいは，（ZF のように）PA を部分理論に翻訳して埋め込むことができるような理論に対して適用されるので[59]，それができない理論の中で展開できる数学の部分理論についての無矛盾性が証明できる可能性がある．そのようなもののうち，重要な例には，実閉体の理論がある．

これは，言語 $L=\{+, \cdot, -, 0, 1\}$ 上での体の公理を T_F として，これに，$\neg \exists x\, x^2 \equiv -1$，$\forall x\, \exists y (x \equiv y^2 \vee -x \equiv y^2)$ の二つの公理と[60]，すべての奇数 n に対し，n 次多項式が根を持つことを主張する次のような論理式，
(104) $\quad \forall x_1 \cdots \forall x_{n+1} (x_1 \not\equiv 0 \longrightarrow$
$$\exists y\, x_1 \cdot y^n + x_2 \cdot y^{n-1} + \cdots + x_n \cdot y + x_{n+1} \equiv 0)$$
を（無限個）付け加えて得られる理論である[61]．ただし，(104) では，可読性のため括弧をいくつも省略している．

この理論が無矛盾で完全であることは，多くの教科書では，モデル理論の量化子除去の手法を使って説明されてい

---

59) 実際には，ここでの PA は，PA の部分になっているもっとずっと弱い理論で置き換えることができることが現在では知られている．
60) ここで，x^2 や y^2 という表現はそれぞれ L-項 $x \cdot x$，$y \cdot y$ の略である．
61) ここで y^n は L-項 $\underbrace{(y \cdot (y \cdot (\cdots y) \cdots))}_{n \text{回} \quad n \text{回}}$ の略記である．

るが，これは，純粋に有限の立場での証明によっても示すことができる（たとえば，ヒルベルト-ベルナイス [25]）．

実閉体の理論が無矛盾であることの重要な帰結の一つは，このことから，初等平面幾何の無矛盾で完全な公理系が得られることであろう．初等平面幾何の公理系をうまく設定すると，この公理系での理論と実閉体の公理系での理論が相互翻訳できるようになるからである（たとえばタルスキー [53] を参照）．

(b)：上で述べた ZFC の無矛盾性証明の不可能性に関する状況は PA についても同じように成り立っている．しかし，ZFC とは異なり，PA や，ZFC よりある意味でずっと弱いことがわかっているいくつかの体系では，それらの理論には含まれていないが，ある意味での有限性を依然として保持している，と思われる論法を，有限の立場での論法に加えて議論することで，その理論の無矛盾性が証明できるものがある．

たとえば，PA に関しては，ゲンツェンによる次の定理が成り立つ．

定理 23（G. Gentzen, 1936（昭和 11））．有限の立場で，以下で述べるような，超限順序数 ε_0 以下での（ある意味で実効的な）無限降下法の議論を用いると，PA が無矛盾であることが証明できる．

ε_0 は（超限）順序数の指数関数に関して閉じている順序数で ω（$\mathbb{N}$ に対応する最初の無限順序数）より大きいもの

のうち最小のものである.

　もう少し詳しく説明するために，まず順序数の演算について復習しておくことにする．順序数の基礎については，[14]，第2章を参照されたい．順序数の加算は，

(105)　$\alpha+0=\alpha$;

　　　$\alpha+S(\beta)=S(\alpha+\beta)$;

　　　γ が極限順序数のときには，$\alpha+\gamma=\sup\{\alpha+\beta:\beta<\gamma\}$

によって帰納的(再帰的)に定義される．ただし $S(\beta)$ は β の次の順序数を与える演算で，順序数が現代的な定義によって導入されているときには，$S(\beta)=\beta\cup\{\beta\}$ である．特に，上の定義で $\alpha+1=S(\alpha)$ となる.

　これを使って順序数の乗法を

(106)　$\alpha\cdot 0=0$;

　　　$\alpha\cdot S(\beta)=\alpha\cdot\beta+\alpha$;

　　　γ が極限順序数のときには，$\alpha\cdot\gamma=\sup\{\alpha\cdot\beta:\beta<\gamma\}$

で定義し，冪乗を

(107)　$\alpha^0=1$;

　　　$\alpha^{S(\beta)}=\alpha^\beta\cdot\alpha$;

　　　γ が極限順序数のときには，$\alpha^\gamma=\sup\{\alpha^\beta:\beta<\gamma\}$

で定義する.

　直観的には，$\alpha+\beta$ は ($\in$ に関する) α の順序型の後に β の順序型をつないで得られる整列順序型に対応する順序数で，$\alpha\cdot\beta$ は α のコピーを β の順序型に並べて得られる整列順序の順序型に対応する順序数である.

すべての順序数 α に対して $1\cdot\alpha=\alpha$ となることが帰納法で証明できるから，α^2 は $\alpha\cdot\alpha$ に一致する．したがって，$\alpha^3=(\alpha\cdot\alpha)\cdot\alpha$, $\alpha^4=((\alpha\cdot\alpha)\cdot\alpha)\cdot\alpha$, … となり，$\alpha^\omega$ は，これらの極限である．

ε_0 が（超限）順序数の指数関数に関して閉じている順序数で ω（$\mathbb{N}$ に対応する最初の無限順序数）より大きいもののうち最小のものであることから，ε_0 の要素は，$\{0, \omega\}$ から出発して，この要素に $+$, $\cdot$ と指数関数の演算を有限回適用して得られる表現で表されることがわかる．さらに，$+$, $\cdot$, 指数関数の基本性質を使うと，すべての ε_0 より小さな順序数は，（0 と）ω の冪乗の有限回の繰り返しの形のもの（$0, 1=\omega^0, \omega, \omega^\omega, \omega^{(\omega^\omega)}, \omega^{(\omega^{(\omega^\omega)})}$ etc.）のうち有限個を降順に有限個並べた表現（同じものの繰り返しも含んでいてもよい），たとえば（冪乗の繰り返しの括弧は省略することにして），

(108)　$\omega^{\omega^{\omega\omega}}+\omega^{\omega\omega\omega}+\omega^\omega+1+1+1$

のような表現として表すことができる[62]．

これらの表現に対応する順序数の大小は，表現での同じ項のブロックを単位とする辞書式の比較で決定できる．定理23で「超限順序数 ε_0 以下での実効的な無限降下法」と言ったのは，このような ε_0 以下の順序数の無限下降列が存在しない，という仮定である．

これを用いると，定理23は次のような方針で証明でき

---

62)　このような表現は，**カントルの正規表現**とよばれている．

る：まず，形式的な体系[63]での，一つ一つの PA からの証明に対し，その証明の複雑さに対応するような指標となっている ε_0 より小さい順序数を，（具体的な定義によって）対応させる．この指標に関する証明の簡約化の手続きをうまく導入して，この手続きに関して簡約な（つまりこの手続きを適用しても，その結果得られる証明の指標がもとの証明のそれより小さくならないような）証明は矛盾の証明ではないことを（指標の定義から）確認する．

このような ε_0 以下の指標と，その指標に関する簡略化の手続きのペアが与えられれば，PA の無矛盾性の証明が得られたことになる：もし PA からの矛盾の証明があったとすれば，この証明に簡約化の有限回の適用で，簡約な PA からの矛盾の証明が得られることになるが[64]，このことは，簡約な証明が矛盾の証明ではないことに矛盾するからである．

ゲンツェンの定理（定理 23）により初等的な数論が（ある意味で）無矛盾である，という保証が得られたことになるが，実は，この無矛盾性の保証の範囲は，一見したときに得られるであろう印象より，ずっと大きなものである．

このことをもう少し明確に説明するために，まず，いく

---

63) ゲンツェンがこの証明に用いているのは，ここで導入した形式的証明の体系 K^* とは異なる．ここでの体系に類似のヒルベルトの体系での無矛盾性定理のアッカーマンによる証明は，[25]（と，この日本語への抄訳）にある．

64) ここで，ε_0 以下での実効的な無限降下法が用いられている．

つかの概念を定義しておこう．L, L' を言語として L は L' に含まれるとする．このとき，L'-理論 T' が L 理論 T の**保守拡大**であるとは，T は T' に含まれ，

(109) $\{\varphi : \varphi$ は L-文で $T \vdash \varphi\} = \{\varphi : \varphi$ は L-文で $T' \vdash \varphi\}$

となることとする．(109) のもっと有限の立場に則した表明は，φ が L-文で，$T' \vdash^{P'} \varphi$ なら，P' を $T \vdash^{\sigma(P')} \varphi$ となるような L での証明 $\sigma(P')$ に変形するアルゴリズム σ が存在することである．

L が L' に含まれていない場合にも，L-論理式 φ が L'-論理式 $\Phi(\varphi)$ に自然に翻訳できて[65]，T' が上の意味で $\{\Phi(\varphi) : \varphi \in T\}$ の保守拡大となるときには，T' は T の**拡張した意味での保守拡大**である，と言うことにする．

二つの理論 T, T' が**無矛盾等価**であるとは，T が無矛盾であることと T' が無矛盾であることが同値になることとする．このことのもっと有限の立場に則した表明は，$T \vdash^P x \not\equiv x$ となるような証明 P が存在すれば，P を $T' \vdash^{\tau(P)} x \not\equiv x$ となるような T' からの証明 $\tau(P)$ に変形するアルゴリズム τ が存在し，逆も成り立つことである．

明らかに，T' が T の保守拡大なら，T と T' は無矛盾等価である．

PA では，実数上の連続関数や連続関数の微分や積分などの解析的な概念を表現したり，それについての議論を展

---

[65] ここで自然なと言っているのは，L-論理式の列 $\langle \varphi_1, \varphi_2, ..., \varphi_n \rangle$ が $\varphi = \varphi_n$ の証明のときに，常に $\langle \Phi(\varphi_1), \Phi(\varphi_2), ..., \Phi(\varphi_n) \rangle$ か，これの妥当な変形が $\Phi(\varphi)$ の証明になるときである．

開したりすることは（少なくとも直接的なやりかたでは）できない．しかし，PA の拡張した意味での保守拡大 T で，古典的な解析学[66]が展開できるようなものが得られることが知られている．つまり，ε_0 以下の無限降下法の議論を許すことにすれば，そのような理論 T で展開できる数学の無矛盾性は保証できる，ということである．

さらに，このような古典的解析学の多くの部分を含むある領域の無矛盾性は，ε_0 より真に小さな順序数以下の無限降下法の議論だけから証明できることも知られている[67]．

以上から，古典的な数学については，その無矛盾性の十分な保証が確立されている，と考えてよいだろう．

(c)：次節で述べることになる集合論の体系 ZFC では，現在までに知られている数学理論がすべて展開できるので[68]，(b)で見たような無矛盾性証明はもはや不可能であ

---

66) 少なくとも大学の学部で習うような教養の数学をすべて含んでいるような範囲と言える．
67) ここで述べたことの細部については，[13]，[48] などを参照されたい．20 世紀の終りに発展した"逆数学"（Reverse Mathematics）と呼ばれる研究分野では，数学のどの部分がどの公理系の枠組の中で展開できるか，について詳しく調べられている．この分野の基礎的な事柄については，たとえば，田中 [50]，山崎 [55] などを参照されたい．
68) 現代の数学では，グロタンディエク・ユニヴァースとして知られている数学的対象を補助手段として用いる議論のように，そのままでは ZFC に収まりきらないことが知られている数学的議論もある．グロタンディエク・ユニヴァースは，κ を §9 で触れることになる到達不可能基数として，V_κ のことである，という解釈もある（到達基数の存在は ZFC では証明できない）．しか

る．しかし，ここでも，相対的な無矛盾性や，無矛盾性の強さの比較の議論を行なうことで，無矛盾性に関する部分的な知見や無矛盾性の間接的な"確証"のようなものを得ることはできる．これに関しては，以下の§9でさらに考察してみることにする．

§8.
公理的集合論と数学

集合論の公理化の最初の試みは，本書の付録Bで訳出した，ツェルメロによる，[57]であった．

[57]が書かれた時点では，§2〜§5で導入したような述語論理の体系はまだ整備されていなかった．その結果として，[57]での分出公理の定義（付録B, §1）を見ると，「クラス命題$\mathfrak{E}(x)$がある集合Mの要素の全てに対して確定的なら」，という表現が見られる．しかし，ここでの"確定的な"には明確な定義が与えられているわけではなく，したがって，「クラス命題」が何なのかについての数学的な定義が与えられているわけではない．しかし，この論文の後の方で具体的な命題が，ある集合に対して確定的になっていることの論証が与えられている場所では，この「確定的

し，グロタンディエク・ユニヴァースを用いる議論で，V_κが集合論のモデルになっていることだけが本質的に使われていて，得られた結論の中にはグロタンディエク・ユニヴァースの概念が現れないようなものになっているときは，反映定理として知られる数理論理学でのトリックを用いることで，そこでの議論を，それと同じ結論を導くZFCでの議論に翻訳することができる．

命題」を現代の公理的集合論でのように「論理式で表現される性質」のことだと思って読みなおしてみると，確定性の検証は，まさにそこで用いられるべき論理式の組成の説明をしているように見えるようなものになっていることが確かめられる．

後に，ツェルメロが [57]（本書付録B）で用意した公理だけでは，すでにカントルが行なっていた集合論の議論すべてはカバーできないことが判明している．

現代では，この不足を埋めるためにフレンケルの提唱した置換公理と，フォン・ノイマンによる正則性公理をツェルメロの公理系に付加し，これを（上で述べたように，「クラス命題 $\mathfrak{E}(x)$ がある集合 M の要素の全てに対して確定的なら」を「全ての集合論の言語での論理式 $\mathfrak{E}(x)$ に対し」で置き換えて，§1〜§5 で導入した体系 K^* のような）1 階の述語論理で記述したものが，標準的な集合論の公理系と看做されている．このような公理系は，**ツェルメロ–フレンケル集合論**とよばれ，**ZF** と表記される．また，この公理系に，選択公理（英語では Axiom of Choice）を付加した体系は **ZFC** と表される．

また，ツェルメロの [57]（本書付録B）での公理系を述語論理で記述したものに[69]，基礎の公理を加えたものをツ

---

69) 厳密には，ここで導入する体系 **Z** や **ZC** は無限公理での無限の扱いが異なるため，ツェルメロ [57]（本書付録B）で導入されたものの形式化にはなっていない．しかし，そこで展開のできる数学的な議論は，（自然数の定義が異なることを除けば）[57] に

ェルメロ集合論とよび，**Z** と表すことにする．上と同様に **ZC** は，**Z** に選択公理を加えた体系を表すことにする[70]．

まず，これらの公理系の具体的な形を見ておくことにする．

集合論の言語としては $L_{ZF}=\{\varepsilon\}$ を用いることにする．ただし，ε は 2 変数関係記号である．ε は要素関係を表す記号でツェルメロの [57]（本書付録 B）でもこの意味で使われていた．ここでも，体系の外で考えているとき，あるいは集合論の"モデル"で考えているときの，（本当の）要素関係 "$\in$" と区別するためにこの記号を使うことにする．

L_{ZF}-論理式の全体を Fml_{ZF} と表すことにする．

Z と **ZF** は，それぞれ，

Z＝{外延性公理, 空集合の公理, 対の公理, 和集合の公理, 冪集合の公理, 無限公理, 基礎の公理}

∪{分出公理$_\varphi$: $\varphi \in Fml_{ZF}$}

ZF＝{外延性公理, 空集合の公理, 対の公理, 和集合の公理, 冪集合の公理, 無限公理, 基礎の公理}

∪{分出公理$_\varphi$, 置換公理$_\varphi$: $\varphi \in Fml_{ZF}$}

対応するものになっている．
70) **Z** では，ツェルメロが [57] では考察していない基礎の公理が付け加えられているし，[57] では存在が否定されていなかった原子元の存在の可能性が，除外されていること（142 ページの訳注 8 を参照），などのため，厳密には，ここでの **Z** や **ZC** がツェルメロの [57] での公理系の厳密な形式化になっているわけではない．

として与えられる[71]. ここに外延性公理〜分出公理は以下のような L_ZF-文（ないし L_ZF-文の集合）である.

外延性公理: $\forall x \forall y (\forall z(z \,\varepsilon\, x \longleftrightarrow z \,\varepsilon\, y) \longrightarrow x \equiv y)$

空集合の公理: $\exists z \forall t (t \notin z)$

対の公理: $\forall x \forall y \exists z \forall t (t \,\varepsilon\, z \longleftrightarrow (t \equiv x \lor t \equiv y))$

和集合の公理: $\forall x \exists s \forall t (t \,\varepsilon\, s \longleftrightarrow \exists y (y \,\varepsilon\, x \land t \,\varepsilon\, y))$

上で，論理式 φ, ψ に対し，$(\varphi \longleftrightarrow \psi)$ は $((\varphi \longrightarrow \psi) \land (\psi \longrightarrow \varphi))$ の略記である．また，$t \notin z$ は，$\neg t \,\varepsilon\, z$ の略記である．

以下では "$z \subseteq x$" を "$\forall y (y \,\varepsilon\, z \longrightarrow y \,\varepsilon\, x)$" の省略形とする．

また，"$x \equiv \emptyset$" は "$\neg \exists u (u \,\varepsilon\, x)$" のこととする．「$y$ は x のシングルトンである」を表す $y \equiv \{x\}$ や，「z は x と y の和集合である」を表す $z \equiv x \cup y$ 等についても，同様に L_ZF-論理式で表現できる（読者の演習とする）．これらの"集合"の存在は上の公理で保証されていて，外延性公理は，それらの存在の一意性を導くことに注意する．

冪集合の公理: $\forall x \exists p \forall t (t \,\varepsilon\, p \longleftrightarrow t \subseteq x)$

---

71) この公理系に含まれる文を読み下すときの（インフォーマルな）解釈では，変数はすべての集合を走るものと考える．特に，この理論の対象はすべて集合である．また，"$x \,\varepsilon\, y$" は "（集合）x は（集合）y の要素である" ($x \in y$) と読み下されるべき関係として導入されている．この解釈によれば，たとえば，外延性公理は「要素の等しい二つの集合は等しい」という主張となっていることがわかる．ただし，このような記号の「解釈」は，なぜここでのような公理を導入したのかを説明するものであっても，この公理系自身の形式的な扱いには何等影響を与えるものではないことに注意する．

無限公理：
$$\exists x(\exists y(y\,\varepsilon\,x \wedge y \equiv \emptyset) \wedge \forall t(t\,\varepsilon\,x \longrightarrow t \cup \{t\}\,\varepsilon\,x))$$

基礎の公理：
$$\forall x(x \not\equiv \emptyset \longrightarrow \exists y(y\,\varepsilon\,x \wedge \forall z(z\,\varepsilon\,y \longrightarrow z \notin x)))$$

L_{ZF}-論理式 $\varphi = \varphi(y, x_1, ..., x_n)$ に対し,

分出公理$_\varphi$：
$$\forall x\,\forall x_1 \cdots \forall x_n\,\exists s\,\forall t(t\,\varepsilon\,s \longleftrightarrow (t\,\varepsilon\,x \wedge \varphi(t, x_1, ...)))$$

L_{ZF}-論理式 $\varphi = \varphi(x, y, x_1, ..., x_n)$ に対し,

置換公理$_\varphi$：
$$\forall a\,\forall x_1 \cdots \forall x_n(\forall x((x\,\varepsilon\,a \longrightarrow \exists y\,\varphi(x, y, x_1, ...))$$
$$\wedge\,\forall x\,\forall y\,\forall y'((\varphi(x, y, x_1, ...) \wedge \varphi(x, y', x_1, ...)) \longrightarrow y \equiv y')$$
$$\longrightarrow \exists b\,\forall y(y\,\varepsilon\,b \longleftrightarrow \exists x(x\,\varepsilon\,a \wedge \varphi(x, y, x_1, ...))))).$$

上の公理のうち，基礎の公理と置換公理はツェルメロの [57]（本書付録 B）に対応する公理の含まれていないものなので，この二つの公理を読み下してみることにする．

まず基礎の公理であるが，これは，

「すべての集合 x に対し，x が空集合でなければ，x の要素で，$\in$ に関して極小のものが存在する」

ということを表明する論理式となっている．

一方，ある論理式 $\varphi = \varphi(x, y, x_1, ..., x_n)$ に対する置換公理は，

「すべての $x_1, ..., x_n$ に対し，任意の a で $\varphi(x, y, x_1, ...)$ が a 上で関数的なとき，つまり，すべての $x \in a$ に対し $\varphi(x, y, x_1, ...)$ となるような y がちょうど一つ存在するとき，そのような y を集めてできる集合 b が

存在する」
ということを表明する論理式となっている．恒等関数を考えると，分出公理は置換公理の特別な場合になっていることがわかる．したがって，ZF の定義で，"分出公理。"は省いてよい．これが書いてあるのは，ZF が Z の拡張になることを見やすくするためにすぎない．

基礎の公理と置換公理の両方を他の公理に加えると，累積的階層を用いる超限帰納法による議論が可能になる．これについては後でもう少し詳しく述べる．超限帰納法による議論は，現代の集合論では縦横に用いられているが，従来の数学では，基礎の公理と置換公理の二つの公理が必要となる議論はほとんどない，と言っていいだろう[72]．一方，この二つの公理の少なくとも片方が必要になる議論が証明に本質的に使われている定理で，従来の数学にとっても直接的な関係のありそうなものは少なくない．

選択公理を記述するには，まず写像の現代的な扱いについて述べておく必要がある．付録 B の訳注 25 でも述べたように，現代では，集合 a, b の順序対 $\langle a, b \rangle$ を，
(110) $\{\{a\}, \{a, b\}\}$
として定義する[73]．形式的には，"$c \equiv \langle a, b \rangle$" は，$\forall x(x \varepsilon c \longleftrightarrow (\forall y(y \varepsilon x \longleftrightarrow y \equiv a) \vee \forall y(y \varepsilon x \longleftrightarrow (y \equiv a \vee y \equiv b))))$

---

[72] このことについては，後出の「訳者による解説と後書き」での「デデキントとブルバキ」の項（312ページ～）も参照されたい．

[73] 集合 x, y に対し，対の公理で存在の保証されている集合 z を $\{x, y\}$ と表している．

という L_{ZF}-論理式の略記だと考えることにする．この定義のポイントは，外延性公理により，

(111)　$(x\equiv\langle y, z\rangle \wedge x\equiv\langle y', z'\rangle) \longrightarrow (y\equiv y' \wedge z\equiv z')$

が Z から証明できることである．これを使って，"f は関数である"，"f の定義域は z である"，"f の x での値は y である"，"f の値域は z である"を表現する $\mathsf{fnc}(f)$, $\mathsf{dom}(f, z)$, $f(x)\equiv y$, $\mathsf{rng}(f, z)$ をそれぞれ，

(112)　$\forall x\forall x'\forall y\forall z\forall z'((x\,\varepsilon\,f \wedge x'\,\varepsilon\,f$
$\qquad\qquad \wedge x\equiv\langle y, z\rangle \wedge x'\equiv\langle y, z'\rangle)\longrightarrow z\equiv z')$,

(113)　$\forall x(x\,\varepsilon\,z \longleftrightarrow \exists y\exists u(u\,\varepsilon\,f \wedge u\equiv\langle x, y\rangle))$,

(114)　$\exists z(z\,\varepsilon\,f \wedge z\equiv\langle x, y\rangle)$,

(115)　$\forall x\forall y(f(x)\equiv y \longrightarrow y\,\varepsilon\,z)$

とする[74]．

[74) ここで，後の議論で必要になる関数に関する現代での用語についての補足をしておくことにする．これらの用語は，本書の本文で用いられている（歴史的な）用語とは多少異なる．可読性のため自然言語で説明するが，以下の概念が L_{ZF} の論理式で形式的に表現できることは，容易に確かめられる：f が u から v への関数（写像という用語を使うこともある）であることを $f: u \longrightarrow v$ で表す．f が **1 対 1** である（あるいは f は単射である）とは，任意の異なる a, $a'\in u$ に対し，$f(a)\ne f(a')$ となることである．f が v の上への関数である，または f は**上射**（または**全射**）である，とは，すべての $b\in v$ に対し，$f(a)=b$ となるような $a\in u$ が存在することである．$w\subseteq u$ のとき，w の f による像を $f''w$ と表すことにする．つまり $f''w=\{b\in v : \exists a(a\in w \wedge f(a)=b)\}$ である．この記法によれば，$f: u \longrightarrow v$ が上射とは $f''u=v$ となることにほかならない．f が 1 対 1 で v への上射であるとき，f は u から v への**全単射**（または**上単射**）である，という．f が u から v への全単射であるときには，f は u のすべて

これらの略記を使うと選択公理は，

選択公理：$\forall x(\forall y(y \, \varepsilon \, x \longrightarrow y \not\equiv \emptyset) \longrightarrow \exists f(\mathsf{fnc}(f)$
$\wedge \mathsf{dom}(f, x) \wedge \forall y(y \, \varepsilon \, x \longrightarrow \exists z(f(y) \equiv z \wedge z \, \varepsilon \, y))))$

として導入できる．この公理の一つの可能な読み下しは，

「空集合を要素に含まない任意の集合族 x に対し，x 上の関数 f（選択関数）で，各 $y \in x$ に対し，$f(y)$ は y の要素になっているようなもの（y の要素を選択しているようなもの）が存在する」

であろう[75]．

基礎の公理と置換公理が従来のタイプの数学ではほとんど用いられることがないのに対し，選択公理は，現代の（従来のタイプの）数学でも，縦横に用いられる．実際に，多くの数学の定理が，集合論の他の公理上で選択公理と同値になることが知られているし，選択公理がなければ証明ができない（ことが証明されている）数学的な定理も多い[76]．

の要素を v のすべての要素と 1 対 1 に対応させるような関数になっている．

75) ZFC では，集合の要素は集合なので（集合以外の対象は存在しない！）集合の要素と集合族の違いはオフィシャルには存在しないが，集合の要素を"点"と考えるか集合と考えるかの区別をすることが理解の上で助けになることがあるため，あえて"集合族"という表現を用いて区別することがある．

76) 選択公理と同値になる定理の例としては，（必ずしもハウスドルフでない）コンパクト空間に対するティヒョノフの定理（[33]），任意の係数体上の線型空間の基底の存在定理（[2]）などがある．また，81 ページの訳注 47 でも述べたように，第 II 部で

Zでは，後述するように，ツェルメロの[57]（本書付録B）と類似の議論により，自然数論を『数とは何かそして何であるべきか？』でと同様に展開することができ，この上に『連続性と無理数』での議論と同様のものを（これもZの中で）展開することによって，実数の理論やさらに解析学が展開できる．これをベースにして，従来の数学（のほとんどの部分）はすでにZ（ある場合には，ZC）の中で展開することができることがわかる．

現在，Z（やZF）で議論をするときには，自然数の導入は，[57]でとは異なる，次のような定義で行なわれることが普通である．

まず，"集合 x が推移的である" を表す $trans(x)$ を $\forall y \forall z ((y \varepsilon x \land z \varepsilon y) \longrightarrow z \varepsilon x)$ で定義する．（基礎の公理のもとでは）要素関係 $\in$ が x 上で線形順序になっていることが，次の論理式から導かれる：

(116) $trans(x) \land \forall y \forall z ((y \varepsilon x \land z \varepsilon x)$
$\longrightarrow (y \equiv z \lor y \varepsilon z \lor z \varepsilon y))$

実は，上の論理式は，基礎の公理のもとで，x が（現代の集合論での標準的な定義での）（超限）順序数であることを主張するものになっている．しかし，基礎の公理が成立し

デデキントが無限の定義に用いた性質と現在通常無限の定義で用いられる性質の同値性は選択公理なしでは証明できない．これについては，本付録の§10と，後出の「訳者による解説とあとがき」での「デデキント無限と選択公理」の項（302ページ～）も参照されたい．

ない集合論での基礎の公理の意味の分析をする必要から，x が順序数であることの定義は，基礎の公理が，x のすべての部分集合に対して成り立つことを主張する

(117)　$\forall y(y \subseteq x \longrightarrow \exists z(z \,\varepsilon\, y \wedge \forall u(u \,\varepsilon\, y \longrightarrow \neg u \,\varepsilon\, z)))$

と(116)を $\wedge$ で繋いだものとすることが多い．この論理式を $\mathrm{ord}(x)$ と表すことにする．

"集合 x が $\in$ に関する極限でなく，x のどの要素も $\in$ に関する極限でない" を表す $\mathrm{nonlim}(x)$ を

(118)　$x \equiv \emptyset \vee \exists y(y \,\varepsilon\, x \wedge \forall z(z \,\varepsilon\, x \longrightarrow (z \equiv y \vee z \,\varepsilon\, y))) \wedge$
　　　　　　$\forall y(y \,\varepsilon\, x \longrightarrow (y \equiv \emptyset \vee \exists z(y = z \cup \{z\})))$

で定義する．これを用いて，"x は自然数である" は，

(119)　$\mathrm{ord}(x) \wedge \mathrm{nonlim}(x)$

と定義される．

自然数をこのように導入すると，自然数 m, n の大小関係 $m < n$ は要素関係 $m \in n$ によって規定されることになるが，これにより，0, 1, 2, 3, 4, … は，それぞれ，

(120)　$\emptyset$, $\{\emptyset\}$, $\{\emptyset, \{\emptyset\}\}$, $\{\emptyset, \{\emptyset\}, \{\emptyset, \{\emptyset\}\}\}$,
　　　　$\{\emptyset, \{\emptyset\}, \{\emptyset, \{\emptyset\}\}, \{\emptyset, \{\emptyset\}, \{\emptyset, \{\emptyset\}\}\}\}$, …

のこととして扱われることになる．特に，各々の自然数 n は，それより小さな自然数の全体からなる集合となっている．直観的には，これは，$n = \{0, 1, 2, …, n-1\}$ と表せる．

この自然数の定義と，無限公理，および，分出公理から，自然数の全体からなる集合 ω が[77]存在することが直ちに証明できる：無限公理で存在の保証される集合のような性

質を持つ集合全体の共通部分をとると,それが自然数の全体の集合になることが示せる.

この Z でその存在の保証される ω に対し,ω 上の「次の数」を与える関数 θ を $\theta: \omega \ni n \longmapsto n \cup \{n\} \in \omega$ で定義し,(ω, θ) を『数とは何かそして何であるべきか?』(本書第 II 部)の意味での一重無限なシステムとして,第 II 部でと同様に(Z で)この上に自然数の理論を構築できる.さらに,『連続性と無理数』(本書第 I 部)での議論を Z で行なうことにより,古典的な解析学が,Z の中で展開できることになり,同様に続けることで,解析学を含むぽぽすべての古典的な数学が ZC の中で展開できることがわかる.

一方,19 世紀後半にカントルによって始められた**超限帰納法**を用いる数学も,ZFC で厳密に展開できる[78].上で導入した $\mathrm{ord}(x)$ により,順序数を定義すると,$\mathrm{ord}(\omega)$(に対応する論理式)が ZFC で証明できる.On で $\mathrm{ord}(x)$ を満たす集合の全体からなるクラスを表すことにする[79].ω 上の加算,乗算などは,本付録 §7 の (105)−(106) でのようにして,On 上に自然に拡張することができる.特に,この拡張では,$\alpha \in \mathrm{On}$ に対して,$\alpha + 1 = \alpha \cup \{\alpha\}$ となってい

---

77) すぐ後で述べるように,ここでの定義では自然数の全体も(超限)順序数となるが,超限順序数としてとらえたときの自然数の全体は,'N' でなく 'ω' で表されることが多い.

78) ここでは,Z でなく ZF がベースになっていることが本質的である.

79) これは,形式的には "$x \in \mathrm{On}$" という表現を $\mathrm{ord}(x)$ の略記と考える,ということである.

る．$\gamma \in \mathsf{On}$ が**極限順序数**であるとは，$\gamma = \alpha + 1$ となるような $\alpha \in \mathsf{On}$ が存在しないこととする．On は $\in$ に関して整列されるので，On の要素 α, β が $\alpha \in \beta$ となることを $\alpha < \beta$ とも書くことにする．極限順序数は実際，この順序に関する極限になっている．この順序 $<$ に関して，ω は最小の極限順序数である．

順序数の上には超限帰納法の議論や超限帰納法による (再帰的) 定義が可能となるが[80]，ZFC では，これを使って，累積的階層とよばれる次のような集合の列 V_α, $\alpha \in \mathsf{On}$ が定義できる：

(121)　$V_0 = \emptyset$;

(122)　$V_{\alpha+1} = V_\alpha \cup \mathcal{P}(V_\alpha)$;

(123)　γ が極限順序数のとき，$V_\gamma = \bigcup_{\alpha < \gamma} V_\alpha$

として[81]，V_α, $\alpha \in \mathsf{On}$ を定義する．(123) で V_γ を定義できるためには置換公理が必要であることに注意する．さらに，ZFC では，

(124)　$\forall x \exists \alpha (\mathrm{ord}(\alpha) \land x \, \varepsilon \, V_\alpha)$

(に対応する L_{ZF}-論理式) が証明できることがわかる[82]．

---

80) 順序数上の関数の再帰的定義の基礎付けは『数とは何かそして何であるべきか？』(第II部) の 125, 126 での論法の一般化によって行なうことができる．

81) $\mathcal{P}(x)$ で冪集合の公理でのような集合 (x の冪集合) を表す．ZFC で，(121), (122), (123) でのようなやりかたにより順序数の全体から集合へのある対応を与えるクラス (クラス関数) が実際に定義できることの子細は，たとえば，[15] を参照されたい．

82) 実は，(124) は，ZF から基礎の公理を除いた体系上で基礎の

順序数 κ に対し,それより小さいどの順序数からも κ の上への関数が存在しないとき,κ は**基数**であるということにする.つまり,κ が基数であるとは,

(125)　$\mathrm{ord}(\kappa) \wedge \forall x(x \, \varepsilon \, \kappa \longrightarrow \forall f(\mathrm{fnc}(f) \wedge \mathrm{dom}(f) \equiv x \wedge$
　　　　$\mathrm{rng}(f) \equiv \kappa \longrightarrow \exists y(y \, \varepsilon \, \kappa \wedge \neg \, \exists u \, f(u) \equiv y)))$

となることである.

ZF では,基数は On の中に共終的に存在する.つまり,次が証明できる.

補題 24 (ZF). (α) すべての $\alpha \in \mathrm{On}$ に対し,順序数 β で,α から β の上への写像の存在しないようなものが存在する.

(β) すべての $\alpha \in \mathrm{On}$ に対し,α より大きな基数が存在する.

証明のスケッチ. (α): $X = \{\beta \in \mathrm{On} : \alpha$ から β の上への写像が存在する$\}$ とすると,置換公理を用いて X は集合になることが示せる[83].β をこの集合の最小上界とすると,これが求めるようなものである.

(β): (α) により,$\{\beta \in \mathrm{On} : \alpha$ から β の上への写像は存在しない$\}$ は空集合でないから,この要素のうち($\in$ に関して)最小のもの κ がとれるが,これが求めるようなものである.　　　　　　　　　　　□

　　公理と同値になることが証明できる.
　83)　Z あるいは ZC ではこの X が集合になっていることの証明が必ずしもできない(ことが示せる).

ZF では,補題 24, (β) により,任意の基数 κ に対し,この基数の**次の基数**が存在する.後者の基数を κ^+ と表すことにする.ZF では,この事実を用いて,順序数により基数を整列することができる:順序数 α に対して α 番目の無限基数を表す $\aleph_\alpha$ を与える対応を,

(126) $\aleph_0 = \omega$;

(127) $\aleph_{\alpha+1} = (\aleph_\alpha)^+$;

(128) γ が極限順序数のとき,$\aleph_\gamma = \sup\{\aleph_\alpha : \alpha < \gamma\}$

で定義できる.基数の極限が基数になることは容易に示せるので,(128) での $\aleph_\gamma$ は実際に基数となっており,$\aleph_\alpha$, $\alpha \in \mathsf{On}$ は基数の昇順の枚挙になっていることが示せる.

ZFC では,すべての集合に対し,この集合との間に全単射を持つような基数が一意に存在することが証明できる.このことから,(ZFC では)基数は集合の"サイズ"を与える尺度のようなものと考えてよいことがわかる[84].ZF では,すべての集合にこの意味でのサイズを付与できる保証はない.ZC では基数の全体が順序数の中で共終的になっている保証すらないし,V_α がすべての $\alpha \in \mathsf{On}$ に対し定義されている保証もない.

---

84) ZFC では,集合 x に対し,x との間に全単射の存在する基数を x の濃度とよび,$|x|$ で表す.カントルの用いた濃度の記号は $\overline{\overline{x}}$ だったので,この記号の類推で $\|x\|$ という記号が使われることもあるが,現在の集合論では,$|x|$ のほうが主流である.

§9.
独立性と相対的無矛盾性

§7 (241 ページ〜) でも述べたように,第2不完全性定理により,(ZFC の下で) ZFC が無矛盾であることを証明する数学的な手立ては存在しない[85]. しかし,集合論の公理の間の関係を調べたり,公理系の"無矛盾性の強さ"を比較することで,ZFC やこれと関連する体系についての理解を深め,それらの整合性に関する間接証拠のようなものを積み重ねることはできる.

本節の題にある独立性と相対的無矛盾性は次のような概念である:L をある言語とするとき,L-理論 T から L-文 φ が**独立**であるとは,$T \nvdash \varphi$ かつ $T \nvdash \neg\varphi$ となることである. もちろん T が矛盾していれば,$T \vdash \varphi$ かつ $T \vdash \neg\varphi$ だから,T 上独立な文 (命題) は存在しない. したがって,第2不完全性定理により,「命題 φ は ZFC から独立である」という表明は,厳密に言葉どおりにとると意味をなさないが,これは,「ZFC の無矛盾性を仮定したとき,φ は ZFC から独立である」という表明のことだと思うことにする.

T が無矛盾なら,$T \cup \{\varphi\}$ (これを $T + \varphi$ とも書くことに

---

[85] ペアノ数論に相当する理論は Z ですでに展開できるので,同じことは,Z についても言える. たとえば,脚注83では,「Z あるいは ZC ではこの X が集合になっていることの証明が必ずしもできない (ことが示せる).」と書いたが,これはもっと正確に書くと「Z が無矛盾と仮定すると」,という仮定を前提としての主張である.

する）が無矛盾であることが示せるとき，φ（または $T+\varphi$）は T 上**相対的無矛盾**である，と言う．二つの理論 T, T', $T \subseteq T'$ についても T' が T 上相対的無矛盾であるというのを同様に定義する．

ZFC の公理の他の公理からの独立性の多くは，前の章の終りで触れた累積的階層を用いることで示せる．

以下でのいくつかの証明（のスケッチ）では，可読性のため，非形式的な"数学的"な記述を採用するが，これは有限の立場からの K^* での ZC などの公理系からの形式的な証明，またはそれに関する超数学に厳密に定式化できる[86]．

定理 25. (a) ZFC から無限公理を除いた公理系を T として，T が無矛盾なら，無限公理は T から証明できない．

[86) 集合論研究の現場では，形式的な論理式や証明を実際に用いて議論をすることはほとんどない，と言ってよい．これは，何をどう形式化するのか，何が体系内の議論で何が超数学での議論なのかなどは，一度きちんと理解してしまえば，通常は一々細かく区別して記述しなくても正しく扱えるからであるし，そうであるなら細部に拘泥して数学的な思索の進展を止めてしまうべきでないからである．しかし，初学者にとっては，集合論の形式論理上の体系での証明操作としての実体と，それとは大きく異なる，少なくとも表面上はもっとラフに見える数学的な議論の記述の間の乖離は，高いハードルになっているかもしれない．形式的な体系に則して集合論の展開を説明しようと試みている教科書には，竹内-ツァーリング [47] がある．この本では，しかしそのスタイルのために数学的なアイデアの自然な流れを読みとることが難しく，（欧米の）集合論の研究者の間では非常に評判が悪い．

(β) ZC が無矛盾だとすると，ZFC は ZC から導けない．

証明のスケッチ． (α)：Tで議論する．もしTから無限公理が導けるとすると，L_{ZF}-構造$\langle V_\omega, \in \rangle$の存在が$T$で証明できるが[87]，この構造は$T$のモデルになっている[88]．したがって，（$T$での定理としての）健全性定理から，

(129) $T \vdash "\langle V_\omega, \in \rangle \vDash 無限公理"$

となるが，V_ωのすべての要素は，xに対し$x \cup \{x\}$をとる演算に関して閉じていないから[89]，無限公理が存在を主張しているような集合はV_ωには要素として含まれないことになる．したがって，

(130) $T \vdash "\langle V_\omega, \in \rangle \vDash \neg 無限公理"$

である．(130)と，"$\cdots \vDash \neg \cdots$"の定義から，

(131) $T \vdash "\neg \langle V_\omega, \in \rangle \vDash 無限公理"$

となるが，(129)と(131)はTの無矛盾性の仮定に矛盾である．

(β)：二通りの証明を与える．ZFC が ZC から導けるものとする．このときには，ZC で累積的階層が構成でき，

---

87) ここでは，"$\in$"でV_ω上の二項関係$\{(x, y) \in (V_\omega)^2 : x \in y\}$を表している．以下でも同様に，"$\in$"で，要素関係をそこで考えている構造の領域に制限したものを表すことにする．

88) ここでの「$\langle V_\omega, \in \rangle$が$T$のモデルになっている」，とは，$T \vdash "\langle V_\omega, \in \rangle \vDash \ulcorner T \urcorner"$ が成り立つということである．

89) もう少し厳密に言うと，ここでは，$a \in V_\omega$に対しV_ωの意味での$a \cup \{a\}$が，本物の$a \cup \{a\}$と一致していることが使われている．

$V_{\omega+\omega}$ が存在するが[90],
(132)　　$V_{\omega+\omega} \vDash \mathsf{ZC}$
が確かめられる.

(1番目の証明)：(132) から $\mathsf{ZC} \vdash consis_{\mathsf{ZC}}$ が導かれるが，第2不完全性定理により，このことから ZC は矛盾することが帰結される．これは ZC が無矛盾である，という仮定に矛盾である（(α)の同様の証明も可能である）.

(2番目の証明)：ZFC から $\aleph_1$ の存在が証明されるが，$V_{\omega+\omega} \cap \mathsf{On} = \omega+\omega$ が成り立つことから，$V_{\omega+\omega}$ では，すべての順序数が可算であることを表明する L_{ZF}-文が成り立つので，$\aleph_1$（の性質を持つ要素）は存在しない．よって，$V_{\omega+\omega}$ では，$\aleph_1$ の存在を証明するのに用いられる置換公理（の論理式のうちの少なくとも一つ）が成り立っていないことがわかる．しかし，これは，ZFC が ZC から導かれるという仮定に矛盾である．　　　　　　　　　　□

上の定理の(β)の2番目の証明からも見られるように，ZC では無限基数の理論を含む現代的な集合論の議論を展開することができない．ZC でも無限基数の概念を別の方法で導入することは可能であるが，そうだとしても，ZFC で通常に行なっている現代的な集合論での議論で，ZC でも展開できるものは非常に限られてしまう．一方従来の数学のほとんどの議論は既に ZC で展開できる[91].

---

90)　ここでの $\omega+\omega$ は，(105)での順序数の加法で計算したときの $\omega+\omega$ である.

集合論の公理のうちで，その"正しさ"についての疑念が表明されることが多いのは，基礎の公理と選択公理であろう．

基礎の公理を仮定することの（数学的な）妥当性は，個々の自然数や自然数の全体の集合，個々の実数や，実数の全体の集合，またこれらの集合上の関数など，通常の数学で扱うことになるすべての集合が，（基礎の公理の仮定如何にかかわらず）基礎の公理で述べられている性質を満たすことと，次の事実によって支持される：

定理26. ZFから基礎の公理を除いたものが無矛盾なら，これに基礎の公理を加えたもの（つまりZF）も無矛盾である[92]．

証明のスケッチ． ここでもインフォーマルな記述で証明のアイデアを述べるにとどめる．ZF^-でZFから基礎の公理を除いた公理系を表すことにする．以下ではZF^-で議論する．"ある$\alpha \in On$に対して$x \in V_\alpha$"を表すL_{ZF}-論理式をRと表すことにすると，$R = \{x : R(x)\}$は真のクラスになる[93]．

---

91) このことに関連する事柄については，「訳者による解説とあとがき」の「デデキントとブルバキ」の項でも触れる．
92) Zに「すべての集合xに対しxの transitive closure が存在する」という公理を加えた体系に対しても以下の証明のスケッチと同様の議論を行なうことができる．
93) $R = \{x : \varphi(x)\}$という表記は，ここで考察している体系ZF, Z etc. では，論理式$\varphi(x)$（φはxの他にもパラメタ（つまり自由

R が真のクラスであることから，V_α でとは異なり，$\langle R, \in \rangle$ での論理式の充足関係 $\langle R, \in \rangle \models \cdots$ を ZF 内での関係として定義することはできない．これをやろうとして，(20)〜(23)のように書きくだされた $\models$ の帰納的な定義を，実際の手続き的な定義に展開しようとするところで，クラスの存在や全称を表現するような量化子が必要になってしまうからである．しかし，超数学との間を行き来することで，ここでの $\models$ の代用品を，各論理式ごとに，次のようにして定義することはできる．

L_{ZF} の一つ一つの論理式 $\varphi = \varphi(x_1, \ldots, x_n)$ に対し，"$\langle R, \in \rangle \models \varphi(x_1, \ldots, x_n)$" を表現する論理式 $\varphi^R(x_1, \ldots, x_n)$ を，

(133)　$(x \, \varepsilon \, y)^R = x \, \varepsilon \, y, \quad (x \equiv y)^R = x \equiv y$；

(134)　$(\varphi \longrightarrow \psi)^R = \varphi^R \longrightarrow \psi^R$

(135)　$(\neg \varphi)^R = \neg \varphi^R$

(136)　$(\exists x \, \varphi)^R = \exists x (R(x) \land \varphi^R)$

として帰納的に定義することができる[94]．健全性定理（定理9）と同様に，$\varphi = \varphi(x_1, \ldots, x_n)$ が L_{ZF}-論理式のとき，

(137)　$\Gamma \vdash \varphi$ なら，

変数)を持っていてもよい)を x の性質と見て $\varphi(x)$ を満たす x の全体を考える，ということを述べている"心理的"な表記にすぎない．R が真のクラスであるという表明は，たとえば，ここでのように ZF$^-$ で議論しているのなら，ZF$^-$ から $\exists x \forall y (y \, \varepsilon \, x \longleftrightarrow \varphi(x))$ の否定が証明できる，ということである．

94)　ここでの L_{ZF}-論理式は，ZF での集合としての論理式ではなく，超数学での"本物の"論理式であり，ここでの帰納的定義は，超数学でのそれである．

$$\Gamma^{\mathsf{R}} \vdash \forall x_1 \cdots \forall x_n (\mathsf{R}(x_1) \longrightarrow \cdots \longrightarrow \mathsf{R}(x_n) \longrightarrow \varphi^{\mathsf{R}})$$

となることが示せる[95]. また,

(138) すべての ZF の公理 φ に対し, $\mathsf{ZF}^- \vdash \varphi^{\mathsf{R}}$

となることも示せる. 特に, $\mathsf{ZF}^- \vdash$ 基礎の公理^{R} となることは, $\mathsf{R}(x)$ の定義からほとんど明らかである. もし, ZF が矛盾するとすれば, ZF の有限個の公理 $\psi_1, ..., \psi_n$ で, $\psi_1, ..., \psi_n \vdash \neg \emptyset \equiv \emptyset$ となるものがとれる. したがって,

(139) $\psi_1^{\mathsf{R}}, ..., \psi_n^{\mathsf{R}} \vdash \neg \emptyset \equiv \emptyset$

である. ($\vdash (\neg \emptyset \equiv \emptyset)^{\mathsf{R}} \longleftrightarrow \neg \emptyset \equiv \emptyset$ に注意する). これと (138) から, $\mathsf{ZF}^- \vdash \neg \emptyset \equiv \emptyset$ が言えることになるが, これは ZF^- が無矛盾である, という仮定に矛盾である. □

選択公理については, これが, 通常, 集合論の公理系の公理として採用され, したがって, 数学の議論は通常 ZC あるいは ZFC の枠組でなされることの妥当性の準拠としてあげられるのは, 一つは現代の数学のいたるところで選択公理が使われているという実績であり, もう一つはゲーデルによる次の定理であろう:

定理 27. (K. Gödel, 1940 (昭和 15)[96]). ZF が無矛盾なら, ZFC も無矛盾である. つまり, 選択公理は, ZF 上相対的

---

95) $\Gamma^{\mathsf{R}} = \{\varphi^{\mathsf{R}} : \varphi \in \Gamma\}$ とする.
96) ただし, ゲーデルのもとの定理は ZF に対してではなく, 現在ではゲーデル-ベルナイスの集合論と呼ばれる, ZF の保守拡大になっているような体系に関しての上の主張に対応する主張であった.

無矛盾である.

証明のスケッチ. ZF で $\alpha \in \mathrm{On}$ に対して,L_α を帰納的に,
(140) $L_0 = \emptyset$;
(141) $L_{\alpha+1} = L_\alpha \cup Def(L_\alpha)$;
(142) δ が極限順序数のとき,$L_\delta = \bigcup_{\alpha<\delta} L_\alpha$
で定義する.ただし
(143) $Def(L_\alpha) =$
$\quad \{u \subseteq L_\alpha : \exists \varphi \exists a_1 \cdots \exists a_n (\mathrm{Fml}_{L_{\mathrm{ZF}}}(\varphi) \wedge a_1 \in L_\alpha \wedge \cdots$
$\quad \cdots \wedge a_n \in L_\alpha \wedge u = \{a \in L_\alpha : \langle L_\alpha, \in \rangle$
$\quad \vDash \varphi(a, a_1, \ldots, a_n)\})\}$
とする.

ここで $L = \bigcup_{\alpha \in \mathrm{On}} L_\alpha$ とする.L の要素は,構成的集合とよばれる.

$\mathsf{L}(x)$ を,x が L の要素であることを表現する L_{ZF}-論理式とする.つまり $\mathsf{L}(x)$ は,"ある $\alpha \in \mathrm{On}$ が存在して $x \in L_\alpha$ となる" ことを表現する論理式とする.

ここで,各 L_{ZF}-論理式 φ に対し φ^L を,φ^R と同様に定義すると,すべての ZF の論理式 φ に対し $\mathsf{ZF} \vdash \varphi^\mathsf{L}$ となることが示せる.

各 L_α 上の整列順序 $\leq_\alpha$ が与えられたときには $D(\alpha)$ の要素を,その定義式 φ の順番とパラメタ $a_1, \ldots, a_n$ の $\leq_\alpha$ に関する辞書式順序を使って整列できるので,これにより $\leq_\alpha$ を拡張する $L_{\alpha+1}$ の整列順序 $\leq_{\alpha+1}$ が定義できる.これを用いて帰納的に $\leq_\alpha$,$\alpha \in \mathrm{On}$ を一様に定義することがで

き，L の要素全体は（定義可能なクラス）$\leq_L = \bigcup_{\alpha \in On} \leq_\alpha$ によって整列される．この順序に関して最小のものをとる，という定義で選択関数が常に作れるので，ZF⊢選択公理となることがわかる．したがって，定理26の証明の後半と同様に，ZFC が矛盾するなら，ZF も矛盾することがわかる． □

付録B, 32. カントルの定理（170 ページ）で見たように，ZFC では，ω の冪集合 $\mathcal{P}(\omega)$（ツェルメロの記法では $\mathfrak{U}(\omega)$）は ω よりも大きな濃度を持つ．この濃度を $2^{\aleph_0}$ と表す[97]．

第 I 部の有理数体 $\mathbb{Q}$（デデキントの記法では R）や実数体 $\mathbb{R}$（デデキントの記法では $\mathfrak{R}$）の構成法を見ると，$|\mathbb{Q}| = \aleph_0$，$|\mathbb{R}| = 2^{\aleph_0}$ となっていることがわかる．カントルは $\aleph_0$ と $2^{\aleph_0}$ の間に他の基数が存在しないこと（つまり $2^{\aleph_0} = \aleph_1$ となること）を**連続体仮説**，あるいは**連続体問題**とよんで，この証明に生涯心血を注いだ．

ゲーデルは連続体仮説が ZFC 上で相対的無矛盾であることを示している．

定理28（K. Gödel, 1940（昭和 15））．**ZFC が無矛盾なら，ZFC + $2^{\aleph_0} = \aleph_1$ も無矛盾である．**

証明のスケッチ． 証明は ZF⊢$(2^{\aleph_0} \equiv \aleph_1)^L$ を示すことで行

---

97) より一般的には，基数 κ に対し，2^κ で κ の冪集合の濃度を表す．カントルの定理（付録 B, 32）により，$\kappa < 2^\kappa$ である．

なわれる．$\mathrm{ZF} \vdash (|\mathcal{P}(\omega) \cap L_{\omega_1}| \equiv \aleph_1)^L$ が言えるので，このためには，L に含まれる ω の部分集合が，すべて L_{ω_1} に含まれることを示せばよい．これは，Condensation Lemma とよばれる補題を用いて証明されるが，子細は他の教科書に譲ることにする． □

すべての無限基数 κ に対し，$2^\kappa = \kappa^+$ が成り立つ，という主張は，**一般連続体仮説**（Generalized Continuum Hypothesis（GCH））とよばれている．これはハウスドルフが 1908（明治 41）年の論文で導入した原理である．定理 28 と同様に ZFC＋GCH の ZFC 上の相対的無矛盾性も示せる．

一方，1960 年代になって，コーエン[98] は，（ZFC が無矛盾なら）連続体仮説が ZFC から証明できないことを示している．したがって，ゲーデルの定理（定理 27）と合せて，連続体仮説は集合論から独立であることがわかったことになる．コーエンは，またこの連続体仮説の独立性証明で用いたモデルの内部で ZF と ¬AC を満たしているものをうまくとることで，（ZF が無矛盾なら）選択公理は ZF から証明できないことも示している．したがって，ゲーデルの定理（定理 27）と合せて，選択公理は ZF から独立であることがわかったことになる．

コーエンがこれらの証明のために発明した**強制法**（forcing）とよばれる手法の一般化（この一般化も単に強制法

---

[98] Paul Cohen（1934（昭和 9）-2007（平成 19））．

とよばれている）による集合論上の独立性命題の研究は，20世紀後半以降に大きな進展を遂げた[99]．

この強制法の手法による集合論上の独立性命題の研究は，数学の基礎付けの研究であるより，それ自身（ある意味で新しいタイプの）数学理論であり，そこでの議論は，通常"数学的"に行なわれ，研究の現場では形式的な体系上の形式的証明に関する問題として意識されることはほとんどないが，ここで得られる結果は，"T が無矛盾なら T' も無矛盾である"という形で述べることができ（定理28もコーエンの結果も上ではすでにそのような形で引用していた），この対偶命題"T' が矛盾するなら，T も矛盾する"は，T' からの矛盾の証明が与えられれば，それを T からの矛盾の証明に書きなおすアルゴリズムを与えるという形の純粋に有限の立場による証明に翻訳することができて，これは，§7の(c)で述べたような意味での，集合論の無矛盾性に関する有限の立場での議論となっている[100]．

---

99) ゲーデルの構成的集合やコーエン以降の強制法の理論についての標準的な入門書にはキューネン [34] やその日本語訳がある．

100) ちくま学芸文庫で復刻された『公理と証明 証明論への招待』[30] の2012年に書かれた後書きでは，「（ゲーデルの不完全性定理の後 [解説者補筆]）残された道は本文でも説明した有限の立場（直観主義）の実力を究め，それに頼るしかないのだ．しかし最近の研究者にはこの方面に努力する人が「1人も（？）」居ない！」と述べられている．「有限の立場（直観主義）」という同一視の仕方に疑問も残るし，赤攝也先生が，この主張でもっと具体的には何を仰りたかったのかも不明であるが，現代の数学は，実

巨大基数の理論とよばれる集合論の研究領域は，ある意味でもっと直接的に第2不完全性定理と関連するものと考えられる．現代の巨大基数の理論は厖大な研究領域であり[101]，ここでこの理論に関することすべてを述べることはとうていできないが，巨大基数のうち，いちばん小さい種類のものの一つである到達不可能基数（inaccessible cardinal）を例にとって，相対的無矛盾性の研究での巨大基数の役割について考察してみようと思う．

カントルの定理（本書付録 B, 定理32）により，任意の基数 λ に対し $\lambda < 2^\lambda$ となることを思い出しておく．非可算な基数 κ が到達不可能基数であるとは，長さが κ 未満の κ の下からの近似列が存在せず（このことを κ は**正則基数**であると言う），すべての $\lambda < \kappa$ に対し $2^\lambda < \kappa$ となること，により定義される．

基数 κ が**極限基数**であるとは，$\lambda^+ = \kappa$ となるような基数 λ が存在しないことである．到達不可能基数が極限基数であることは定義から明らかだが，「正則な極限基数[102]が存在する」という主張は，実は「到達不可能基数が存在する」

は，ここで述べたような意味での有限の立場での新しい研究結果で満ちているのである．ちなみに，[30]には，PA，あるいは ZFC から無限公理を除いた体系での議論が有限の立場である，とも読めてしまうような議論（無矛盾性の有限モデルの存在への還元）が展開されているが，これについても注意が必要であろう．

101) この理論についての俯瞰は，金森 [32] で得ることができるだろう．

102) 正則な極限基数は**弱到達不可能基数**とよばれる．

という主張と無矛盾等価である．

到達不可能基数が存在するにちがいない，という感覚は，ω（あるいは基数としては $\aleph_0$）と同じような，それより小さな基数に対するある種の超越性を持つような基数が無数に存在するはずだ，という直観から導かれるが，それにもかかわらず，到達不可能基数の存在は ZFC からは証明できない．しかしここでは実はそれ以上のことが成立している．IC で到達不可能基数の存在を表明する L_{ZF}-文を表すことにする．

定理 29. ZFC＋IC ⊢ $consis_{ZFC}$ である．特に第 2 不完全性定理により，ZFC が無矛盾なら，IC を ZFC から導くことはできない．

証明． κ を到達不可能基数とすると $V_\kappa \models$ ZFC となることが示せる．したがって，健全性定理から，ZFC は無矛盾であることがわかる．この議論は，ZFC での形式的な証明として書き出せるので，ZFC＋IC ⊢ $consis_{ZFC}$ である．一方，第 2 不完全性定理により，ZFC が無矛盾なら，ZFC ⊬ $consis_{ZFC}$ だから，IC は ZFC から導けないことがわかる． □

上の定理から，ZFC の無矛盾性の仮定だけから，ZFC＋IC の無矛盾性は示せないことがわかる：ZFC＋IC が矛盾していれば，いずれにしても ZFC の無矛盾性から ZFC＋IC の無矛盾性を示すことはできない．一方 ZFC＋IC が無

矛盾だとして，もし ZFC の無矛盾性の仮定だけから，ZFC＋IC の無矛盾性が示せたとすれば，その証明を形式化することにより ZFC⊢ $consis_{ZFC} \longrightarrow consis_{ZFC+IC}$ の証明が得られる．一方，上の定理から，ZFC＋IC⊢ $consis_{ZFC}$ だから，このとき ZFC＋IC⊢ $consis_{ZFC+IC}$ が帰結されるが，第2不完全性定理により，このことから ZFC＋IC の矛盾が導かれるので，これは，ZFC＋IC が無矛盾であるという仮定に矛盾である．

したがって，ZFC＋IC の無矛盾性の仮定は，ZFC の無矛盾性の仮定よりさらに強い仮定になるわけであるが，このことを，IC の（ZFC 上の）**無矛盾性の強さ**（consistency strength）は ZFC（の無矛盾性の強さ）より大きい，と表現する．

一般的には，T を PA の解釈できる，ある理論として，命題 A が T より無矛盾性の強さが大きい，というのを，$T \cup \{A\} \vdash consis_T$ が成り立つこととする．A が T より無矛盾性の強さが大きいときには，T の無矛盾性を仮定すると，第2不完全性定理により $T \nvdash A$ である．したがって，$T \cup \{A\}$ の無矛盾性を仮定したときには，A の T からの独立性を仮定したことになる．

数学の基礎付けの視点からは ZFC の無矛盾性だけでも問題になっているのに，それより大きな無矛盾性の強さを持つ原理を考えることに意味があるのか，という素朴な疑問が呈されることがある．しかし，様々な種類の巨大基数の存在の仮定を主張する原理との比較をすることで，ZFC

から決定のできない様々な数学的な命題の無矛盾性の強さのステータスを測ることができるようになる．次の定理30, 31 はそのような意味での巨大基数の役割を説明する一つの良い例になっていると言えるだろう．

仮に巨大基数の存在を正しい公理として認めないという立場に立ったとしても，このような，様々な数学的な命題の無矛盾性の強さのステータスの尺度としての巨大基数を研究することの意義は，認めざるをえないだろう．

理論 T と T' について，次が成り立つとき，T と T' は**無矛盾等価** (equiconsistent) である，と言うことにする：
(144) 　T は無矛盾である $\iff$ T' は無矛盾である．

この命題の有限の立場での表明は，$T \vdash^P x \not\equiv x$ となる証明 P があれば，P を変形して $T' \vdash^{P'} x \not\equiv x$ となるような証明 P' を作ることができ，逆に $T' \vdash^{Q'} x \not\equiv x$ となるような証明 Q' があれば，この Q' から出発して $T \vdash^Q x \not\equiv x$ となるような証明 Q を作ることができるということである．

"有限な極大枝の存在しない木に無限枝が存在する"，という原理を Dependent Choice (DC) という．DC は選択公理からの帰結の一つであるが，これが選択公理より真に弱いことは，ソロベイとシェラハによる以下の定理によってもわかる[103]．

定理 30. (R. Solovay (1970), S. Shelah (1984))． 次の二つ

---

103) ただし，DC と選択公理の ZFC 上の非同値性自身は，巨大基数の存在の無矛盾性の仮定を用いずに証明できる．

の理論は無矛盾等価である：
(145)　ZFC＋IC；
(146)　ZF＋DC＋"すべての実数の集合はルベーグ可測である". □

解析学での選択公理の使用は，多くの場合，DC あるいは DC の帰結である Countable Choice（CC）で置き換えられることが知られている[104]．したがって(146)は，解析学を展開するときの基礎のオルタナティーヴになりえる．

定理 30 から，ZF＋DC＋"すべての実数の集合はルベーグ可測である" という理論に対する最終的な評価が直ぐに導けるというわけではないにしても，定理 30 が，この理論についての理解の精度を大きく引きあげていることは明らかであろう．

また，ベールの性質はルベーグ可測性と強い双対関係を示すことが知られているが[105]，ZF＋DC＋"すべての実数の集合はベールの性質を持つ" は ZFC と無矛盾等価であることが示されている (Shelah, 1984)．つまり，ルベーグ可測性とベールの性質の間の双対性が，ここでは崩れていて，しかもそれは，到達不可能基数の無矛盾性の強さの有無というような，普通の数学では扱われることのないよう

---

104)　CC や DC については以下の §10 も参照されたい．
105)　実数の集合 X がベールの性質を持つとは，X が開集合 O と全疎（nowhere dense）な集合の可算和として表せる集合（つまり疎集合）M の対称差 $O \triangle M$ として表せることである．ルベーグ可測性とベールの性質の双対性については，[39] に詳しい．

な強い形で現れているわけである.

定理 30 の証明は,実は,選択公理を落とした体系の文脈を離れても,次のような ZFC での結果としての解釈も可能である(定理 31).

$X \subseteq \mathbb{R}^n$ が**ボレル集合**であるとは,X が開集合の全体から出発して,集合の可算和と補集合の演算を有限回繰り返すことで得られるような集合の全体に含まれていることだった.$X \subseteq \mathbb{R}^n$ が**射影集合**であるとは,X がボレル集合から出発して集合の射影と補集合の演算の有限回の繰り返しで得られるような集合のことである.射影集合はその組成が明確な"具体的な"集合なので,そのようなものはすべてルベーグ可測であってほしいのだが,このことも実はZFC からは決定できない:

定理 31(R. Solovay 1970(昭和 45),S. Shelah 1984(昭和 59)). 次の二つの理論は無矛盾等価である:
(147) ZFC+IC;
(148) ZFC+"すべての射影集合はルベーグ可測である". □

上の定理 30 や定理 31 は,巨大基数が本質的な役割を演じる多くの数学的な結果のうちのほんの一つの例にすぎないが,これだけでも,巨大基数を考察することで初めて見えてくる豊かな数学的な風景が十分に示唆されていると言えるだろう.

なお,これらの結果の証明では巨大基数の理論と強制法

の理論やその反復法などが複雑に組み合された形で用いられており, "証明のテクニックとしての数学"として見ても, 非常に洗練されたものになっている, ということも言い添えておきたい.

§10.
選択公理とデデキント無限

デデキントが『数とは何かそして何であるべきか?』(本書第II部), §5で導入した無限の概念(提議64)は, 現在では**デデキント無限**とよばれている. この無限の概念は, 弱い選択公理のもとでは, 通常の無限の概念と同値になるが, 選択公理なしにはこの同値性は(ZまたはZFだけからでは)証明できないことが証明できる[106].

本節ではこの同値性の証明を見ておくことにする. この同値性の証明に, 弱い選択公理が本質的に関与していることの証明は, たとえば, イェヒ [31] を参照されたい.

まず現代での通常の無限の概念は,

(149)　集合 X が**無限**であるとは, すべての自然数 $n \in \omega$ に対し, n から X への全射が存在しない

こととして定義される. 我々の自然数の定義では, 自然数

---

106) もちろん, これは, "Z (または ZF) が無矛盾なら" という仮定のもとでの主張である. またここで, 「証明できないことが証明できる」と言ったときの最初の証明は, 形式的体系でのZ (またはZF) からの形式的証明のことで, 二番目の証明は超数学での証明である.

$n \in \omega$ は $n = \{0, 1, 2, ..., n-1\}$ となるのだったことを注意しておく（§8を参照）．

上の定義で，「全射」を「全単射」で置き換えても，もとのものと同値である．X が(149)の意味で無限でないとき，X は**有限**であるという．

第Ⅱ部，§5での無限の定義は，現代の言葉で書き表すと次のようになる：

(150) S から S の真部分集合への1対1写像が存在するとき，集合 S は，**デデキント無限**であるという．

上と同様に X がデデキント無限でないときには，X は**デデキント有限**であると言うことにする．

集合 X がデデキント無限なら X が無限集合となることは Z で証明できる：

補題32. Z で議論する．すべての集合 X に対し，X がデデキント無限なら X は無限集合である．

証明. X がデデキント無限として $f : X \longrightarrow X$ を単射で $f''X$ が X の真部分集合になっているようなものとする（$f''X$ という記号については脚注74を参照）．もし X が無限集合でなければ，ある $n \in \omega$ と全単射 $g : n \longrightarrow X$ が存在するが，このとき，合成写像 $g^{-1} \circ f \circ g$ が n から n の真部分集合への単射になる．ところがこのようなものが存在しないことは，n に関する帰納法により第Ⅱ部，§8，119の証明に対応する議論で示せるから矛盾である．   □

上の定理の逆は Z や ZF では証明できない．上の定理の逆の証明には，たとえば，次の可算選択公理（Countable Choice, ここでは CC と略す）とよばれる弱い形の選択公理が必要である（第Ⅱ部，§14, 159 の証明を参照）．

(**CC**) すべての可算な，空集合を要素に含まない集合族 x に対し，x の選択関数が存在する．

選択公理(AC)や，前章で出てきた Dependent Choice (DC)の CC との関係としては，次が Z で証明できる．

定理 33. 以下が Z で証明できる．
  (α) AC $\longrightarrow$ DC.
  (β) DC $\longrightarrow$ CC.

証明． (α)：$\mathbb{T} = \langle T, \leq_T \rangle$ を，有限な極大枝を持たない木とする．このとき有限の高さを持つ $t \in T$ に対し，

(151) $\quad S_t = \{t' \in T : t' \text{ は } t \text{ の次の節点}\}$

とする[107]．このとき，仮定から，すべての $t \in T$ に対し，$S_t \neq \emptyset$ である．$\mathcal{S} = \{S_t : t \in T, \ t \text{ の高さは有限}\}$ として，f を $\mathcal{S}$ 上の選択関数とする．

このとき $g : \omega \longrightarrow T$ を $g(0) = t_0$；$g(n+1) = f(T_{g(n)})$ で定義すれば，$\{g(n) : n \in \omega\}$ は $\mathbb{T}$ の無限の枝となる．

(β)：X を空集合を要素として含まない可算集合とする．$X = \{x_n : n \in \omega\}$ として，

(152) $\quad T = \{\langle a_0, ..., a_{k-1} \rangle : k \in \omega, \ \text{すべての } n < k \text{ に対し}$

---

107) ここでは木は最小元（根）t_0 を持ち，上に伸びているものとしている．

$a_n \in x_n\}$

とする．T 上の順序 $<_T$ を，

(153) $\langle a_0, ..., a_{k-1}\rangle <_T \langle b_0, ..., b_{k'-1}\rangle$
   :⇔ $k<k'$ ですべての $n<k$ に対し $a_n=b_n$

とする．つまり $\langle a_0, ..., a_{k-1}\rangle <_T \langle b_0, ..., b_{k'-1}\rangle$ となるのは，$\langle a_0, ..., a_{k-1}\rangle$ が $\langle b_0, ..., b_{k'-1}\rangle$ の真の始片になっているときとする．このとき，T は極大な有限な枝を持たないから，DC により，無限の枝 $\emptyset <_T t_0 <_T t_1 <_T t_2 <_T \cdots$ を持つ．このとき $f: \omega \longrightarrow X$ を $f(n)=t_n$ の n 番目の要素，とすると，f は X の選択関数になっている． □

定理 34. Z+CC を仮定する．このとき，すべての集合 X に対し，次は同値である：

 (a) X は無限である．
 (b) X は可算な無限部分集合を持つ．
 (c) X はデデキント無限である．

証明． X を任意の集合とする．補題 32 により，(c) ⟹ (a) はすでに Z で成り立つ．

 (a) ⟹ (b)：X が無限集合だとする．$n \in \omega$ に対し，

(154) $F_n = \{\langle x_0, ..., x_n\rangle : x_0, ..., x_n$ は X の互いに異なる要素$\}$

とする．X が無限集合であることから，すべての $n \in \omega$ に対し，$F_n \neq \emptyset$ であることが，$n \in \omega$ に関する帰納法により示せる．したがって，$\mathcal{X} = \{F_n : n \in \omega\}$ とすると，CC により，$\mathcal{X}$ の選択関数 $f: \omega \longrightarrow X$ がとれる．$g: \omega \longrightarrow X$ を，

(155) $g(n) = x_k^*$, ただし, $f(F_n) = \langle x_0^*, ..., x_n^* \rangle$ として, $k \leq n$ は, x_k^* が $g(0), ..., g(n-1)$ のどれとも異なるようなもののうち最小のものとする

として定義すると, g は ω から X への単射である. $Y = \{g(n) : n \in \omega\}$ とすると, Y は X の可算な無限部分集合である.

(b) $\Longrightarrow$ (c): $Y \subseteq X$ を可算な無限集合として, $g : \omega \longrightarrow Y$ を全単射とする.

ここで $h : X \longrightarrow X$ を,

(156) $h(x) = \begin{cases} x, & x \notin Y \text{ のとき} \\ g(n+1), & x = g(n) \text{ のとき} \end{cases}$

とすれば, h は単射で, $g(0) \notin h''X$ である. したがって, この h により X がデデキント無限であることがわかる. □

AC, DC, CC, "すべての集合 X は無限ならデデキント無限である"は, それぞれ ZF と独立で, しかも, ZF 上で, 互いに同値ではないことが知られている (イェヒ [31] を参照).

訳者による解説とあとがき

数学の基礎付け

　[4]（『連続性と無理数』，本書第Ⅰ部）では，有理数の「算術」上に「切断」とよばれる構成法（原理）を用いて実数の全体が構成され，その上で解析学が厳密に展開できることを示している．[5]（『数とは何かそして何であるべきか？』，本書第Ⅱ部）では，「（数学的な）論理のみの仮定」[1]から自然数論が厳密に展開できることが示されている．したがって，この二つの著書で，少なくとも古典的な数学についての，大きな部分については，十分に厳密な基礎が与えられたことになる．

　現代的な数学の展開の仕方をすでに知っている読者にとっては，デデキントが [4]（本書第Ⅰ部）と [5]（本書第Ⅱ部）で展開してみせた数学の基礎付け，ないし，数学の基礎理論の構築の方法は，ごく自然な，あるいはむしろあたりまえのことに思えるだろう．一方，初学者にとって

---

1) 付録Cで述べたことからも明らかなように，ここで括弧で囲った「（数学的な）論理のみの仮定」で自然数論が展開できる，という主張には，厳密には，ある付帯条件が必要になる．これについては，後で再びもう少し詳しく見ることにする．

は，[4]（本書第Ⅰ部）と [5]（本書第Ⅱ部）を読むことは（現代においても）数学の基礎理論への入門に向けての良い予行演習となりえるだろう．

しかし，デデキントがこれらの本を執筆した当時は，これらの本での理論展開は当時の多くの数学者にとって驚きであり，不愉快なことですらあった．そのことは，たとえば，ヒルベルト[2]が 1931（昭和6）年に書いた次のような当時の回想によっても窺うことができる．

> 1888年[3]に，ケーニヒスベルク出の若き私講師として，私はドイツの大学を巡る旅に出た．最初の訪問地ベルリンでは，どの世代の数学者の集まりでも，ちょうどその頃に出版されたデデキントの『数とは何かそして何であるべきか』が（多くの場合批判的な意味で）話題に上っていた．この論著はフレーゲの研究と並んで，初等数論の基礎付けの最初の本格的な試みとして最も重要なものである．……（[24]）

デデキントの『連続性と無理数』（[4]，本書の第Ⅰ部），や後の『数とは何かそして何であるべきか？』（[5]，本書の第Ⅱ部）で，当時の数学者が「批判的な意味で」奇異に思ったり，不愉快に思ったりしたのは，(a) 直観的に，あたりまえに思えることを不必要に長々と議論しているように

---

2) David Hilbert (1862（文久2）-1943（昭和18））．
3) [訳注] 明治21年．

見える，ということと，それとは逆に，(b)数学で用いるべきでないような超越的な議論が無制限になされているのではないかと疑われる，という点であったと思われる．

実際，当時，前者(a)の意味での異議が無視できないものであったことは，デデキントが，そのような批判に反論するために，『連続性と無理数』(本書第Ⅰ部)と『数とは何かそして何であるべきか？』(本書第Ⅱ部)の両方の前書きで，これらの本で行なわれたような種類の基礎付けの議論をそこでのようなやり方で行なうことが，なぜ必要かつ不可欠なのかについての説明に，多くの紙数を割いていることからも見てとれる．デデキントの全集 [8] には，デデキントがリプシッツに書いた複数の手紙が収録されているが，これを見ると，当時の数学者にとって，デデキントが『連続性と無理数』で展開してみせた議論が従来の数学の理論展開でないがしろにされていた厳密性を補足するものになっている，ということを理解するのが，いかに難しかったかが窺える．

デデキントの行なったような議論展開の必要性ついては，『連続性と無理数』や『数とは何かそして何であるべきか？』の前書きでの議論や，これらの文書の本文でなされているコメントで十分に言いつくされているし，現代数学の素養を持った読者にとっては，いずれにしてもあらためて説明する必要はないと思われるので，ここでは，さらにコメントすることは控える．むしろ，デデキントの『連続性と無理数』や『数とは何かそして何であるべきか？』で

の議論は，彼が数学的な論理の健全な理解と捉えているものの分析はせず，その先からの議論をしていることで，(現代の視点から見たときは) 数学の基礎付けとしては精度に欠けるものになっている，という点をここでは指摘しておかなくてはならないであろう[4].

後者の批判(b)はもっと厄介なものを含んでいて，これについての客観的な状況把握や批判に対する反論が十分にできるようになるには，数理論理学の研究が十分に進展する 20 世紀の後半まで待たなくてはならなかった．また，このためには，まず，デデキントがブラックボックスとし

[4) ここでは，前書きでも述べたような意味での，「基礎数学」と「数学の基礎付け」との間の区別をして話をしていることに注意する．前書きでもすでに述べたように，「基礎数学」としては『連続性と無理数』や『数とは何かそして何であるべきか?』は現代でも意義を持つものであるし，現代の教科書が素通りしてしまうことの多い，数学の基礎に関する議論や吟味がなされているため，初学者にとっても一読の価値のあるものとなっている．

もちろん，数学の基礎付けに関する，『連続性と無理数』や『数とは何かそして何であるべきか?』の現代から見たときの"不備"は，これらの本が書かれた時代には，現代の我々が手にすることのできる，概念や手法や定理がまだほとんど何も得られていなかったことに起因する：デデキントの時代には，論理を形式化して，その上に展開される数学を分析する，という立場での研究は，たとえば，[5] (本書第II部) の前書きで触れられているフレーゲやシュレーダーなどで萌芽的に見られるだけであり，形式的な論理で「数学的な論理の健全な理解」を置き換えることの意味やその妥当性が本当に見えるようになったのは，ヒルベルトらの研究を経てゲーデルによって完全性定理 (1929 (昭和 4) 年，本書，付録C, §5を参照) の証明がなされた後のことである，と言わなくてはならないであろう．

て仮定した「数学的な論理の健全な理解」の分析が必要となるのだが，さらに，ゲーデルの完全性定理や，名前だけを見ると，これとは矛盾するようにも思えるゲーデルの不完全性定理（1931（昭和6）年），またゲンツェン[5]による数論の無矛盾性の証明と，1970年代以降になされた，この無矛盾性証明や，それと類似の他の無矛盾性証明の実際の数学への適用範囲に関する研究，などを見ておく必要がある．これらについて細かく述べようとすると，それだけで，少なく見つもってもぶ厚い一冊の解説書に相当する分量の記述が必要になってしまいそうである．ページ数の制約のため，本書では，付録Cで，これらのことについての，読者が細部の再構成を自力で行なえるであろうぎりぎりの線をねらった概説を与えている．

デデキントの業績とその今日における意味

[4]（本書第Ⅰ部）と[5]（本書第Ⅱ部）の日本語への翻訳には，1961（昭和36）年の，河野[7]もある．[7]は，多くの版を重ねてきたロングセラーであり，日本で中学や高校の意欲のある学生が数学の基礎付けに関する質問をすると，これを読んでみなさい，といって学校の先生が丸投げする先として紹介されることが多い本ではなかったかと思う．[4]（本書第Ⅰ部）や[5]（本書第Ⅱ部）を歴史的な書物としてでなく，現代に通じる時代を越えた名著として

---

[5] Gerhard Gentzen（1909（明治42）-1945（昭和20））．

読む，という読み方にはいくつかの注意が必要なことはすでに前書きでも触れたし，以下でもさらにこのことに関連した議論をすることになるのだが，大筋では，これらの著作は，現代でも，まず最初に読んでみる本としての価値を失ってはいないように思える．

日本語で書かれた本で，本書の内容に対応することがらをもう少し現代よりの視点から扱ったものには，彌永 [28] や，さらに本格的で，教科書的なスタイルの書き方になっている齋藤 [42] もある．デデキントの二つの本での仕事や，[28] や [42] でのデデキントの仕事のもう少し近代的な枠組みでの再編は，現在では，数学の基礎付けとしてより，むしろ数学の基礎知識として捉えるべきものと考えられている．

現在の視点から見たとき，数学の基礎付けとして議論されるべき事柄は，デデキントが，「健全な理性」[6] としてそれ以上分析を進めなかったところの，数学で用いられる論理を分析することで初めて正確に記述することができるようになる種類の諸問題である（これについては付録Cも参照されたい）．

一方，デデキントの [4]（本書第Ⅰ部），[5]（本書第Ⅱ部）での議論には，このような彼の時代より後になされた数学の基礎付けの研究から得られる知見と抵触する記述は，少なくとも数学的なディティルに関しては，二つの例

---

6) これは，『数とは何かそして何であるべきか？』（本書第Ⅱ部）の初版の前書き（46ページ）に現れる表現である．

外[7] を除くと,まったくないと言ってよい.

デデキントの業績には,現代的な代数学の整備につながることになる仕事もある.このことについては,たとえば彌永 [29],第二部,第 1 章にある平易な解説も参照されたい.現代的な代数学を確立したのはエミー・ネーターだが,彼女は日頃「(自分のやったことは) 全部デデキントの書いたものに出ている」と言っていたということである ([38]).

デデキントの仕事のうち,特に [5](本書第 II 部)の,彼の後の時代の数学へ与えた影響については,付録 A に収録した,このネーターによる,1932(昭和 7)年の視点での文章でも触れられている.

本書での翻訳の方針

本書での翻訳では,先行する日本語訳である河野 [7] は特に参考することはしなかったし,したがって,意識的にこれとの差別化をはかることもなかった.しかし,結果としては,本書での翻訳は,[7] に比べて,歴史的な文献の翻訳というスタンスの,より強いものになったのではないかと思う.特に,現在通常に使われているものとは違うドイツ語の数学用語が用いられている場合には,可能な限り日本語訳でも対応する現在の用語と異なる単語を採用した.たとえば,現在では「集合」(ドイツ語では „Menge")

---

7) 以下の「無限の存在証明」の項と「デデキント無限と選択公理」の項を参照.

という言葉で表される，数学的対象の集まりを，デデキントは „System" という単語で表している．本書の訳では，これを「集合」という言葉に置き換えることはせず，あえて，この単語に対応する英単語の日本語読みである「システム」という単語をあてている（ちなみに，このドイツ語の単語の発音の近似的な日本語読みは，たとえば「ジュステム」であろう）．ただし，現代の用語と相違が生じている表現については，それらの表現が最初に出てきたところで訳者の脚注を入れて，そのことについて注意し，対応する現代での用語や語法についても解説することで読者の便をはかった．

『連続性と無理数』も『数とは何かそして何であるべきか？』も，本文ではラテン語系の単語を極力さける努力がなされている．たとえば，「定義」というラテン語系の単語 „Definition" の代わりに，「宣言」を意味する，ドイツ語の単語 „Erklärung" が見出し語として用いられているが，宣言の意味での „Erklärung" の語のニュアンスは „Definition" より強い強制力が感じられるため，本書ではこの単語に，「提議」という訳語をあてて区別している．本書の奥付で，書名に慣例の読みとは異なる「数とは何か……」というルビを振ってあるのも，この原書の平易な"ドイツことば"を用いる，というスタンスを日本語訳ではできるだけ平易な"やまとことば"を用いることに平行移動する，という試みの結果である．また，以下に述べるような原書のスタイルの特徴や現代の読者が原書のドイツ語を読んだ

ときに感じる時代の雰囲気のようなものも，無理のない範囲では日本語訳に平行移動することを試みている．翻訳者の地の文章より訳文の方が漢字を多用する傾向の強いものにしているのも，この理由からである．

用語の訳語の選択に関しては，現代でも使われているものについては，できるだけ日本語での慣習に従ったが，そうでないものに関しては，原文の用語として選ばれている単語の意味をより良く反映すると思われる訳語がある場合には，従来の訳語を捨ててそれを採用している場合もある．次はそのような例の一つである：『数とは何かそして何であるべきか？』（本書第Ⅱ部）で，自然数の全体（と同型な"システム"）として導入されている „einfach unendliches System" という用語は，従来「単純無限なシステム」と翻訳されてきたのではないかと思う．しかし，この „einfach"（英語の "simple"）という単語は（英語でもそうだが）「単純」という意味と，「一重」という二つの意味があり，前者ならこの語の対語は „kompliziert" になり，後者なら対語は „mehrfach" である．『数とは何かそしてあるべきか？』でのこの場合には，この „einfach" は „mehrfach" の対語として使われていることは明らかなので，本書では，この「一重無限なシステム」という用語を用いている．

『連続性と無理数』と『数とは何かそして何であるべきか?』の文体や数学的な言いまわし

基礎的な議論を厳密に行なうデデキントの数学理論の組み立ては，発表当時には画期的なもので，そのために否定的な反応を示す当時の数学者も少なくなかったことはすでに述べた．そのような時代を先取する内容のものだったが，現代の判定基準で見ても，本書での数学的議論の細部は（以下で述べる無限集合に関する問題点と選択公理に関する細かい注意を除けば）完璧なものである．読みすすんでゆくと，デデキントが現代の数学や数理論理学の素養を頭に置いて，(しかし，それらを知らないふりをして) これらの本を書いているのではないかという錯覚を憶えてしまうほどである．

ただし，証明や主張の記述のスタイルには，デデキントの時代を感じさせるものもある．たとえば，現代では多用される「すべての x に対し，……」(„Für alle x gilt, ...") という表現やこれと類似の表現は一度も現れず，対応する内容は常に「…… x ……が常に成り立つ」(„... immer ... x ..." または，„x ... stets ..." など) というような表現で表されている．

証明での変数の使い方にも現代ではあまり見られなくなった古い言いまわしが見られる．たとえば，[5] の 21. の終りで導入されているような変数記号の意味の固定をひとつながりの大きな議論の中で保持するような記法は，記号で表さなくてはならない対象がローカルに沢山現れること

が通常となっている現代の数学では，ほとんど採用されないものになっていると言えるだろう．

ただし，これらの古い言いまわしは，たとえば源氏物語の現代日本語に対する関係のような，現代の言葉とはひどく断絶したものになっているわけでもない．日本語でたとえると，実際にはデデキントよりかなり後の時代のものではあるのだが，我々が高木貞治の書いた本を読むときに感じる古きよき時代へのノスタルジーと似たようなものが感じられる文体と言えるだろう．訳者は1980年代初めには大学院生として西ベルリンの大学に在籍していたが，当時の年配の数学者の中には，デデキントの本から出てきたような言葉づかいで講義をする人もいたことを懐かしく思い出す．1990年代に入ると東西の壁が崩れて，私講師になっていた訳者を含む西ベルリンの数学者と，東ドイツの数学者との研究交流が始まったが，彼等の数学ドイツ語はおしなべてもっと古色蒼然としたデデキントの時代をより強く起想させるようなスタイルのものだったし，数学用語の名詞の性が西ドイツとは違っていたりすることもあった．

無限の存在証明

「デデキントの業績とその今日における意味」の項で，「二つの例外」と言ったもののうちの一つは，[5]の66.（本書の82ページ）にある無限集合の存在証明である．付録Cでも述べたように，無限集合の存在は証明できないことが，証明できる（付録C, 定理25, (α)）．したがって，無

限集合の存在は，数学的な要請，あるいは，数学の公理として仮定する，という立場で扱うしかない．

66. の証明は，[5] の他の定理の証明とは明らかに異なっており，それは異様にさえ思える．付録 C の定理 25, (α) の証明で書いたような議論が知られるようになったのは，デデキントが [5] の第 3 版への前書きを書いた 1911（明治 44）年よりかなり後のことではないかと思われる．付録 A での，1932 年になって書かれた [5] に対するネーターの註釈でも，「考えられるすべてのもの」からなる集合の問題点を指摘してはいるが，無限の存在の証明が不可能であること（が証明できること）については触れられていない．

そうだとしても，デデキントが，第 3 版の前書きでも触れている，1900 年前後に発見されたパラドックスに由来する数学の基礎付けに関する危機感にもかかわらず，66. をそのままにして第 3 版を出版していることに対しても奇異の念を感じざるをえない．「健全な理性」の上に全数学が理論の精密化によって基礎付けされる，という，現代でも大多数の数学者が（少なくとも心情的には）確信している信条の正当性を示すためには，無限の存在が論理的に証明できることが，デデキントにとってはぜひとも必要だったのだろう，と言うことはできるのではあろうが．

しかし，ここで皮肉にも思えるのは，ひょっとしたらデデキント自身が無限の存在の証明不可能性を証明できていたかもしれない，とも思わせるような状況が見出せることである：付録 C で述べたように，この無限の存在の証明不

可能性の証明は，集合論の他の公理は成り立っているが，無限の存在を保証する公理についてはその否定の成り立つような比較的簡単なモデルを作ることでなされる．デデキントは，[5]（本書第Ⅱ部）の初版の前書きで，ユークリッド幾何は空間の連続性（現代の用語では：空間の完備性）を用いることなく展開できる，ということを示すために，代数的数を座標とする点のみからなる空間での幾何学を考察している（本書 51 ページ）が，これはまさに，このようなモデルによる議論となっているからである．

カントルの実数論とデデキントの実数論

実数論の基礎付けとしては，[4]（本書第Ⅰ部）での切断による方法の他に，カントルによるコーシー列による方法が知られている[8]．カントルの実数体（実数の全体の集合）の構成[9] は，距離空間の完備化や，もっと一般的には一様空間の完備化に一般化されるのに対し，デデキントの切断による連続体の構成は，線形順序の完備化に一般化される．

デデキントは [3] の前書きの終りで，このカントルの実数体の構成と自身の切断による構成に関して，「しかし，そ

---

8) 数列 x_n, $n \in \mathbb{N}$ が**コーシー列**であるとは，任意の $\varepsilon > 0$ に対し，（十分に大きな）$N \in \mathbb{N}$ をとると，すべての $m, n \in \mathbb{N}$, $N \leq m, n$ に対し，$|x_m - x_n| < \varepsilon$ が成り立つようにできることである．

9) カントルの構成法は，$\mathbb{Q}$ の要素からなるコーシー列の全体を"同じ実数に収束する"ということに対応する同値関係で割って得られる商構造に四則演算等をうまく定義したものを実数体とする，というものである．

れ自身の中で完全であるところの実数の領域に対する私の理解からは，より高次の概念での相違にすぎないものが何らかの影響を及ぼすとは思えないのである．」と言っている．これは，現代の言葉でスマートに表現すると，「カントルの導入した実数体とデデキントの導入した実数体は有理数体上同型なので[10]同一視できる」ということになるだろう[11]．デデキントの方法は，実数体をできるだけわかりやすいやり方で導入する，という観点から優れていると言える．デデキントが［4］（本書第Ⅰ部）での実数体の導入に固執したのも，この理由からであろう．［5］（本書第Ⅱ部）の初版の前書きには，彼の切断による「この理論は，私には，これとは異なり，互いにも異なるヴァイアストラス氏とG.カントル氏による二つのやはりそれぞれ完全な厳密性を持つ理論と比べて，より簡単で，あえて言えば，それらのように煩雑ではないように思える」，とある．

一方，デデキントの切断による実数体の構成とカントルのコーシー列による実数体の構成は，それぞれ，順序位相の完備化と距離空間の完備化という異なる一般化を持つこ

---

[10] つまり有理数に制限すると恒等写像になっているような全単射で，四則演算や大小関係を保存するようなものが二つの異なったやり方で導入された実数体の間に存在する，ということである．

[11] ブルバキの［3］では中心概念の一つとして明示化されることになる．この同型の概念がまだ確立されていなかったために，現代から見ると記述がひどく冗長になっているように思える例としては，『数とは何かそして何であるべきか？』の注意134（本書115ページ）も参照されたい．

とからもわかるように，同一の手法であるというわけではない．

切断による実数体の導入がカントルのコーシー列による実数体の導入より「わかりやすい」とすれば，その大きな理由は，コーシー列による実数体の導入では，"同じ実数に収束する"コーシー列を同一視する必要があるのに対し，切断による導入法では，そのような同一視のプロセスがほとんど必要でないことであろう．近代や現代の教科書で実数論に触れるときにも，デデキントに倣って切断の方法のみを用いて説明されることが多いように思える（このことは，たとえば，日本では古典となっている，高木貞治による [45] の付録でもそうである[12]）．

現代の数学では，構造を congruent な同値関係で割った商構造を作る，という操作はごく普通に行なわれるようになっているので，その分だけ，デデキントの実数体の構成のカントルによるそれに対しての優位性は差し引いて考えてよいだろうし，逆に商構造を作る議論は数学の入門の早い段階で学習ができた方がよいようにも思える．

カントルの実数体の構成法とデデキントの実数体の構成法が有理数体上同型な構造を与えることの証明はほとんど自明だが，このような同型で素性の異なる構造を同一視する，というアイデアも早い段階で学習されていてよいこと

---

12) この本の改訂版の"定本"の出版年は 2010（平成 22）年となっているが，初版と増補本の出版年はそれぞれ 1938（昭和 13）年と 1943（昭和 18）年である．

のように思える.この意味で,この二つの構成法の両方を導入して,それらが有理数体上互いに同型な構造を導入することを示し,それぞれの一般化についても言及する,というのが現代の数学の入門書での自然な書き方であるべきなのではないだろうか.

デデキント無限と選択公理

デデキントが『数とは何かそして何であるべきか?』で用いた無限の定義は,現在では**デデキント無限**(Dedekind infinite)と呼ばれる,標準的な無限の定義との同値性を証明するには弱い形の選択公理が必要となることが知られているような概念を導入するものであることが知られている.

[5](本書第Ⅱ部)の 64(81 ページ)で与えられている定義は,付録C,§10 ですでに述べたように,現代の用語に翻訳すると:

(150)　　S から S の真部分集合への 1 対 1 写像が存在するとき,集合 S は,**デデキント無限**である,

というものである.これに対し,現代の集合論で通常用いられる無限の定義は:

(157)　　任意の推移的[13]な集合 n で $\in$ が n 上の全順序になっており,∅ と異なるどの n の要素も $\in$ に関しちょうど一つ前の要素を持つようなものに対し,n

---

[13] 集合 x が推移的とは,任意の $y \in x$ と $z \in y$ に対し $z \in x$ が成り立つことである.

　　　　からSへの全単射が存在しないとき, Sは**無限**で
　　　　ある

とするものである．ここでの定義は少し長くなっているが，現代の集合論では，上のような n の満たしている性質，つまり
(158)　推移的で，∈ がその集合上の全順序になっており，
　　　　∅と異なるどの要素も ∈ に関してちょうど一つ前
　　　　の要素を持つ

を自然数の定義として採用するので（付録C, §8を参照），ここで言っていることは，
(159)　Sが無限とは，どの自然数 n からも S への全単射
　　　　が存在しないことである

ということである．

　デデキントが無限の概念を上のデデキント無限のようなやり方で導入したのは，(159)の定義を採用するとすると，無限を導入する前に自然数の概念を確立しなくてはならず，その前に多くの議論が必要になってしまう，というような理由からだった（第Ⅱ部の第2版の前書きを参照）．現在ではフォン・ノイマンによる(158)で自然数を定義する，というトリックによって，デデキント無限を経由して無限を定義することの必然性はなくなっている．

　実は，デデキント無限には，一つの大きな問題がある．それは，この無限の概念と，((157)，または(159)でのような) 通常の無限の概念の同値性を証明するには，選択公理が必要になる，という事実である．もちろん，選択公理が

数学(つまり集合論)の(必ずしも)自明でない公理である，という認識がなされるようになったのは，ツェルメロによる1904(明治37)年の論文[56]以降のことで，デデキントの[5]の執筆の際には，まだこの公理自身知られていなかった．また，この公理が本当に集合論の他の公理から導かれないことの証明は，コーエンによる1963年の仕事を待たなくてはならなかった：現在 Basic Cohen Model という名前で知られているコーエンの構成した(選択公理を満たさないような)集合論のモデルの一つ[14]では，無限だがデデキント無限ではないような集合が存在する[15]．

現代の数学では，通常，選択公理をフルセットで仮定するので，デデキント無限と，集合論で通常に定義される無限の違いを意識する必要はない．しかし，選択公理をまっ

---

[14] もちろん第2不完全性定理により ZFC の中では ZF のモデルは存在しない．ZF のモデルが存在すれば，その中でゲーデルの L を作ることで ZFC のモデルが作れてしまうからである．ここで言っているモデルの構成の主張は，本当は，知られているいくつかの方法のうちの一つで変更を加えた別の主張のことである．これらのやり方のうちの一つは，ここで言っている「コーエンの構成した……モデルの一つでは……が存在する」を「ZF のどんな有限部分 Γ をとってきてもコーエンの構成法の一つを使って Γ のモデルで「……が存在する」を満たすものが作れる」ことと解釈することである．ただし，ここで言っている有限部分は，ZFC の中での有限集合のことでなく，超数学での本物の有限部分のことである．ZFC では，そのような Γ に対して，$\langle V_\alpha, \in \cap (V_\alpha)^2 \rangle \models \Gamma$ となるような α が存在することが証明できる(反映原理)．

[15] これに対し，任意の集合についてそれがデデキント無限なら無限であることは選択公理なしで証明できる(付録 C，補題32)．

たく仮定しなかったり，あるいは弱い形の選択公理だけの仮定からの議論を吟味する必要が出てくる場合もあり，そのような状況では，無限とデデキント無限の区別をしなくてはいけなくなることもありうる．

一方，無限とデデキント無限の同値性の証明には選択公理のフルパワーが必要になるわけではない．付録 C, §10 でも述べたように，空集合を含まない可算な集合族に対して常に選択関数が存在することを主張する**可算選択公理**から，すでにこの同値性が証明できる（付録 C, 定理 34）．

選択公理の帰結の一つで，代数学での選択公理の使用が多くの場合これに帰着できることの知られている選択原理に，すべてのブール代数上に素イデアルが存在することを主張する**ブール代数の素イデアル定理**とよばれるものがあるが[16]，デデキント無限と無限の同値性は，素イデアル定理だけからは導くことができないことが証明されている．

素イデアル定理についてなど，付録 C, §10 で触れることのできなかった事項については，田中 [52] あるいは，もう少し本格的には，イェヒ [31] を参照されたい．

ゼロの発見

現代日本の数学教育に対するデデキントの負の遺産の一つに，自然数の全体を 0 からではなく 1 から始まるものと

---

16) ブール代数の素イデアル定理は，選択公理より真に弱いが，これに対し，すべての環に対する素イデアルの存在の主張は選択公理と同値になることが知られている（ホッジス [26]）．

する,という扱いがあげられるだろう.デデキントが自然数の全体を0からではなく1から始まるものとして定義していることの根拠は次の二つではないかと思われる:

一つは,数の体系の歴史的な発展であろう.[4](本書第Ⅰ部)の§1で触れられているような数の体系の(人類の文化の進化の一端としての)拡張を再構成して考えてみると,数としてのゼロは,1, 2, 3, ... より後に,新しいアイデアとしてこの体系に付け加えられた,と考えることができるだろう.

ただし,位取り記法でのゼロや「何もない」状態の数としてのゼロの発見は古代インド文化よりさらにずっと前の文明に帰すことができる,ということが近年の研究で明らかになってきているようである.そうだとすると,ゼロを自然数に含めない,ということの数学の歴史による合理化には多少無理があるようにも思える.

0を自然数に含めないことのもう一つの根拠は,デデキントが[4](本書第Ⅰ部)の§1で言っているように,「そこで生成される一つ一つがすぐ前のものから定義されてゆくという,正の整数の無限列の逐次的な創造」として自然数の生成を考えるとき,生成のプロセスの初めにあるのは,何らかの数学的なオブジェクトであって,「何もない」という状態ではありえない,ということも挙げられるだろう.デデキントは,数の体系を,「数え上げ」ととらえているが,これは基数としての数であるより,順序数としての数の把握と言えるだろう.

『数とは何かそして何であるべきか？』（本書第II部）では，自然数の全体は，一重無限なシステムのうちの一つ，として導入される（86ページの71，87ページの73）．この定義は，デデキントが『連続性と無理数』（本書第I部）の§1（17ページ）で述べている「そこで生成される一つ一つがすぐ前のものから定義されてゆくという，正の整数の無限列の逐次的な創造」に対応するものとなっている．デデキントのこの定義では，この「逐次的な創造」の最初も，その逐次的なステップも特定されないので，自然数の全体は，上で言ったような「……のうちの一つ」という不定形で導入されるしかない．

一方，基数としての自然数を考える立場からは，何もない状態を表現する数0から自然数を始めるのが自然に思えるし，何もない状態の数学的表現としての空集合∅を，数0の自然かつ一意的な表徴としてとることができる．ツェルメロの［57］（本書の付録B）では，与えられた集合xに対し，その集合を唯一の要素として持つ集合（singleton）$\{x\}$をとる，という操作が「正の整数の無限列の逐次的な創造」として選ばれているので，自然数は，

$$\emptyset, \{\emptyset\}, \{\{\emptyset\}\}, \{\{\{\emptyset\}\}\}, \{\{\{\{\emptyset\}\}\}\}, \ldots$$

という列に属す集合として実現されている．現代では，やはり空集合から出発して，一見もっと人工的に見える，集合xに対して，これに「シングルトンx」を付け加えて$x \cup \{x\}$を作る，という演算を「正の整数の無限列の逐次的な創造」での創造のステップとして用いることが普通であ

る．この方法では，自然数は，

$$\emptyset,\ \{\emptyset\},\ \{\emptyset,\{\emptyset\}\},\ \{\emptyset,\{\emptyset\},\{\emptyset,\{\emptyset\}\}\},$$
$$\{\emptyset,\{\emptyset\},\{\emptyset,\{\emptyset\}\},\{\emptyset,\{\emptyset\},\{\emptyset,\{\emptyset\}\}\}\},\ \ldots$$

という列に属す集合として定義されることになる．この列に現れる集合は，ツェルメロによる自然数の定義で現れるものより複雑なものになるが，数 n として導入される集合がちょうど n 個の要素 $0, 1, \ldots, n-1$ を持つようなものになっている，という点ではより自然なものとも言える．

フォン・ノイマンのアイデアによる，この自然数の定義のもう一つの長所は，この定義に「極限ではそれまでに構成したすべての数を集めたものをとる」という構成を付け足すことで，自然数を拡張する超限順序数の全体を生成することができる，という点であろう[17]．

なお，『数とは何かそして何であるべきか？』では，「ゼロを自然数としない」，という扱いと同じ思想から来ていると思われる，「空集合をシステムとしない」(61 ページ)という扱いも，現代から見ると非常にぎこちないものに思えるし，事象とその事象のシングルトンを区別しない (61 ページ訳注 28) 記法も，混乱の原因を作っているように思える．

---

17) これは，直観的な説明で，実際には，自然数の定義(158)（または(119)）から，極限数がその数より下に存在しない，ということを主張する後半の条件を除いたもので一般の順序数を定義する．超限順序数の理論の厳密な展開については，たとえば [14]，第 2 章を参照されたい．

公理的集合論の出発点としての『数とは何か…』

付録 A として訳出した文章でネーターも述べているように，デデキントの『数とは何かそして何であるべきか？』は 20 世紀の初期から中盤にかけての公理的集合論の確立に対して先駆的な役割を果たした．付録 B に訳出したツェルメロによる [57] は集合論公理化に対する最初の試みのなされた重要な論文であるが，この論文を少し注意して調べてみると，ツェルメロが集合論の公理として選んでいる命題は，『数とは何かそして何であるべきか？』でデデキントが数やシステムの基本性質としてあげているものをほとんどそのまま踏襲していることがわかる．

しかし，デデキントとツェルメロの間には大きな隔たりがあることも事実である．「数の理論を扱う論理学の部分の基礎付け」(『数とは何かそして何であるべきか？』の初版への前書き（44 ページ））という彼の表現にも現れているように，デデキントにとって集合（デデキント自身の用語では「システム」）の諸性質は，論理学の前提条件として扱われるべき真実であった[18]のに対して，ツェルメロにとってのそれは，真実であるかどうかは別としても数学的要請（公理群）として仮定される必要のあるものであり，それらの無矛盾性は何らかの方法によって証明されるべきも

---

18) これに対して，デデキントは，『連続性と無理数』（第 I 部），§3 で実数体の連続性については，"公理以外の何物でもない" と明言している．これは，クロネカが言ったとされる「整数は神が創造した，ほかのものはすべて人間の仕業である」を起想させる．

の（付録Bの最初の部分を参照）ですらあったのである．

デデキントの『数とは何かそして何であるべきか？』での数論とペアノ[19]の数論（[40]）の間の差は，デデキントとツェルメロの間に横たわるこの大きな差と同じような種類のものとなっている．ツェルメロがデデキントの『数とは何かそして何であるべきか？』から集合論の公理系を抽出したように，ペアノは同じデデキントの『数とは何かそして何であるべきか？』から数論の公理系を抽出した．

ペアノが抽出したのは，付録C, §6で考察したような述語論理に基づく体系ではなく[20]，集合の概念を仮定した上での数論の公理で，これを当時発展途上だった記号論理学の言葉で表現したのだったが，ここでも，デデキントの抽出した基本性質を公理とみなす，というシフトが明確に現れている．

カントルとデデキントの集合論的な立場の違いについては，すでに触れたが，カントルが晩年に到達した，集合論のための集合論とでもよべるような，集合論そのものを考察の中心に置いた順序数の理論は，古典的な数学の記述のための言語（彼自身の言葉では「論理学」）としての集合論を指向していたデデキントの仕事，という巨人の肩の上に

---

[19] G. ペアノ（Giuseppe Peano, 1858（安政5）年-1932（昭和7）年）

[20] ペアノが公理化の議論を行なったときにはまだ付録Cで見たような述語論理の体系は存在しておらず，初等集合論の概念と論理の分離についてもまだきちんとは把握されていなかった．

乗って仕事をしたツェルメロの集合論の公理化の仕事の延長線上で，1920年代になって厳密な定式化を得ている，というのも興味深い．

この後，この「集合論のための集合論」と，古典的な数学の発展形としての集合論，という両極は互いに対してある種の緊張感を保ちながら対として存在し続けるが，現代までに，それらの両極が交差するような展開が何度か起こっていて[21]，これが起こるごとに集合論は一回りずつスケールの大きな数学理論に変貌をとげてきているように見える．

集合と関数

関数，あるいは写像の概念の発展の歴史から見たとき，デデキントの写像の持っていた写像の概念から，ツェルメロの付録Bで訳出した[57]での写像の概念への進歩も劇的なものである，と言うことができるだろう．

『数とは何かそして何であるべきか？』では，「システム S の写像 φ とは，S の各要素 s に，ある確定した事物が属す事を決める法則の事とする．」(66ページ) として写像を出所の不明な「法則」に帰着させているのに対し，ツェルメロは，現代の用語で表現すると，二つの互いに素な集合

---

[21] たとえば，ゲーデルとウラムによる，構成的集合のユニバース L での，非可測でベールの性質を持たないような Δ_2^1-集合の存在の証明は，そのような例のうちの古典的なものの一つと言えるだろう．

A, B に対し[22]，A から B への写像 f は $\{\langle x, y\rangle : x \in A,$ $y \in B\}$ の部分集合で，すべての $x \in A$, y, $y' \in B$ に対し，$\langle x, y\rangle$, $\langle x, y'\rangle \in f$ なら $y = y'$ が成り立つようなもの，として定義されている（付録 B，§2，155 ページ）．このような f では，各 $x \in A$ に対し，$\langle x, y\rangle \in f$ となるような $y \in B$ は一意に決まるので，そのような y を x の f による値 $f(x)$ としてとることができるようになる．

この定義により，写像とは，上の性質を満たすような集合のこととなり，写像の存在が何かを集合の存在とは別途に考察しなくてもよくなる．

本書付録 B での訳注 25（151 ページ）や，付録 C，§9 で述べたように，現代では，関数は順序対（本書付録 C，256 ページを参照）からなる集合として，ツェルメロの [57]（本書付録 B）とは異なる定義が採用されている．これは，関数も集合と捉える，というツェルメロの画期的なアイデアに比べれば，単なる技術的な改良にすぎないとも言えるが，この順序対を用いた関数の現代的な導入により，[57] での，共通部分のある集合の間の関数を扱うための個別の煩雑な議論が不要になる．

デデキントとブルバキ

全数学が集合論の上に展開できる，という事実を一般の数学者に広く知らしめたのは，ブルバキの『数学原論』[3]

---

[22] 二つの集合 A, B が互いに素とは，$A \cap B = \emptyset$ となることである．

だったと言ってよいだろう．よく知られているように，ブルバキは，フランスの数学者集団のペンネームであり，この数学者集団にはアンドレ・ヴェイユやアンリ・カルタンをはじめとして当時の第一線の数学者たちが属していて，1950年代や60年代には数学に対して絶大な影響力を持つことになった．

しかし，ブルバキの"集合論"は，現在の集合論の研究で標準とされているZFCではなく，ツェルメロの[57]（付録B）を公理化した付録C, §8でのZCに対応する体系であった．これにより，たとえばカントルの研究した超限順序数の理論やこの理論に連なるその後の発展は，ブルバキの意味での数学からは完全に除外されてしまったことになる．

また，ブルバキは，数学の基礎付けの問題に対してはまったく興味を持っていない，あるいはこの問題を故意に無視しようとしているようにも思える[23]．たとえば，『数学原論』では，ゲーデルの不完全性定理は，その名前さえも，どこにも出てこない[24]．

20世紀の後半以降に数学の基礎付けに関連する研究から派生して発展してきている，ZFCやそれを拡張する公理系に関する超数学をフルに活用する，新しいタイプの数

---

23) これに関してはマサイヤスによる[35], [37]での議論も参照されたい．
24) 付録C, §6 (235ページ) では，このことの一つの解釈の可能性を述べた．

学を，旧来の数学から発展してきた数学がまったく認識できないでいるように見えることの背景として，このブルバキの姿勢の影響が小さくないのではないかと思われる．

数学的直観と数学の基礎付け

デデキントの二つの著作や，その後の数学の基礎付けの研究で追究された，数学の形式化や形式化された体系の厳密性は，デデキントやその後のツェルメロの時代には，そもそも，そのような厳密性が形式化によって確立できることを示すことが目標であった．それ以降，特に，後のゲーデルの不完全性定理以降には，そのような形式化された体系自身を調べることによって，数学の（部分体系の）整合性を確立したり，整合性の確立の不可能性や部分的な可能性についてのさらなる吟味を進めたりする，ということが大きな目標の一つとなっている．

特に，このような数学の基礎付けの研究は，数学が厳密でありさえすればよい，という価値観を確立しようとしているものではない．これは自明のことのようにも思えるが，厳密性を数学と取りちがえるという勘違いは，たとえば数学教育などで蔓延している可能性もあるので，ここに明言しておく必要があるように思える．

多くの数学の研究者にとっては，数学は，記号列として記述された「死んだ」数学ではなく，思考のプロセスとしての脳髄の生理現象そのものであろう．したがって，数学はその意味での実存として数学者の生の隣り合わせにある

もの，と意識されることになるだろう．そのような「生きた」「実存としての」（existential な）数学で問題になるのは，アイデアの飛翔をうながす（可能性を持つ）「数学的直観」とよばれるもので，これは，ときには，意識的に厳密には間違っている議論すら含んでいたり，寓話的であったりすることですらあるような，かなり得体の知れないものである．

数学的直観を磨きあげることで前進してゆく，という数学を生きている「現場」の数学者が，数学の基礎付けの研究を，上で言った「厳密性を数学と取りちがえるという勘違い」のようなものと勘違いしてしまうことが少なくないのは，ある意味では無理からぬことかもしれないとも思う．

また，ここには，このような勘違いをさらに助長してしまいかねない，もう一つの状況が潜んでいる．それは，ヒルベルトと彼の学派の数学研究の哲学に端を発する**公理主義**とよばれる方法論が数学の基礎付けのそれと混同されてしまいやすい，ということである．

公理主義の方法論は，考察している問題の前提となっている仮定を公理として書きだして，その公理からの演繹として理論を構築することで，議論を整理して，これによって問題を解決してゆく，というもので，その副産物としては，公理化した体系から眺めなおすことで，関連が見逃されていた表面上まったく異なるように見える問題が同一の視点から捉えられることもありうる，ということもあげら

れるだろう．また，ここでの「異なるように見える問題の同一の視点からの捉えなおし」のさらなる発展形として，1960年代から1970年代にかけて，数学のみならず科学全般に大きな影響力を持つことになったブルバキの**構造主義**の思想が，これに連なってゆくことになる．

上の意味での公理主義は，数学が古くから持っていた方法論の一つの現代化にすぎないと言えるが，体系を公理化して考える，という共通項のために，数学の基礎付けの研究が，数学の結果を生み出さない偽物の公理主義のようなものと勘違いされてしまうことが少なくないように思えるのである．

もちろん，付録Cでも見たように，数学の基礎付けの研究は多くの深い数学の結果を生み出してきているわけであるが，そこで生み出されている結果は，少なくとも1950年代ごろまでは主に超数学に関する数学的結果だったので，これが数理論理学以外の数学研究に携わっている数学者にはなかなか見えてこない，という状況ができてしまっていたのではないかと思われる．

しかし，20世紀の後半以降には，集合論や，モデル理論など，数学の基礎付けによって用意された手法を活用する数学の分野が発展をとげたことで，数学の基礎付けに関連する研究の状況は上で述べたものとは異なるものになってきている．

数理論理学[25]での成果を積極的に活用するこれらの分野での数学は，ZFCの公理系を本質的に用いて展開され

るものになっている．一方，付録C，§7でも述べたように古典的な数学から発展した数学のほとんどは，ZCで展開できるので，このことは，集合論やモデル理論を用いた数学で，数学の他の分野ではカバーしえない数学的成果が得られる可能性を示唆していると考えてよいだろう．実際，これらの分野で得られた結果でZCだけからは（ある場合にはZFCでも）証明できないことが証明されるものも少なくない．上で述べたことから，これらの結果は，古典的な数学の継承では絶対に得られることのないものであることがわかる．

また，現代の集合論では，ZFCをさらに拡張する様々な公理系での数学を推し進め，それら拡張された体系の超数学についても研究する，という意味での，数学と超数学のさらなる融合が実現している．

付録Cや，ここで，「古典的な数学から発展した数学のほとんどは，ZCで展開できる」という主張をしたが，これはある意味で差別発言である．カントルが19世紀末に始めた（超限）順序数や（超限）基数の理論は，ZCでは十分には展開できず，ZFCの枠組が必要になるからである．

しかし，ここでの差別発言の差別の縮尺を変更して，「数

---

25) これは "Mathematical Logic" の日本語訳であるが，日本ではこの呼称は現在オフィシャルに認められておらず，集合論やモデル理論は依然，数学の基礎付けを研究する分野である数学基礎論 (Foundations of Mathematics) の部分分野として位置付けられてしまっていることが多い．

学とは ZFC で展開できる理論のことである」と宣言することにしたとしても,「ZFC をさらに拡張する様々な公理系での数学をも考察するし,それら拡張された体系の超数学についても研究する」新しい数学の意義が無くなってしまうわけではない.このことについては,付録 C, §9 の後半ですでに分析した.特に,ZFC を拡張する体系では証明できるが,ZFC だけからは証明できないことの証明されている命題に関する知識や,そのような証明で用いられているテクニックを活用することで,ZFC で証明できることの限界に迫る(しかし ZFC 内で行なわれている)数学を展開することができるようになる.

実際,シェラハの行なっている**基数算術**(Cardinal Arithmetic)の研究[26]は,そのような,(ZFC で展開できるという意味での従来型の)数学の極限としての,コーエン(の独立性証明)以降の数学の可能性を示すものになっている,と言うことができるだろう.

ZFC 内の議論のみを数学と思う,という立場と対極にあるものとして,ZFC の可能な(しかしある意味で妥当と思える)拡張の一つ一つを,すべて数学のパラレルワールドのようなものと捉えて,これらすべて(とそれらの中で展開される数学のすべて)を数学の考察対象と考える,という立場もありえる.付録 C の §9 で述べたような巨大基数公理はそれぞれ互いに ZFC 上矛盾しないが,ZFC を拡

---

26) たとえばシェラハの [42],あるいは,(もう少し(頭の悪い)平均的な数学者のために書いてある)ホルツ他 [26] を参照.

張する公理で現在考えられることのあるもののなかには，互いに矛盾するものも沢山あるので，対応するパラレルワールドでは，互いに異なる数学が展開されていることになる．これらのパラレルワールドの総体の研究は素直に定式化すると超数学の立場でのものになるしかないが，少しの変形で，ZFC の中で，このパラレルワールドの総体を扱うことができるようになる[27]．このようなパラレルワールドの総体を扱う研究の視点は集合論的多世界宇宙（set-theoretic multiverse）とよばれて近年注目をあびるようになってきている．集合論的多世界宇宙に関しては，解説者が最近執筆した [18] とそこにあげてある引用文献も参考にされたい．

結　語

以上でも述べたように，[4] と [5] を含む，デデキントによって 19 世紀の後半から 20 世紀の初頭にかけてなされた仕事は，20 世紀の数学が大きく跳躍するにあたっての踏板の役割を果たした．20 世紀の数学の先駆者としてのデデキントの再評価を促す研究が数学史や数学の哲学の分野

---

27) たとえば，"ZFC の拡張"を"ある固定した ZFC の十分に大きな有限部分[28] Γ の拡張"で置き換えて近似すると，そのようなもののモデルの存在は ZFC とは抵触しない．したがって，このようなパラレルワールドの全体は，ZFC でのモデルのクラスとして扱うことができるようになる．

28) ただしここでの"有限"は ZFC の中での有限ではなく，超数学でのそれである．

で最近盛んに行なわれるようになってきているが[29],このことは,さらに考察してみる価値のあることのように思える.

本書を歴史的な過去の世界に隔離してしまうことなく,現在そして未来の数学に繋がる生きた歴史の文脈の中での読解を試みることを,訳者は本書の読者に期待するものである.ここでは,そのような解読の作業にむけて,本書に続けて,あるいは本書と並行してさらに読むことのできるいくつかの本について触れて,この文章を終えたいと思う.

本書で厳密な数学の基礎に関する事柄を初めて学んだ,という読者は,本書の後,あるいは本書と並行して,文献表であげた [28],[42] のような現代の視点からの数学の基礎に関する本を読んでみるか,あるいは,そのような準備体操にはあまり時間をかけずに,むしろ自分の興味のある数学の分野に関する現代の教科書に読み進んだらよいだろう.

読者が,数学の基礎付けに関する,哲学的な議論も含めた,現代の視点からのバランスのとれた俯瞰を得たいと思うなら,[21] は推薦できる本の一つである.

数学の基礎付けにとどまらず,現代の数理論理学の概要を学ぼうと思うのなら,数理論理学の標準的教科書の一つ

---

29) ここではデデキント研究に関する文献を網羅することはしなかったが,これに関しては [41] やそこでの文献表が参考になるだろう.

とみなされているエンダートン [12] は適当な入門書の一つだろう．エビングハウス‐フルム [9] の原書のドイツ語版は，訳者が昔，ベルリン自由大学で数理論理学の演習を担当したときに何度も教科書として使ったことのあるものである．

江田 [10] と坪井 [54] は共に完全性定理を中心とした個性的な教科書である．両方とも著者を個人的に知っていると十倍楽しめる本と言える．

現代的な集合論の入門書としては，訳者による [14] や，より本格的なキューネン [34] などがある．この本には藤田博司氏による日本語訳もある．金森 [32] は，付録 C, §9 でも触れた巨大基数の集合論に対する大きな俯瞰を与える本である．ただし，本格的な教科書なので，[14] や [34] で述べられていることの知識くらいはないと深い理解は難しいだろう．

付録 C, §7 でスケッチした事柄については，[47]，[50] などより詳しく学べる．[1] は色々な事柄が沢山書かれていて，同岩波出版の「寺寛の数学概論」を連想させるものがある．

参考文献

[1] 新井敏康, 数学基礎論, 岩波書店 (2011).

[2] Andreas Blass, Existence of bases implies the axiom of choice, Axiomatic set theory, Contemporary Mathematics volume 31, Providence, R.I., American Mathematical Society (1984), 31-33.

[3] Nicolas Bourbaki, Éléments de mathématique, Hermann (1940-), Springer (2006).

[4] Richard Dedekind, Stetigkeit und irrationale Zahlen, Friedr. Vieweg und Sohn (1872/1927).

[5] Richard Dedekind, Was sind und was sollen die Zahlen?, Friedr. Vieweg und Sohn (1888/1930).

[6] Richard Dedekind, (Wooster Woodruff Beman 訳), Essays on the theory of numbers, The Open Court Publishing Company, Chicago (1901).

[7] デデキント著, 河野伊三郎訳, 数について——連続性と数の本質, 岩波文庫 (1961).

[8] Richard Dedekind, Gesammelte mathematische Werke, eds: Robert Fricke, Emmy Noether and Øystein Ore (1930-1932).

[9] Heinz-Dieter Ebbinghaus, Jörg Flum, Wolfgang Thomas, Mathematical Logic, Springer (1994).

[10] 江田勝哉, 数理論理学——使い方と考え方：超準解析の入口まで, 内田老鶴圃 (2010).

[11] Paul C. Eklof and A. H. Meckler, Almost Free Modules: Set-Theoretic Methods, Elsevier (2002).

[12] Herbert Enderton, A Mathematical Introduction to Logic, Second Edition, Academic Press (2000/2012).

[13] Solomon Feferman, In the Light of Logic, Oxford University Press, New York (1998).

[14] 渕野昌, 構成的集合と公理的集合論入門；田中一之編, ゲーデルと20世紀の論理学, 第4巻, 東京大学出版会 (2007) に第I部として収録.

[15] 渕野昌, 数理論理学 (神戸大学で開講している「数理論理学」と「数理論理学特論」の講義録)
http://kurt.scitec.kobe-u.ac.jp/~fuchino/kobe/predicate-logic-ss11.pdf

[16] 渕野昌, R. Dedekind の数学の基礎付けと集合論の公理化, 京都大学数理解析研究所講究録 (RIMS Kôkyûroku) No. 1739 (2011), 168-179.

[17] 渕野昌, Is "naive set theory" really that naïve?, 京都大学数理解析研究所講究録 (RIMS Kôkyûroku), No. 1787 (2012), 183-189.

[18] Sakaé Fuchino, The Set-theoretic multiverse as a mathematical plenitudinous Platonism viewpoint, Annals of the Japan Association for the Philosophy of Science Vol. 20 (2012), 49-54.

[19] 渕野昌, [[[ゲーデルに挑む] に挑む] に挑む], 科学基礎論研究, to appear.

[20] ゲーデル著, 林晋, 八杉満利子訳・解説, ゲーデル 不完全性定理, 岩波文庫 (2006).

[21] Alexander George and Daniel J. Velleman, Philosophies of Mathematics, Blackwell Publishers (2002).

[22] K. Gödel, Die Vollständigkeit der Axiome des logischen Funktionenkalküls, Monatshefte für Mathematik, 37(1) (1930), 349-360.

[23] K. Gödel, Über formal unentscheidbare Sätze der Principia Mathematica und verwandter Systeme, I. Monatshefte für Mathematik und Physik 38 (1931), 173-198.

[24] David Hilbert, Die Grundlegung der elementaren Zahlenlehre, Mathematische Annalen Vol. 104, No. 1 (1931).

[25] David Hilbert und Paul Bernays, Grundlagen der Mathematik Band II, Springer-Verlag (1939/1970).

日本語訳（抄訳）：D. ヒルベルト，P. ベルナイス著，渕野昌，吉田夏彦訳，数学の基礎，シュプリンガー・フェアラーク東京（1993/2007）．

[26] Wilfrid Hodges, Krull implies Zorn, Journal of London Mathematical Society, (2), 19 (1979), 285-287.

[27] M. Holz, K. Steffens, E. Weitz, Introduction to Cardinal Arithmetic, Birkhäuser (1999).

[28] 彌永昌吉，数の体系，上/下，岩波新書（1972/1978）．

[29] 彌永昌吉，ガロアの時代 ガロアの数学，第1部/第2部，シュプリンガー・フェアラーク東京（1991/2002）．

[30] 彌永昌吉，赤攝也，公理と証明——証明論への招待，ちくま学芸文庫（2012）．

[31] Thomas Jech, The Axiom of Choice, Dover Publications, Inc. (1973).

[32] Akihiro Kanamori, The Higher Infinite, Springer Verlag (1994/2003).
日本語訳：A. カナモリ著，渕野昌訳，巨大基数の集合論，シュプリンガー・フェアラーク東京（1998）．

[33] John L. Kelley, The Tychonoff Product Theorem Implies the Axiom of Choice, Fundamenta Mathematicae 37, (1950), 75-76.

[34] Kenneth Kunen, Set Theory, An Introduction to Independence Proofs, Elsevier (1980).
日本語訳：K. キューネン著，藤田博司訳，集合論——独立性証明への案内，日本評論社（2008）．

[35] A. R. D. Mathias, The Ignorance of Bourbaki, Mathematical Intelligencer 14, No. 3 (1992), 4-13.

[36] A. R. D. Mathias, Slim Models of Zermelo Set Theory, The Journal of Symbolic Logic, Vol. 66, No. 2 (2001), 487-496.

[37] A. R. D. Mathias, Further remarks on Bourbaki,
<https://www.dpmms.cam.ac.uk/~ardm/segal.pdf>

[38] C. McLarty, Emmy Noether's 'Set Theoretic' Topology: From Dedekind to the Rise of Functors, Gray and José Ferreirós

(eds.), *The Architecture of Modern Mathematics: Essays in history and philosophy*, Oxford, 2006 の 211-35 に収録.

[39] John C. Oxtoby, Measure and Category: A Survey of the Analogies between Topological and Measure Spaces, Springer (1980).

[40] Giuseppe Peano, Arithmetices principia, nova methodo exposita (1889).

[41] Erich Reck, Dedekind's Contributions to the Foundations of Mathematics, The Stanford Encyclopedia of Philosophy (Fall 2011 Edition) Edward N. Zalta (ed.),
URL = <http://plato.stanford.edu/entries/dedekind-foundations/>

[42] 齋藤正彦, 数学の基礎——集合・数・位相 (基礎数学), 東京大学出版会 (2002).

[43] Saharon Shelah, Cardinal Arithmetic, Vol. 29 of Oxford Logic Guides, Clarendon Press (1994).

[44] 高木貞治, 新式算術講義 (初版 1904), ちくま学芸文庫 (2008).

[45] 高木貞治, 解析概論 (初版 1943), 改訂第三版, 岩波書店 (2010).

[46] 竹内外史, 八杉満利子, 復刊 証明論入門, 共立出版 (1988/2010).

[47] Gaishi Takeuti and Wilson M. Zaring, Introduction to Axiomatic Set Theory, Springer, 2nd edition (1981).

[48] Gaishi Takeuti, Two Applications of Logic to Mathematics, 岩波書店 (1978).

[49] Gaishi Takeuti, Proof Theory, second edition, Dover Publications (1987/2013).

[50] 田中一之, 逆数学と 2 階算術, 河合文化教育研究所 (1997).

[51] 田中一之, 原典解題 ゲーデルに挑む——証明不可能なことの証明, 東京大学出版会, 2012.

[52] 田中尚夫, 選択公理と数学——発生と論争, そして確立への道, 増訂版, 遊星社 (2005).

[53] Alfred Tarski, What is elementary geometry?, in: Leon Henkin,

Patrick Suppes and Alfred Tarski (ed.), Proceedings of an International Symposium held at the University of California, Berkeley, December 26, 1957 —— January 4, 1958, Studies in Logic and the Foundations of Mathematics, Amsterdam: North-Holland (1959), 16-29.

[54] 坪井明人, 数理論理学の基礎・基本（理工系数学の基礎・基本 13), 牧野書店（2012).

[55] 山崎武, 逆数学と2階算術；田中一之編, ゲーデルと20世紀の論理学, 第3巻, 東京大学出版会（2007) に第II部として収録.

[56] Ernst Zermelo, Beweis, daß jede Menge wohlgeordnet werden kann, Mathematische Annalen 59 (1904), 514-516.

[57] Ernst Zermelo, Untersuchungen über die Grundlagen der Mengenlehre. I, Mathematische Annalen 65 (1908), 261-281.

事項索引

ア 行

間にある 99
値（写像による） 66
アトム 142
1（一重無限なシステムの基本要素としての） 86
一重無限 86
1階の述語論理 183
1対1 70, 257
一般選択原理 166
一般連続体仮説 274
ε_0 以下での無限降下法 245
意味論 196
意味論的に同値 203
上への写像 156
L-項 185
L-構造 192
L-文 189
L-理論 197
L-論理式 187
演繹定理 207
大きい（数 n が数 m より） 92
ω 260
ω-無矛盾 227

カ 行

外延性公理 254
概念化 60
ガウス 50
可換則 150
拡張（写像の） 67
確定性公理 144

確定的 144, 252
可算選択公理 284, 305
関数 258
関数解釈 200
間接的に同等 159
完全（理論が） 230
完全帰納法 78
完全性定理 191, 210
カントルの正規表現 247
カントルの定理 170
基数 130, 263
基礎の公理 255, 269
基底の存在定理 258
基本集合の公理 145
基本数 87
基本要素 86
逆写像 70
逆数学 250
強制法 237, 274, 275
共通 65
共通の要素 65
共通部分 65, 147
共通部分（T に属す） 148
極限順序数 262
極限基数 276
空集合 61
空集合の公理 254
区間 37
クラス 20, 143
グロタンディエク・ユニヴァース 234, 250
計算可能（理論 T が） 229
形式論 196

結合則 150
ゲーデルの完全性定理 210
ゲーデルの不完全性定理 230, 240, 313
ゲーデル-ロッサーの不完全性定理 231
ケーニッヒの定理 175
言語 184
原子元 142
原始元 142
原子論理式 186
健全性定理 207
項 185
コーシー列 299
恒真 197
恒真論理式 203
合成されたシステム 63
合成された写像 69
構成的集合 272
構造主義 316
恒等写像 67
公理主義 315
個体 18
コンパクト性定理 191, 215

サ 行

最大数 98
作用素環 237
算術 14
三段論法 205
システム 60
自然数 87
実数の集合論 237
射影集合 281
写像 66, 257
写像される 73
集合族 258

集合論的多世界宇宙 319
自由変数 189
述語論理 183
順序数 87, 261
順序対 256
上射 257
上単射 257
証明（体系 K^* での） 206
シングルトン 61
真のクラス 82
真の部分 62
推論規則（体系 K^* の） 205
数学の無尽蔵性 235
制限（写像の） 67
正則基数 276
積（数の） 121
積（集合の） 151
接続集合 151
切断 26
全射 257
全体 62
選択公理 152, 213, 258, 269
全単射 257
像 66, 155
像（写像によるシステムの） 66
相似（写像が） 70
相似（二つのシステムが） 72
相対的無矛盾 266
像連鎖 77
束縛された（変数記号が論理式の中で） 189
束縛変数 189
それ自身への写像 73
存在推論 206

タ 行

Diagonal Lemma 225

第1不完全性定理 230
台集合 193
第2不完全性定理 240
代入公理 205
互いに写像される 155
互いに対応する 155
多様体 60
単射 70, 257
小さい（数 m が数 n より） 92
置換公理 255
超限帰納法 261
超数学 192
直接的に同等 159
対の公理 254
ツェルメロ集合論 252
ツェルメロ-フレンケル集合論 252
次の基数 264
続く数（n に） 88
定義域（写像の） 66
ティヒョノフの定理 258
Dependent Choice 279
デデキント無限 81, 282, 302
同型 300
等号の公理（体系 K^* の） 204
到達不可能基数 276
同等 158
同等性定理 164
独立（文が理論から） 230, 265
度数 130
トートロジー 202
トートロジー（述語論理の） 203

ナ 行

濃度 170, 264

ハ 行

Fixed Point Theorem 225
表現可能 219
表現式 219
表現する 219
部分 61
部分区間 38
部分集合 145
部分論理式 188
文（述語論理の） 189
分出公理 146, 255
分配則 150
ブール代数の素イデアル定理 213, 305
ペアノの算術 216
平均 147
冪（数の） 124
冪集合 149
冪集合の公理 149, 254
ベールの性質 280
ヘンキン拡大 214
ヘンキン定数 212
ヘンキン・モデル 214
ヘンキン理論の補題 213
補集合 147
保守拡大 249
保守拡大（拡張した意味での） 249
ボレル集合 281
本来のクラス 82

マ 行

無限 282, 303
無限（デデキント無限） 81, 283
無限公理 255
無限の公理 153

矛盾する（述語論理の理論Γが） 211
無矛盾 211
無矛盾性の強さ 278
無矛盾等価 249, 279
明確（写像が） 70
メタ数学 192
モデル 198

ヤ 行

有限 283
有限（デデキント有限） 81, 283
有界区間 37
有限区間 37
有限の立場 192
要素 60
要素が素 144
要素の個数 130

ラ 行

ラッセルの逆理 139
累積的階層 262
ルベーグ可測 280
連鎖 73
連鎖（システム A の） 75
連鎖像 77
連続体仮説 273
論理公理（体系 K^* の） 204
論理式（述語論理の） 187
論理式（命題論理の） 199

ワ 行

和（数の） 117
和（集合の） 150
和集合 63, 149
和集合の公理 150, 254

記　号

R　18
Q　18
$\sqrt{2} \cdot \sqrt{3} = \sqrt{6}$　37
$a = b$　59
$A \ni S$　61
$\{s\}$　61
$\mathfrak{M}(A, B, C...)$　63
$A \subset S$　62
$A \subsetneq S$　62
$A \subseteq S$　62
$s \in S$　62
$A \cup B \cup U ...$　63
$\mathfrak{S}(A, B, C...)$　65
$A \cap B \cap C \cap ...$　65
$\psi \cdot \varphi$　69
$\psi \varphi$　69
$\psi \varphi(s)$　69
$\psi \circ \varphi$　69
A_0　75
$\varphi_0(A)$　75
$\omega_0(A)$　75
A_0'　77
1　86
$m < n,\ n > m$　92
$m \leq n,\ n \geq m$　93
Z_n　95
$a \,\varepsilon\, b$　143
$M \in N$　143
$M \subseteq N$　143
$M \subsetneq N$　143
0　144
$\{a\}$　145
$\{a, b\}$　145
$\emptyset$　145
$M - M_1$　147

事項索引

$[M, N]$ 147	$\emptyset$ 255
$M \cap N$ 147	$\langle a, b \rangle$ 256
$\mathfrak{D}T$ 148	$\{x, y\}$ 256
$\cap T$ 148	$f : u \longrightarrow v$ 257
$\mathfrak{u}T$ 149	ω 260
$\mathfrak{B}(X)$ 149	On 261
$\mathcal{P}(X)$ 149	V_α 262
$\prod X$ 149	$\mathcal{P}(x)$ 262
$\mathfrak{S}T$ 149	κ^+ 264
$M+N+R+\cdots$ 150	$\aleph_\alpha$ 264
$\mathfrak{B}T$ 151	$\aleph_0$ 264
MN, MNR 152	$|x|$ 264
$\neg, \rightarrow, \wedge, \vee$ 187	IC 277
$\exists, \forall$ 188	DC 279
$t = t(x_1, ..., x_n)$ 189	AC 284
$\varphi = \varphi(x_1, ..., x_n)$ 189	CC 284
$A :\Longleftrightarrow B$ 195	
$A \Longleftrightarrow B$ 195	
$\forall$-閉包 197	
K^* 204	
$\Gamma \vdash_{K^*}^p \varphi, \Gamma \vdash_{K^*} \varphi, \Gamma \vdash_{K^*}^n \varphi$ 206	
$\vdash_{K^*}^p \varphi, \vdash_{K^*} \varphi, \vdash_{K^*}^n \varphi$ 206	
$\Gamma \vdash^p \varphi, \Gamma \vdash \varphi, \Gamma \vdash^n \varphi$ 207	
$\vdash^p \varphi, \vdash \varphi, \vdash^n \varphi$ 207	
$\Gamma \not\vdash \varphi$ 207	
$S^k(0)$ 218	
$\#('c')$ 211	
PA 216	
$\#(\ )$ 222	
$\ulcorner t \urcorner$ 222	
$\ulcorner P \urcorner$ 222	
Bew$(\cdot)$ 224	
$\ulcorner T \urcorner$ 229	
ε_0 245	
Z 253	
ZF 252, 253	
ZFC 252	

人名索引

アッカーマン, Wilhelm Ackermann, 1896(明治29)-1962(昭和37) 248
イェヒ, Thomas Jech, 1944(昭和19)- 282, 286, 303
池上大祐, 1981(昭和56)- 8
彌永昌吉, 1906(明治39)-2006(平成18) 292
ヴェイユ, André Weil, 1906(明治39)-1998(平成10) 145, 313
ウェーバー, Heinrich Martin Weber, 1842(天保13)-1913(大正2) 81
ウラム, Stanisław Ulam, 1909(明治42)-1984(昭和59) 311
江田勝哉, 1946(昭和21)- 321
海老原勇, 1982(昭和57)- 8
エンダートン, Herbert Enderton, 1936(昭和11)-2010(平成22) 225, 226, 321
オーレ, Øystein Ore, 1899(明治32)-1968(昭和43) 3
金森晶洋, Akihiro Kanamori, 1948(昭和23)- 276, 321
カルタン, Henri Cartan, 1904(明治37)-2008(平成20) 313
カルナップ, Rudolf Carnap, 1891(明治24)-1970(昭和45) 225
カントル, Georg Cantor, 1845(弘化2)-1918(大正7) 16, 55, 81, 155, 264, 299, 310, 317
菊池誠 8
キューネン, Kenneth Kunen, 1943(昭和18)- 275, 321
クラトフスキー, Kazimierz Kuratowski, 1896(明治29)-1980(昭和55) 151
グロタンディエク, Alexander Grothendieck, 1928(昭和3)- 5, 234, 250
クロネカ, Leopold Kronecker, 1823(文政6)-1891(明治24) 44, 61, 309
ゲーデル, Kurt Gödel, 1906(明治39)-1978(昭和53) 210, 219, 223, 231, 271, 274, 290, 291, 311
ケーニッヒ, Julius König (König Gyula), 1849(嘉永2)-1913(大正2年) 164, 175
ゲンツェン, Gerhard Gentzen, 1909(明治42)-1945(昭和20) 245, 291
河野伊三郎, 1905(明治38)-1994(平成6) 3, 291, 293
コーエン, Paul Cohen, 1934(昭和9)-2007(平成19) 237, 274, 304, 318
齋藤正彦, 1931(昭和6)- 292
シェラハ, Saharon Shelah, 1945(昭和20)- 279, 318
シュトルツ, Otto Stolz, 1842(天保13)-1905(明治38) 53
シュヴァルツ, Hermann Schwarz, 1843(天保14)-1921(大正10) 81

シュレーダー,Ernst Schröder,1841(天保12)-1902(明治35) 44, 57, 143, 150, 164, 290

ソロベイ,Robert M. Solovay,1938(昭和13)- 279

高木貞治,1875(明治8)-1960(昭和35) 7, 53, 297, 301

高瀬正仁,1951(昭和26)- 53

竹内外史,Gaisi Takeuti,1926(大正15)- 266

田中一之,1955(昭和30)- 219, 250

田中尚夫,1928(昭和3)- 305

タヌリ,Jules Tannery,1848(嘉永1)-1910(明治43) 52, 54

タルスキー,Alfred Tarski,1901(明治34)-1983(昭和58) 245

ツァーリング,Wilson M. Zaring,1926(大正15)- 266

ツェラー,Eduard Zeller,1814(文化11)-1908(明治41) 44

ツェルメロ,Ernst Zermelo,1871(明治4)-1953(昭和28) 7, 58, 137, 139, 151, 242, 251, 259, 273, 304, 307, 309, 311

坪井明人,1955(昭和30)- 321

ディニ,Ulisse Dini,1845(弘化2)-1918(大正7) 51, 53

ティヒョノフ,Andrey Tikhonov,1906(明治39)-1993(平成5) 258

ディリクレ,Gustav Lejeune Dirichlet,1805(文化2)-1859(安政6) 18, 46, 49, 66

デデキント,Richard Dedekind,1831(天保2)-1916(大正5) 3, 151, 153

デデキント アドルフ,Adolf Dedekind,1829(文政12)-1909(明治42) 43

デデキント ユリウス,Julius Dedekind,1795(寛政7)-1872(明治5) 13

デデキント ユーリエ,Julie Dedekind,1825(文政8)-1914(大正3) 43

デュレージュ,Karl Heinrich Durège,1821(文政4)-1893(明治26) 15

夏目漱石,1867(慶応3)-1916(大正5) 5

ネーター,Emmy Noether,1882(明治15)-1935(昭和10) 3, 7, 58, 82, 137, 293, 298, 309

ハイネ,Eduard Heine,1821(文政4)-1881(明治14) 16

ハウスドルフ,Felix Hausdorff,1868(明治1)-1942(昭和17) 151, 274

パッシュ,Moritz Pasch,1843(天保14)-1930(昭和5) 53

林晋,1953(昭和28)- 182

ヒルベルト,David Hilbert,1862(文久2)-1943(昭和18) 7, 137, 245, 248, 288, 290, 315

フォン・ノイマン,John von Neumann,1903(明治36)-1957(昭和32) 58, 153, 252, 303, 308

藤田博司,1964(昭和39)- 321

フリッケ,Robert Fricke,1861(文久1)-1930(昭和5) 3

ブルバキ, Nicolas Bourbaki 7, 145, 235, 236, 300, 312, 314, 316
フレーゲ, Gottlob Frege, 1848(嘉永1)-1925(大正14) 56, 288, 290
フレンケル, Abraham Fraenkel, 1891(明治24)-1965(昭和40) 58, 140, 142, 153, 252
ペアノ, Giuseppe Peano, 1858(安政5)-1932(昭和7) 143, 164, 310
ヘッセンベルク, Gerhard Hessenberg, 1874(明治7)-1925(大正14) 146
ベーマン, Wooster Woodruff Beman, 1850(嘉永3)-1922(大正11) 3
ベルトラン, Joseph Louis François Bertrand, 1822(文政5)-1900(明治33) 53
ベルナイス, Paul Bernays, 1888(明治21)-1977(昭和52) 245, 271
ヘルムホルツ, Hermann von Helmholtz, 1821(文政4)-1894(明治27) 44
ベルンシュタイン, Felix Bernstein, 1878(明治11)-1956(昭和31) 164
ヘンキン, Leon Henkin, 1921(大正10)-2006(平成18) 213
ポアンカレ, Henri Poincaré, 1854(安政1年)-1912(明治45) 164
ホッジス, Wilfrid Hodges, 1941(昭和16)- 305
ボルツァーノ, Bernard Bolzano, 1781(天明1)-1848(嘉永1) 55
ホワイトヘッド, Alfred North Whitehead, 1861(万延2)-1947(昭和22) 143
マサイヤス, Adrian Richard David Mathias 235, 236, 313
八杉満利子, 1937(昭和12)- 182
山崎武, 1972(昭和47)- 250
ユークリッド, Euclid (Eukleides), 紀元前3世紀ごろ 54
横山啓太 8
ラッセル, Bertrand Russell, 1872(明治5)-1970(昭和45) 139, 143
ランダウ, Edmund Landau, 1877(明治10)-1938(昭和13) 137
リシャール, Jules Richard, 1862(文久2)-1956(昭和31) 146
リプシッツ, Rudolf Lipschitz, 1832(天保3)-1903(明治36) 289
ロッサー, John Barkley Rosser Sr., 1907(明治40)-1989(平成1) 231

本書は「ちくま学芸文庫」のために新たに訳出されたものである。

数とは何かそして何であるべきか

二〇一三年七月十日　第一刷発行

著　者　リヒャルト・デデキント
訳・解説　渕野　昌（ふちの・さかえ）
発行者　熊沢敏之
発行所　株式会社　筑摩書房
　　　　東京都台東区蔵前二-五-三　〒一一一-八七五五
　　　　振替〇〇一六〇-八-四一二三
装幀者　安野光雅
印刷所　株式会社加藤文明社
製本所　株式会社積信堂

乱丁・落丁本の場合は、左記宛に御送付下さい。
送料小社負担でお取り替えいたします。
ご注文・お問い合わせも左記へお願いします。
筑摩書房サービスセンター
埼玉県さいたま市北区櫛引町二-一六〇四　〒三三一-八五〇七
電話番号　〇四八-六五一-〇〇五三
©SAKAE FUCHINO 2013 Printed in Japan
ISBN978-4-480-09547-3　C0141